电子技术
实验与课程设计

主　编　翟卫青　王艳辉

副主编　张晓朋　赵志敏

参　编　张亚峰　李　宁

　　　　王　冠　王瑞尧

北京理工大学出版社

BEIJING INSTITUTE OF TECHNOLOGY PRESS

内 容 简 介

本书是电子信息类、电气工程类专业共用的电子技术实验与课程设计实践环节教材，全书按照电子技术实验与课程设计预备知识、电子技术基础实验（含模拟电子技术、数字电子技术）、电子技术课程设计等模块进行编写。本书可满足电子信息类、电气工程类各专业电子技术实验与课程设计实践教学的需要。任课教师可根据不同专业的实际需要，对该课程开设学时数、实验数目及内容进行有机组合，以便学生学习与选修。

本书可供高等院校电子信息类、电气工程类各专业学生使用，也可供电子、电气工程类技术人员参考。

图书在版编目（CIP）数据

电子技术实验与课程设计 / 翟卫青，王艳辉主编. —北京：北京理工大学出版社，2018.8
ISBN 978-7-5682-6053-4

Ⅰ. ①电…　Ⅱ. ①翟…　②王…　Ⅲ. ①电子技术–实验–高等学校–教材②电子技术–课程设计–高等学校–教材　Ⅳ. ①TN

中国版本图书馆 CIP 数据核字（2018）第 182536 号

出版发行 / 北京理工大学出版社有限责任公司
社　　址 / 北京市海淀区中关村南大街 5 号
邮　　编 / 100081
电　　话 / （010）68914775（总编室）
　　　　　（010）82562903（教材售后服务热线）
　　　　　（010）68948351（其他图书服务热线）
网　　址 / http://www.bitpress.com.cn
经　　销 / 全国各地新华书店
印　　刷 / 北京国马印刷厂
开　　本 / 787 毫米 × 1092 毫米　1/16
印　　张 / 17
字　　数 / 400 千字
版　　次 / 2018 年 8 月第 1 版　2018 年 8 月第 1 次印刷
定　　价 / 59.80 元

责任编辑 / 陈莉华
文案编辑 / 陈莉华
责任校对 / 杜　枝
责任印制 / 李志强

前　　言

　　《电子技术实验与课程设计》是高等院校电类各专业电子实践教学教材，本教材力图体现以应用为目的的高等工程技术教育特点，既着眼于基本技能的培养，又努力反映新技术、新方法，无论是内容还是形式都有特色和新意，凝聚了编者所在院校教学改革的最新成果和经验。

　　《电子技术实验与课程设计》是高等工科院校电工电子技术课程对实践动手能力的基本要求，全书由四个部分组成，50 个实验，供不同专业、不同学时及不同条件的实验室选做。

　　本教材力求内容和编排的模块化和可选择性，使学时不同的电子信息类、电气工程类、机械电子类专业、物联网工程专业都方便使用。同时，实施的教学方式灵活，既可作为相应理论课的配套教材，与相应课程同步进行，也可单独设课（一个学期或一个学年内每周 2 学时）。在组织本教材的教学进度时，要重视理论和实践的紧密结合，实验要注意由浅入深、由易到难、循序渐进，才能取得最佳教学效果。

　　参加本教材编写的有：翟卫青、王艳辉、张晓朋、赵志敏、张亚峰、李宁、王冠、王瑞尧。全书由翟卫青、王艳辉担任主编，负责本书内容的组织和定稿。薛喜昌教授担任本书主审，他对全书的内容和形式提出很多宝贵的意见和建议，编者在此表示诚挚的谢意。

　　本教材是在相关专业使用十多年的实验讲义基础上编写而成的，同时也参考了大量的国内专业教材和资料，在此向相关作者表示衷心的感谢！

编　者

2018 年 6 月

目　　录

第1章

电子技术实验与课程设计预备知识

1.1　电子测量误差基础

电子测量的方法按获得测量对象数值的途径一般分为直接测量法、间接测量法两种。直接测量法在测量过程中能从仪器、仪表上直接读出被测参量的波形或数值的大小；间接测量法是先对各间接参量进行直接测量，并将测得的数值代入公式，通过计算得到待测参量。电子测量获得的数据，因测量仪器、测量方法、测量环境、人为因素等的影响，测量结果往往偏离真实数值，产生测量误差。

1.1.1　数据的有效数字

1. 有效数字和有效数字位数

测量得到的结果往往都是近似值。例如，用电压表测量电压时，指针的位置如图 1 − 1 − 1 所示，此时电压读数可读成 27.5 V。很明显，2 和 7 两个数字是准确的，称为准确数字；而末位的数字 5 则是根据指针在标尺的最小分格中的位置估计出来的，是不准确数字，称为欠准数字。准确数字和欠准数字在测量结果中，都是不可缺少的，它们统称为有效数字，即从左边第一个非零的数字到右边最后一个非零数字为止所包含的数

图 1 − 1 − 1　有效数字读取示意图

字。有效数字不但包含了被测参量的大小，也确定了测量的精度。在测试中，记录数据时读数只应保留一位欠准数字，超过一位欠准数字的估计数字是没有意义的。例如，如果将图 1 − 1 − 1 的电压读数读为 27.51 V，则末位数 1 是毫无意义的。保留有效数字位数的多少与小数点无关，如 27.5 和 275 都是三位有效数字。0 在数字之间或数字之末算作有效数字，而在数字之前不算作有效数字，如 5.80 和 5.8，两种写法表示的是同一个数值，但前者是 3 位有效数字，后者只有 2 位有效数字，反映了不同的测量精确度。另外，大数值与小数值要用幂的乘积形式表示，如 3 500 V 应记作：3.5×10^4 V。在表示误差时，一般只取一位有效数字，最多取两位有效数字。

2. 有效数字的运算规则

1）修约规则

当有效位数确定后，可对有效位数右边的数字进行处理，即把多余位数上的数字全舍去，或舍去后再向有效位数的末位进一。这种处理方法叫作数的修约，它与传统的"四舍

五入"方法略有不同。修约方法应按国家标准 GB 8170《数值修约规则》进行。

2）进舍规则

进舍规则可概括为以下几句口诀：四舍六入五不定，五后非零则进一，五后皆零视五前，五前奇数则进一，五前偶数则舍去。

3）删除规则

对测量数据进行运算之前，检查其中有无异常数据，有则删除。

4）平均数有效位数的确定

平均数的有效位数分下述两种情况确定：

（1）求 4 个以下的有效数的平均数时，平均数的有效位数与和值的有效位数相同；

（2）求 4 个或 4 个以上的有效数的平均数时，平均数的有效位数应比和值的有效位数多一位。

3. 有效数字的运算

1）加法运算

若干个小数位数不同的有效位数相加时，以小数位数最少的数为标准数，其余各加数的小数位数应修约成比标准数的小数位数多一位，然后相加，其和的小数位数与标准数的小数位数相同。

［例 1-1-1］计算 3.513+4.531 4+0.04。

解：各加数中，0.04 的小数位数最少，为 2 位小数；所以其余各加数取 3 位小数，然后相加；其和取 2 位小数。其运算过程为：

$$原式 \approx 3.513+4.531+0.04 = 8.084 \approx 8.08$$

2）减法运算

减法运算应分下述两种情况进行：

（1）当两个数值相差较大的有效数相减时，运算法则与加法相同。

（2）当两个数值相差较小的有效数相减时，运算法则与加法略有不同。先确定小数位数少的数为标准数，另一数的小数位数应尽可能比标准数的小数位数多取几位，以免舍去过多小数位后相减而失去意义（即差值为 0）。差值也应多取几位小数。

［例 1-1-2］计算 7.86-7.859 8。

解：这两数相差很小，若仍按加法法则计算，原式 $\approx 7.86-7.86=0$，差值为 0，失去意义。所以在计算中，小数位数应尽可能多取几位；或者不进行修约，直接计算。即

$$7.86 - 7.859 8 = 0.000 2$$

3）乘除运算

有效数相乘（或相除）时，以有效位数最少的数为标准数，其余各数修约成比标准数多一位有效数字的数，然后进行计算。其结果的有效位数与标准数的有效位数相同。

［例 1-1-3］计算 5.876 3×4.234 7×0.023。

解：式中，0.023 的有效位数为 2，所以其余两数应修约成有效位数为 3 的数，然后进行计算，其积取两位有效数字。其计算过程为：

$$原式 \approx 5.88 \times 4.23 \times 0.023 = 0.572 065 2 \approx 0.57$$

4）平方、开平方

有效数的平方值，其有效位数应比底数的有效位数多取一位；有效数的平方根，其有

效位数也应比被开方数的有效位数多取一位。

［**例 1 – 1 – 4**］计算 2.15^2、4.87，并确定有效位数。

解：根据计算法则，所得结果的有效位数为 4。即

$$2.15^2 = 4.622\ 5 \approx 4.622$$

$$\sqrt{4.87} \approx 2.206\ 807\ 6 \approx 2.207$$

1.1.2 误差的基本概念

一般来说，测量仪器的测量准确度通常用允许误差来表示，它是根据技术条件的要求，规定某一类仪器的误差的最大范围。允许误差的表示可以用相对误差表示，也可以用相对误差与绝对误差相结合的形式加以表示。

1. 绝对误差

测量仪表的指示值 X 与被测参量真实值 A_0 之间的差值，称为绝对误差，用 ΔX 表示，即

$$\Delta X = X - A_0 \tag{1-1-1}$$

式中，真实值 A_0 是一个理想的概念。在实际测量时，测量真实值一般采用两种方法：一是以高一级标准仪表的指示值 A 来代替 A_0，称为实际值；二是采用多次测量的结果的平均值 A 代替真实值。此时的绝对误差为：

$$\Delta X = X - A \tag{1-1-2}$$

绝对误差是有单位、符号的值，其单位与被测参数单位相同，并不能说明测量的准确性。一般情况下，将与 ΔX 大小相等、符号相反的值，称为修正值，用 C 表示，即

$$C = -\Delta X = A - X \tag{1-1-3}$$

利用修正值可求出测量仪表所表示的实际值，即

$$A = X + C \tag{1-1-4}$$

仪器仪表的修正值通常由生产厂家随仪器仪表以数据表或曲线给出，用于对仪器仪表的读数值的修正。

2. 示值相对误差 γ_x

示值相对误差又称相对真值误差，是绝对误差 ΔX 与仪表指示值 X 的比值，用百分比表示，即

$$\gamma_x = \frac{\Delta X}{X} \times 100\% \tag{1-1-5}$$

相对误差只有大小，没有单位。在比较测量结果的误差程度时，仅有绝对误差是不够的。实际测量中，一般用相对误差来表示误差的大小。为了减小相对误差，在测量电压和电流时，指针式仪表量程的选择应尽可能使指针接近满偏转（或满刻度的 2/3 以上）。另外，用万用表测量时，所选择的量程应尽可能地使指针指到标尺中心位置附近，此时读数误差最小。

3. 满度相对误差

γ_m 满度相对误差是绝对误差 ΔX 与仪表满度值 X_m 的百分比，即

$$\gamma_m = \frac{\Delta X}{X_m} \times 100\% \tag{1-1-6}$$

因为 γ_m 是用绝对误差 ΔX 与一个常数 X_m 的比值来表示的，所以实际上给出的是绝对误差

的大小。若 γ_m 已知，则在同一量程内绝对误差是一个常数，因而可反映仪表的基本误差。

1.1.3 测量误差的产生和消除

从误差的来源和性质入手去认识误差并削弱、消除误差，是最根本的途径和极为有效的措施。误差的产生主要有以下几个方面。

1. 仪器误差

仪器误差是仪器本身电气性能或机械性能不良造成的误差，如仪器校正不好、刻度不准等造成的误差。消除的方法是预先对仪器进行校准，配备性能优良的仪器，并定期计量或校准。

2. 使用误差

使用误差也称为操作误差，是指在使用过程中仪器和其他设备的安装、调节、布置不正确或使用不当所造成的误差。减小使用误差的方法是测量前详细了解和掌握仪器的使用方法，严格按操作规程使用仪器，提高操作技能及分析能力。

3. 方法误差

方法误差是由于测试方法不够完善，依据的理论不够严格，或测量定义不明确，过度的简化或近似等所导致的误差。减小方法误差首先要根据被测的对象选择合理的测试方法，还要选择合适的仪器仪表，进行科学的分析和计算。

4. 人身误差

人身误差是由于操作者测试习惯不良所引起的误差。例如，读刻度盘时视角不垂直表盘，读数时有偏大或偏小的习惯等。减小该误差，应提高操作和测试技能，改正不正确的测试习惯和方法。

1.1.4 测量结果的表示法

首先，对于测量的误差值，包括绝对误差、相对误差、不确定度、标准偏差等，一般只需取一位到两位数字，过多的位数通常没有什么意义。

其次，被测量的量值最低位通常与误差最低位对齐。例如，某频率为 3 000.583 kHz±0.068 kHz 等。

另外，如果被测量的量值本身低位数字的位比误差低位数还低，特别是这个量值是经过某些计算包含了较多位数的情况下，这时应把多余的位数按舍入规则处理掉，即从与误差最低位对齐处截断。

例如，计算某电压测量值的算术平均值为 $y = 1.366\ 67$ V，测量误差为 ± 0.31 V，则最后给出测量结果为 $y = （1.37 \pm 0.31）$ V。

1.2 常见电子基本参数的测量

1.2.1 电流的测量

测量直流电流通常采用磁电系电流表，测量交流电流主要采用电磁系电流表，比较精密的测量可以使用电动系电流表。测量电流时，测量机构应串联在被测电路中，如图 1 - 2 - 1 所示。

磁电系测量机构允许通过的电流很小。为了扩大量限，可在测量机构两端并联分流电阻 R_{fl}，如图 1-2-2 所示。实验室中常用的为多量限电流表，它们并联的分流电阻不同。分流电阻又称为分流器，它有内附式和外附式两种。电磁系和电动系测量机构通入的电流进入固定线圈，可以通入较大的电流。因此，它们的表头可以直接测量较大电流，其改变量限的方法是固定线圈分段串、并换接。如图 1-2-3 为电磁系电流表改变量限线圈的换接方法。电动系电流表改变量限的换接方法与电磁系电流表基本相同，只是要注意测量大电流时，可动线圈与固定线圈并联。

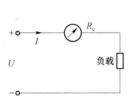

图 1-2-1　磁电系测量机构直接接入电路

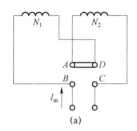

图 1-2-2　磁电系电流表的分流

为了使电路工作不因电流表的接入而受到影响，其内阻必须很小。因此，如果不慎将电流表并联在电路两端，电流表将被烧坏。这一点使用时必须特别注意。

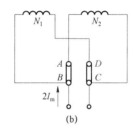

图 1-2-3　电磁系电流表双量限换接示意图
（a）线圈串联；（b）线圈并联

1.2.2　电压的测量

测量直流电压常用磁电系电压表，测量交流电压常用电磁系和电动系电压表。电压表测量电压时，必须并联到被测电路，如图 1-2-4 所示。

不管将哪种测量机构并联到电路上，所能测量的电压都很小。为了扩大量程，必须将表头与分压电阻串联。多量限的电压表，有标明不同量限的接线端钮，这些接线端钮分别与不同的分压电阻串联，如图 1-2-5 所示。为了使工作电路不因并入电压表而受到影响，要求电压表的内阻必须很高。磁电系电压表的内阻比电磁系和电动系的内阻大，使用时注意选择。

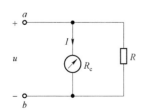

图 1-2-4　电压表测电压

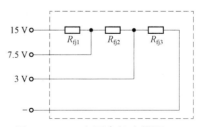

图 1-2-5　电压表扩大量限

1.2.3 频率和时间的测量

频率是电子技术中最基本的参数，它与其他电参数都有密切关系，故在测量中显得特别重要。频率与周期互为倒数，即

$$f = \frac{1}{T} \qquad (1-2-1)$$

这表明 f 频率不仅是电信号的基本参数，而且也是计时的重要参数。所以，频率和时间可以共用一个基准。将此基准统称为时间频率基准，简称为时频标准。

时频标准的研究工作不断取得巨大进展和成果。过去，采用天文测量定标，现在，已采用原子频率标准（即量子频率标准）定标。其准确度可达 10^{-3} 量级，使时间频率的计量进入了一个崭新阶段。目前的电子测量中，频率测量的精确度最高。

必须指出，并不是所有测量场合都需要用这种极高精确度的标准来测量。测量精确度的高低应取决于测量任务和具体要求。如在实验室里研究频率对谐振回路和回路参数的影响时，频率的精确度有 $\pm 1 \times 10^{-2}$ 量级或稍高些就足够了。在测定广播电视发射设备的频率时，其精确度应达到 $\pm 1 \times 10^{-5}$ 量级。因此一般用频率稳定度很高的石英晶体振荡器，经过一定的频率转换电路，获得所需的标准时间间隔。

1. 电子计算法测量频率和时间

电子计算法是严格按照频率定义进行测量的，它是在某个准确的已知时间间隔 T_0 内，测出电压信号重复出现的次数 N，然后计算出频率 f，即

$$f = \frac{N}{T_0} \qquad (1-2-2)$$

目前广泛应用数字式频率计，它可以测量周期电压信号的频率，也可测量周期时间。

2. 用示波器测量频率和时间

示波器是实验室中的常用仪器，用它测量频率和周期简便易行。当测量精确度要求不高时，经常采用这种方法。

1）利用定量扫描测量频率

示波器都有 X 轴水平扫描系统，它是一个线性度良好的锯齿波电压，使得光点的 X 轴位移与时间呈线性关系。目前广泛采用对 X 轴扫描时间进行定量校正后，再把定量值直接刻度在控制旋钮的各挡上。例如 SR-071B 型双踪示波器，当 X 轴扫描速度置于校正挡时，其扫描速度由选择波段开关位置上的对应值决定。例如 $1\,\mu s/cm$、$10\,ms/cm$ 等，表示荧光屏上 $1\,cm$（相当于一大格）的扫描时间分别为 $1\,\mu s$ 和 $10\,ms$。

有了扫描时基标准，就能测量信号的频率，而示波器上显示的稳定波形，至少包含一个完整的周期。如果考虑到 X 轴扫描对被测信号的时间延迟，最好显示两个周期以上的电压波形。读数方法如下。

（1）读出一个周期的时间。

测出两个相邻周期信号同相点之间的 X 轴上的间隔（cm）D_0，然后乘以扫描速度 t/cm，则周期时间为：

$$T = D_0 \cdot t \,(s) \qquad (1-2-3)$$

（2）读出 N 个周期波占有的时间。

测出 N 个周期波同相点之间的距离 D（cm），扫描速度 t/cm，则周期时间为：

$$T = \frac{1}{N} \cdot D \cdot t \text{（s）} \tag{1-2-4}$$

频率为 $f = \dfrac{1}{T}$。

注意：有的示波器有扫描"扩展"，一般为"×5"或"×10"倍，它可以使波形在水平方向按倍率扩展，使扫描速度扩大相应的倍数。实际读数时，应把扫描时基选择位置上的刻度值除以相应的倍数。

2）用李沙育图形测量频率

与李沙育图形的对应关系

断开示波器的内部扫描电路，一般可将时基扫描选择置于"外"，表示 X 轴由外部输入。而 SR-071B 型双踪示波器是将 Y_2 通道的 X–Y 显示开关拉出，从 Y_2 输入作为 X 轴的输入端，然后在示波器的 Y 轴和 X 轴输入两个简谐信号，荧光屏就显示出李沙育图形，如图 1-2-6 所示。假设被测频率为 f_y 的信号加在 Y 轴输入端，已知标准频率为 f_x 的信号加在 X 轴输入端。当调节标准信号源的频率 f_x，使得两个信号的频率相等，即 $f_y = f_x$ 时，其李沙育图形为一条直线，或一个圆，或一个椭圆。图 1-2-7 示出了两信号之间的相位差从 $0°\sim360°$ 变化时李沙育图形的变化。由于 f_y 和 f_x 有偏差，两信号之间的相位差将随时间而变，相位差从 $0°$ 变到 $360°$，李沙育图形将转动一周，所需时间相当于一个差频 F（$=f_y-f_x$）的周期，也就是说，f_x（可看作基准 f_0）和 f_y 的频差越大，图形转动得越快。所以，我们可测量李沙育图形转动一周所需的时间，就不难求得频差为：

$$F = \frac{1}{T} - \frac{1}{t} \tag{1-2-5}$$

则被测频率源的频率准确度为：

$$\frac{\Delta f}{f_0} = \frac{F}{f_0} = \frac{1}{t f_0} \tag{1-2-6}$$

式中，t 为李沙育图形转动一周所需的时间，可用秒表计时；f_0 为标称频率。

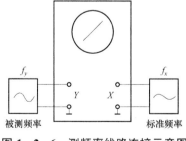

图 1-2-6　测频率线路连接示意图

图 1-2-7　待测信号与标准信号的相位差

1.2.4　放大器的放大倍数的测量

放大倍数是放大器最基本的性能指标之一，它包括电压放大倍数、电流放大倍数和功率放大倍数。在低频电子电路中，对放大量的测量，实质上是对电压和电流的测量。

1. 直接测量法

对放大电路放大倍数的测量，实际上也是对四端网络传输比的测量，即把放大器看成一个四端口网络。

测量放大倍数的基本方法如图 1-2-8 所示。即在放大电路的输入端接入信号源 U_s，R_s 为信号源内阻。在输出端接额定负载 R_L。选择信号源的工作频率在放大器的中心频率附近，这是因为放大器工作在中频时，电路中的电抗性元件不引起附加相移。如果是调谐放大器，则选择在电路调谐时的频率，分别测出输入电压 U_i 和电流 I_i，以及输出电压 U_o 和电流 I_o，则放大电路的电压放大倍数为：

$$A_u = \frac{U_o}{U_i} \qquad (1-2-7)$$

电流放大倍数为：

$$A_i = \frac{I_o}{I_i} \qquad (1-2-8)$$

功率放大倍数为：

$$A_P = \frac{P_o}{P_i} = A_u A_i = \frac{U_o I_o}{U_i I_i} \qquad (1-2-9)$$

在以上的测量中，电压和电流均为有效值，这样测量到的放大量只为数值大小，不包括输入和输出信号之间的相位关系。如果测量时选用频率不适当，作为电压放大倍数和电流放大倍数的测量不受其影响，但功率的测量就必须考虑电压和电流之间的相位差，因为功率为 $P = UI\cos\phi$，所以一般放大电路的放大倍数都以中频时的测量值为其性能指标。在测量电压和电流过程中，还有一些必须注意的事项：

（1）整个放大电路的工作要正常，不能有振荡现象和严重干扰存在。

（2）测量仪器的接入不能严重影响电路的工作状态，不能引入附加的干扰噪声和振荡。

（3）输出信号应在没有畸变或在允许有一定失真度的情况下测量。为了保证测量条件的满足，可以用示波器监视输出信号，必要时用失真度仪测量信号失真的大小。当输入信号在 10 mV 以下时，外界干扰信号的影响比较明显，一般使用屏蔽线或专用测试电缆线作为信号源和放大电路的连接线。

2. 分压法测量放大倍数

若放大器放大倍数较大，要求输入信号电压较小，以致电压表的最小读数也不能满足测量要求时，则可在信号发生器与放大器之间接入一个适当的分压器，此分压器实际上可用标准衰减器代替，如图 1-2-9 所示。当选择 $R_2 \ll R_1$ 时，放大器的输入电阻 R_i 对分压器的影响可以忽略。通过测量 U_s 和 U_o 的值，利用下式求出电压放大倍数：

$$A_u = \frac{U_o}{U_i} = \frac{U_s}{U_i} \cdot \frac{U_o}{U_s} = \frac{R_1 + R_2}{R_2} \cdot \frac{U_o}{U_s} \qquad (1-2-10)$$

为了减少误差，电阻 R_1 和 R_2 应事先测量其值。R_2 的阻值通常在几十欧以下，越小越好，既减小 R_i 的影响，也可避免 R_2 的引入所造成分布参数和外界干扰的影响。有时为了衰减分压器与信号源内阻相匹配，R_1 和 R_2 的值受到限制时，为使 R_2 阻值小些，可再多用一级分压器。

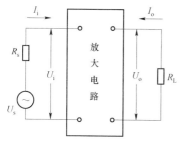

图 1-2-8　直接测量放大倍数示意图

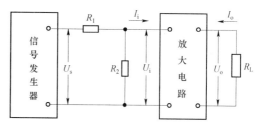

图 1-2-9　分压法测量放大倍数示意图

1.2.5　放大器输入电阻的测量

放大器输入电阻 R_i 是电路的基本动态参数之一。如图 1-2-8 所示，测出电路的输入电压 U_i 和输入电流 I_i 就可求得输入电阻为：

$$R_i = \frac{U_i}{I_i} \qquad (1-2-11)$$

一般规定电路处在中频线性工作区域时，工作信号不产生非线性失真条件下进行输入电阻的测量。一般不采用直接测量法，以下介绍常用的一种间接测量法——串接固定电阻测量法。

如图 1-2-10 所示，电阻 R 的阻值要实际测量，最好不用其标称值。由图 1-2-10可知，放大器的输入电阻为：

$$R_i = \frac{U_i}{I_i} = \frac{U_i}{U_R} R = \frac{U_i}{U_s' - U_i} R \qquad (1-2-12)$$

放大器的 R_i 为纯电阻时，只要分别测出 U_s' 和 U_i 的值就可求出输入电阻。

测量时，电阻 R 的值不宜过大或过小，应与 R_i 的值相当，这样信号源电压 U_s' 不用取得过大，U_i 也能测到明显的数值。

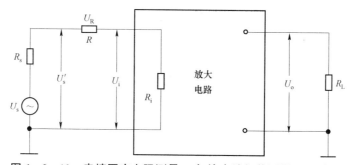

图 1-2-10　串接固定电阻测量 R_i 与输出端加载测量 R_o 示意图

1.2.6　放大器输出电阻的测量

放大电路的输出电阻是衡量电路带负载能力的重要指标，一般希望输出电压源的输出电阻越小越好，而输出电流源的输出电阻越大越好。无论是电压源还是电流源，都可以相互进行等效变换，通常采用常见的等效电压源的方法来测量其输出电阻——输出电路加载测量法。

当被测电路不接负载电阻 R_L 时，测量在输入信号源 U_s 的作用下的输出电压 $U_{o\infty}$，如图 1-2-10 所示，最好测出此时的 U_s 和 U_i；然后合上开关 K，即在输出端接入额定负载 R_L，在保持 U_s 或 U_i 不变的情况下，测出输出电压值 U_o，则放大器的输出电阻为：

$$R_o = \frac{U_{o\infty} - U_o}{U_o} R_L \qquad (1-2-13)$$

在测量过程中，除选择信号源的工作频率为放大器的中频外，所谓保持 U_s 或 U_i 不变，应该用电压表监测。同时要保证电路处在线性工作区域，而且负载 R 的接入不能超过电路的承受能力。

1.3　指针式电子仪表的工作原理

1.3.1　概述

指针式电子仪表种类很多，但是它们的主要作用都是将被测电量变换成仪表活动部分的偏转角位移。任何电工仪表都由测量机构和测量电路两大部分组成。

1. 测量机构

具有接收电量后就能产生转动的机构，称为测量机构。它由以下三部分组成。

（1）驱动装置：产生转动力矩，使活动部分偏转。转动力矩大小与输入到测量机构的电量成函数关系。

（2）控制装置：产生反作用力矩，与转动力矩相平衡，使活动部分偏转到一定位置。

（3）阻尼装置：产生阻尼力矩，在可动部分运动过程中，消耗其动能，缩短其摆动时间。

2. 测量电路

一定的测量机构借以产生偏转的电量是一定的，一般不是电流，便是电压或是两个电量的乘积。若被测量是其他各种参数，如功率、频率等，或者被测电流、电压过大或过小，都不能直接作用到测量机构上去，而必须将各种被测量转换成测量机构所能接收的电量，实现这类转换的电路被称为测量电路。不同功能的仪表，其测量电路也是各不相同的。

1.3.2　磁电式仪表

1. 磁电式仪表的结构及其工作原理

磁电式仪表是根据通电线圈在磁场中受到电磁力作用的原理制成的。

处于永久磁铁的磁场中的可动线圈中通有电流时，线圈电流和磁场相互作用而产生转动力矩，使可动线圈发生偏转。根据左手定则可判断，在可动线圈的每个侧边上，将产生如图 1-3-1 所示的作用力 F，其大小为：

$$F = BlnI \qquad (1-3-1)$$

式中　B——空气隙的磁感应强度；

l——可动线圈每个受力边的有效长度；

n——可动线圈匝数；

I——通过可动线圈的电流。

在图 1-3-1 所示电流和磁场的方向下，可动线圈将按顺时针方向旋转，其转动力矩为：

$$M = 2Fr = 2rBlnI \tag{1-3-2}$$

式中，r 为转轴中心到可动线圈有效边的距离。考虑到可动线圈所包围的有效面积 $S = 2rl$，则

$$M = BSnI \tag{1-3-3}$$

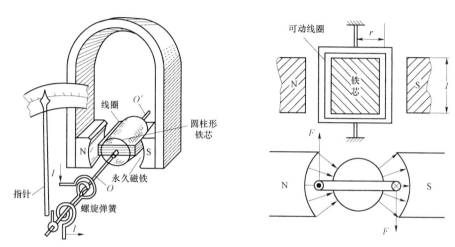

图 1-3-1 磁电式仪表结构

因此，只要可动线圈通有电流，在转矩 M 作用下，仪表的可动部分将产生运动。表针就开始偏转。这时如果没有一个反作用力矩与其平衡，则不论可动线圈中电流的大小，可动部分都要偏转到极限位置，直到指针受挡为止。这样的仪表只能反映被测量的有无，而看不出被测量的大小。为了使仪表指示出被测量的大小，就必须加入一个与转动力矩 M 相反的反作用力矩，并且它随可动线圈偏转角的增大而增加。当两个力矩相等时，可动部分就停下来，指示出被测量的数值。

用来产生反作用力矩的元件，通常是游丝或张丝，根据游丝的弹力或张丝的扭力与可动部分的转角成正比的特性，仪表的反作用力矩 M_α 为：

$$M_\alpha = D\alpha$$

式中 　D——游丝或张丝的反作用力矩系数；

　　　α——指针偏转角。

当可动线圈处于平衡状态时，有

$$M = M_\alpha$$

因此可得

$$\alpha = nBSI / D = S_I I \tag{1-3-4}$$

式中 　S——可动线圈的有效面积；

　　　S_I——电流灵敏度（$S_I = nBS / D$）。

从 $S_I = nBS / D$ 可见，电流灵敏度仅与仪表的结构和材料性质有关，对每一块仪表来说

它是一个常数。从上式还可看出，仪表指针的偏转角 α 与通过可动线圈的电流 I 成正比。所以磁电式仪表可用来测量电流，而且标度尺上的刻度是均匀的。

2. 磁电式电流表电路原理

由磁电式仪表的原理可知，其测量机构可直接用来测量电流，而不必增加测量线路。

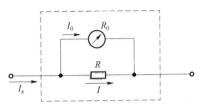

图 1-3-2 电流表线路示意图

R_0 为测量机构的内阻；R 为分流电阻

但因被测电流要通过游丝和可动线圈，而可动线圈的导线很细，因此用磁电测量机构直接构成电流表只能测很小的电流（几十微安到几十毫安）。若要测量更大的电流，就需要加接分流器来扩大量程。

分流器是扩大电流量程的装置，通常由电阻担当。它与测量机构相并联，被测电流的大部分通过它。如图 1-3-2 是一个电流表线路示意图。

加分流电阻后，流过测量机构的电流为：

$$I_0 = \frac{R}{R_0 + R} I_x \qquad （1-3-5）$$

因此被测电流可表示为：

$$I_x = \frac{R_0 + R}{R} I_0 = K_L I_0 \qquad （1-3-6）$$

式中，K_L 为分流系数，它表示被测电流比可动线圈电流大了 K_L 倍。而对于某一个指定的仪表而言，调好后的分流电阻 R 是固定不变的，即它的分流系数 K_L 是一个定值，所以，该仪表就可以直接用被测电流 I_x 进行刻度，这就是我们常见的直流安培表。

加上分流器后，则

$$I_x = I_0 K_L \qquad （1-3-7）$$

所以

$$R = \frac{R_0}{K_L - 1} \qquad （1-3-8）$$

可见，当磁电式测量机构的量限扩大成 K_L 倍的电流表时，分流电阻 R 为测量机构内阻 R_0 的 $\frac{1}{K_L - 1}$ 倍。对于同一测量机构，如果配制多个不同的分流器，则可制成具有多量程的电流表。

多量程的电流表常采用闭合分流电路。此电路的优点是量程转换开关的接触电阻不影响仪表精度。

如图 1-3-3 所示电路是一个采用闭合分流电路的三量程直流电流表，它由磁电系表头和电阻构成闭环分流电路。设其量程分别为 I_1、I_2 和 I_3；各挡的分流电阻分别为 R_{F_1}、R_{F_2}、R_{F_3}；各挡的扩流倍数分别为 F_1、F_2 和 F_3，则有：

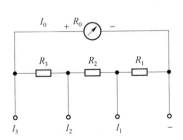

图 1-3-3 三量程直流电流表电路

$$R_{F_1} = R_1 \qquad R_{F_2} = R_1 + R_2 \qquad R_{F_3} = R_1 + R_2 + R_3$$

$$F_1 = \frac{I_1}{I_0} \qquad F_2 = \frac{I_2}{I_0} \qquad F_3 = \frac{I_3}{I_0}$$

当电流表工作在满量程电流为 I_1 挡时，根据欧姆定律，有：

$$U = I_0 R_0 = R_{F_1}(I_1 - I_0) \qquad （U \text{ 为此时电流表的端电压}）$$

因此

$$\frac{R_0}{R_{F_1}} = \frac{I_1 - I_0}{I_0} = F_1 - 1$$

$$R_{F_1} = \frac{1}{F_1 - 1} R_0 \tag{1-3-9}$$

当电流表工作在满量程电流为 I_2 挡时，有：

$$U = I_0(R_0 + R_1) = R_{F_2}(I_2 - I_0)$$

因此

$$\frac{R_0 + R_1}{R_{F_2}} = \frac{I_2 - I_0}{I_0} = F_2 - 1$$

$$R_{F_2} = \frac{1}{F_2 - 1}(R_0 + R_1) \tag{1-3-10}$$

当电流表工作在满量程电流为 I_3 挡时，有：

$$U = I_0(R_0 + R_1 + R_2) = R_{F_3}(I_3 - I_0)$$

因此

$$\frac{R_0 + R_1 + R_2}{R_{F_3}} = \frac{I_3 - I_0}{I_0} = F_3 - 1$$

$$R_{F_3} = \frac{1}{F_3 - 1}(R_0 + R_1 + R_2) \tag{1-3-11}$$

最后根据 R_{F_1}、R_{F_2}、R_{F_3} 与 R_1、R_2、R_3 的关系便计算出各值。

3. 交、直流电压表测量电路

如果测量机构的电阻一定，则所通过的电流与加在测量机构两端的电压降成正比。磁电系测量机构的偏转角 α 既然可以反映电流的大小，则在电阻一定的条件下，当然也可以用来反映电压的大小。但是，通常不能把这种测量机构直接作为电压表使用。这是因为磁电系测量机构允许通过的电流很小，所以它所能直接测量的电压很低（为几十毫伏）；同时，由于测量机构的可动线圈、游丝等导流部分的电阻随温度变化的结果，将会导致很大的温度误差。

为了用同一个机构来达到测量电压的目的，需要采用附加电阻与测量机构相串联的方法。这样，既可以解决较高电压的测量，又能使测量机构电阻随温度变化引起的误差得以补偿。所以，磁电系电压表实际上是由磁电系测量机构和高值附加电阻串联所构成，如图 1-3-4 所示。这时，被测电压 U_x 的大部分降落在附加电阻 R 上，分配到测量机构上

的电压 U_0 只是很小部分，从而使通过测量机构的电流限制在允许的范围内，并扩大了电压的量程。串联附加电阻后，机构中通过的电流为

$$I_0 = \frac{U_x}{R_0 + R} = \frac{U_x}{R_v} \qquad (1-3-12)$$

由于磁电系测量机构的偏转角度与流过线圈的电流成正比，因此有

$$\alpha = S_I I_0 = S_I \frac{U_x}{R_0 + R} = S_U U_x \qquad (1-3-13)$$

式中，$S_U = \dfrac{S_I}{R_0 + R}$ 为仪表对电压的灵敏度。

图 1-3-5 所示为单量程交流电压表。半波整流电路使得当 A、B 两测试端接入的电压 $U_{AB} > 0$ 时，表头才有电流流过，表头的偏转角与半波整流电压的平均值成正比。但是，在实际工程和日常生活中，常常需测量正弦电压，并用其有效值表示。因此，万用表的交流电压的标尺是按正弦电压的有效值标度的，即标尺的刻度值为整流电压的平均值乘以一个转换系数（有效值/平均值）。半波整流的转换系数为：

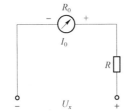

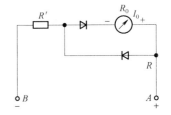

图 1-3-4　单量程直流电压表电路图　　图 1-3-5　单量程交流电压表电路图

$$K = \frac{U}{U_{av}} = \frac{U_m / \sqrt{2}}{U_m / \pi} = 2.22 \qquad (1-3-14)$$

式中，U_{av} 为半波整流电压的平均值。

当被测量为非正弦波形时，其转换的系数就不再是 2.22。若仍用该测量方法，必然产生测量偏差，该偏差会随被测波形与正弦波形的差异的增加而增大。

当电压表的量程为 U_N 时，表头满偏时的整流电流的平均值为 I_{av}，则分压电阻值为：

$$R_N = \frac{U_N}{2.22} \times \frac{1}{I_{av}} - R_0 \qquad (1-3-15)$$

多量程直流、交流电压测量电路如图 1-3-6、图 1-3-7 所示。

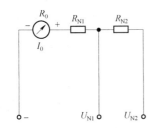

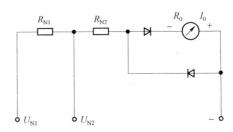

图 1-3-6　多量程直流电压表　　　　图 1-3-7　多量程交流电压表

1.3.3　电磁式仪表

电磁式仪表的结构有两种，即吸引型与排斥型。

1. 吸引型电磁式仪表

吸引型电磁式仪表原理结构如图 1–3–8 所示。当电流通过固定线圈时，在线圈附近就有磁场产生，使动铁片磁化，动铁片被磁场吸引，产生转动力矩，带动指针偏转。当线圈中电流方向改变时，线圈所产生的磁场和被磁化的铁片极性同时发生改变，因此磁场仍然吸引铁片，指针偏转方向不会改变。可见这种仪表可以交、直流两用。实验室常用的 T19 型电流表和电压表就是吸引型电磁式仪表。

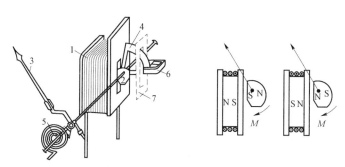

图 1–3–8　吸引型电磁式仪表的结构及工作原理

1—固定线圈；2—动铁片；3—指针；4—扇形铝片；

5—游丝；6—永久磁铁；7—磁屏

2. 排斥型电磁式仪表

排斥型电磁式仪表结构原理如图 1–3–9 和图 1–3–10 所示。

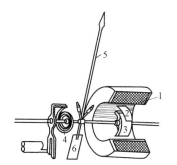

图 1–3–9　排斥型电磁式仪表结构

1—固定线圈；2—固定铁片；3—可动铁片；

4—游丝；5—指针；6—空气阻尼器的翼片

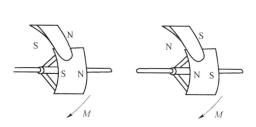

图 1–3–10　排斥型电磁式仪表中铁片的变化情况

图 1–3–9 中，当固定线圈通入电流后，电流产生的磁场使固定铁片和可动铁片同时磁化，同性磁极间相互排斥，使可动部分转动，当通入固定线圈的电流方向改变时，它所建立的磁场方向也随之改变，因此两铁片仍然互相排斥，转动力矩方向保持不变，因此它同样可以交、直流两用。

1.4 数字式电子测量仪表的工作原理

1.4.1 数字仪表及其特点

数字式电子测量仪表简称数字仪表，它是通过测量装置把测量结果自动地以数字形式进行显示、记录和控制的仪器。

数字仪表随着电子技术、半导体技术的飞速发展，也得到了迅速的发展和提高。进入20世纪70年代以后，微型计算机和单片机引入了数字仪表，使数字仪表进入了智能化时代。数字仪表向高准确度、多功能、快速小型化、高可靠性和低价格方面大大迈进了一步，新型智能化数字仪表得到了广泛的使用。

数字仪表的特点是：① 准确度高，通用的数字仪表就可达到0.05级；② 灵敏度高，一般数字电压表的灵敏度为10 μV或1 μV；③测量速度快；④ 读数准确；⑤ 测量过程自动化，即极性判别、量程选择、结果显示、记录、输出完全由计算机进行控制，还可以自动检查故障、报警以及完成设定的逻辑程序；⑥ 适应能力强；⑦ 结构复杂，成本较高，维修困难。

1.4.2 数字仪表的分类

数字仪表的种类很多，按其特点的不同，可对数字仪表进行以下分类。

1. 按其显示位数分类

按其显示位数分类可分为三位、三位半、四位、四位半、五位、五位半、六位、七位等。实验室常用的仪表为三位半或四位半；六位以上的表，一般作为标准表使用。

一般数字仪表的位数指完整显示位，即能够显示0～9十个数码的那些位。所谓半位（或1/2位），有两种含义。第一种情况，如果数字电压表的基本量程为1 V或10 V，那么带有1/2位的表，表示具有超量程能力。例如：在10.000 V量程上，计数器最大显示为9.999 V，说明这是一台4位数字电压表，无超量程能力；另一台数字电压表，在10.000 V量程上最大显示为19.999 V，即其首位只能显示0或1，这一位不应与完整位混淆，它反映有超量程能力，其形式上虽有5位，但首位不完整，故称为$4\frac{1}{2}$位。第二种情况，其基本量程不为1 V或10 V的表，其首位肯定不是完整位，所以不能算一位。例如：基本量程为2 V的数字电压表，在其基本量程上最大显示为1.999 V，我们说这是一台$3\frac{1}{2}$位数字电压表，无超量程能力。

2. 按仪表的准确度分类

根据准确度可将数字仪表划分为低、中、高三个准确度级别。其准确度在0.1级以下为低准确度，在0.01级以上为高准确度。数字仪表的准确度级别和其具有的显示位数有关。一般显示位数越多，其准确度越高。

3. 按测量速度分类

数字仪表的测量速度决定了数字仪表的使用范围和对象。一般将其划分为：低速表，测量速度为几次/秒～几十次/秒；中速表，测量速度为几百次/秒～几千次/秒；高速表，测量速度能达到几万次/秒以上。

4. 按使用场合分类

根据仪表使用的场合不同，可分为：标准型，其准确度高，对环境要求高；通用型，具有一定的准确度，适合于现场使用；面板型，其准确度较低，是设备面板上使用的指示仪表。

此外，根据测量对象不同，数字仪表可分为直流电压表、交流电压表、功率表、频率表、相位表、万用表等。

1.4.3　数字仪表的基本组成

数字仪表的核心在于将被测量变换成数字量后，以离散的数字显示出来。因此，无论测量哪种量的数字仪表，其基本核心都可简化为图 1－4－1 所示的三部分。

图 1－4－1　数字仪表的基本组成

模拟－数字转换（A/D 转换）是为了实现以数字显示被测量的目的，将连续变化的模拟量，转换成离散的、通常以逻辑 0 和逻辑 1 表示的数字量，这一过程即为 A/D 转换。由于连续模拟量多种多样，一般是将各种被测量通过功能电路转换成电压，然后再将电压量转换为数字量。因此，电压－数字转换就成为模—数转换的核心。数字电压表就是直接利用电压－数字转换器制成的。电压－数字转换的方法很多，将在后续课程学习。

电子计数器在一定时间内对脉冲数进行累计，它是数字仪表的核心部分之一，还是频率、周期、相位等数字仪表的主要部分。电子计数器主要由闸门、石英晶体振荡器、分频器、计数器组成。

模拟电压、电流等信号经过 A/D 转换器和电子计数器后转变成了数字信号。要想把数字信号显示出来，需要一系列的变换译码、锁存和显示电路，这些电路称为数字显示器。

1.4.4　数字仪表的前置变换电路

上面介绍了数字仪表的基本组成。有了这些基本组成部分，数字仪表就能够测量电压、频率、周期和相位。但是，要测量其他参数，还必须有前置的电量变换电路。下面介绍几种常见电量测量的变换电路，使读者对其有所了解。

1. 直流电流的测量

以模－数（A/D）转换为核心的数字电压表，它的量程可以通过精密分压电路，使测量范围从 0.1 μV 到 1 000 V，分辨率甚至高达 0.01 μV。若要测量直流电流，则可以使用已知的标准电阻将直流电流转换成直流电压。图 1－4－2 为直流电流测量的示意图。通常将各标准电阻制成 R_s 的 10^n 倍（n 为非负整数）。若将 R_s 放入仪表内，则可以使用转换开关来实现直流电流的多量程测量。

2. 直流电阻的测量

若要通过数字电压表测量直流电阻，必须将元件的电阻转换成相应的电压值。一个比较简单的方法是用已知数值的恒流源加在未知电阻之上产生与电阻数值成正比的电压。图1-4-3 为测量电阻的原理图。若将数字电压表与运算放大器结合可以得到数字欧姆表，如图1-4-4（a）、（b）所示。图1-4-4（a）中数字电压表两端的电压 U_0 为：

$$U_0 = R_x U_s / R_s$$

故

$$R_x = R_s U_0 / U_s \qquad (1-4-1)$$

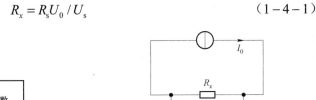

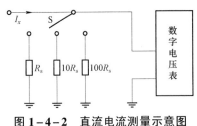

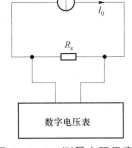

图 1-4-2 直流电流测量示意图   图 1-4-3 测量电阻示意图

图 1-4-4（a）所示电路适用于测量较高阻值的电阻，而图 1-4-4（b）所示电路则适用于测量较低阻值的电阻。这两种电路仅当 $R_s \gg R_x$ 时电流才能恒定，此时有：

$$R_x = [U_0 / (kU_s)]R_s \qquad (1-4-2)$$

式中，k 为运算放大器的放大倍数。

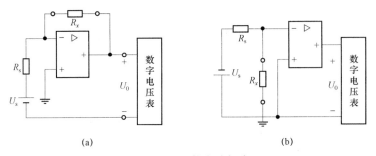

(a)   (b)

图 1-4-4 数字欧姆表

（a）测量较高阻值；（b）测量较低阻值

3. 交流电阻的测量

图 1-4-5 为交流电阻的测量电路。由交流信号源 $\dot{U}_s$ 供电，被测阻抗中的被测电阻 R_x 与标准电阻 R_s 相接，被测阻抗上的电压降为 $\dot{U}_x$，运放的输入电阻和反馈电阻均为 R。运放的作用是倒相和改变输入阻抗。当 $R_s \gg R_x + jX_x$，且 $R \gg R_x + jX_x$ 时，则有：

$$U_x = \frac{R_x + jX_x}{R_s + R_x + jX_x}\dot{U}_s \approx \frac{R_x}{R_s}\dot{U}_s + j\frac{X_x}{R_s}\dot{U}_s \qquad (1-4-3)$$

式中第一项为实数部分，即为交流电阻 R_x 的值。由于在电路中采用了鉴相器，通过信号源电压 $\dot{U}_s$ 与被测阻抗电压降 $\dot{U}_x$ 的比较，使它的输出端可以取出 $\dot{U}_x$ 的实数部分，即

$$U_{xR} = \frac{R_x}{R_s}U_s$$

故

$$U_x = \frac{R_{xR}}{R_s} U_s \qquad (1-4-4)$$

式中　U_s——电源电压有效值；

　　　U_{xR}——鉴相器输出的电压有效值。

由式（1-4-4）可得到交流电阻 R_x。

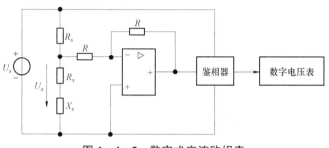

图 1-4-5　数字式交流欧姆表

4. 正弦交流电压的测量

正弦交流电压可以通过整流电路整流后送到直流数字电压表进行测量。图 1-4-6 是采用运算放大器组成的整流变换电路，图中的 R 和 C 为滤波电阻和电容。

对于某些交直流电压混合的非正弦电压，为了测得其正弦电压部分，可以采用图 1-4-7 所示具有隔直流电容的电路来测量。其整流电路和图 1-4-6 不同，属于全波整流电路。

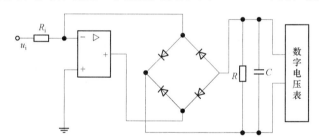

图 1-4-6　测量交流电压的运放式整流电路

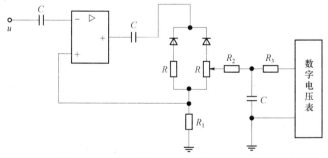

图 1-4-7　测量交流电压的另一种电路

图 1-4-6 和图 1-4-7 所示电路，原理上测出的仅是交流电压的直流平均分量。若要指示其有效值，尚需进行一个比例变换。其变换关系为：

$$U = 1.11 U_0 \qquad (1-4-5)$$

式中 U——正弦交流电压的有效值；

      U_0——直流平均分量。

1.5 电子电路的安装调试和故障处理

1.5.1 电路板焊接技术

焊接就是利用电烙铁等工具在预先制作好的印制电路板上，将电路元器件连接在一起的过程。为了提高效率，对大规模的电子产品的生产过程中，一般采用自动化流水线波峰焊接技术；而对于小规模的小型电子电路或产品的生产，则多数采用手工焊接。其质量的好坏取决于四个方面的条件：焊接工具、焊料、焊剂和焊接技术。

1. 焊接工具

电烙铁是实验中手工焊接的主要工具，选择合适的电烙铁对保证焊接质量是非常重要的。焊接集成电路一般应选用 25 W 的电烙铁；焊接其他小功率元器件或焊盘面积较小时，可选用 35 W 或 45 W 电烙铁；焊接 CMOS 集成电路时，选用 20 W 电烙铁；焊接大功率元器件或面积很大的电路时，应选用大功率（如 75 W 以上）电烙铁。电烙铁分为内热式和外热式两种。内热式电烙铁轻便、小巧、预热快，功率一般在 45 W 以下；外热式电烙铁则较大、较重，且预热慢。烙铁头的种类和形状也有多种，普通型烙铁头用实心紫铜制成，永久型烙铁头则在表面涂覆一层特殊物质材料，经久耐用。烙铁头的形状可以根据不同的焊接对象加以选择，也可根据自己的喜好，用锉刀加工成其他形状（永久型不宜），以方便使用。烙铁头的长短也可以调整，越短，焊接温度越高，焊接中可根据情况灵活掌握。

2. 焊料

常用的焊料是焊锡，焊锡是一种锡铅合金。在锡中加入铅后可获得锡与铅都不具备的优良特性。锡的熔点为 232 ℃，铅为 327 ℃。铅锡比例为 60:40（质量分数比）的焊锡，其熔点只有 190 ℃左右，非常便于焊接。锡铅合金的特性优于锡、铅本身，机械强度是锡、铅本身的 2～3 倍，而且降低了表面张力和黏度，从而大大增大了流动性，提高了抗氧化能力。市面上出售的焊锡丝有两种：一种是将焊锡做成管状，管内填有松香，称为松香焊锡丝，使用这种焊锡丝时，可以不加辅助剂；另一种是无松香的焊锡丝，焊接时要加辅助剂。

3. 焊剂

通常使用的有松香和松香酒精溶液。后者是用 1 份松香粉末和 3 份酒精（无水乙醇）配制而成，焊接效果比前者好。另一种焊剂是焊油膏，在电子电路的焊接中，一般不使用它，因为它是酸性焊剂，对金属有腐蚀作用。如果确实需要它，焊接后应立即用溶剂将焊点附近清洗干净。

4. 焊接技术

对于初学者来说，首先要求焊接应牢固、无虚焊；其次是焊点的大小、形状及表面粗糙度等要符合要求。

初学焊接时应注意，焊锡不能太多，能浸透接线头即可。一个焊点要一次成功，如果需要补焊时，一定要待两次焊锡一起熔化后，才可移开烙铁头；焊接时，必须扶稳焊件，特别是焊锡冷却过程中不能晃动焊件，否则容易造成虚焊；焊接各种管子时，最好用镊子夹住被焊管子的接线端，避免温度过高而损坏管子；装在印制电路板上的元器件，尽可能为同一高度，元器件接线端不必加套管，把引线剪短些即可，这样便于焊接，又可避免引线相碰而短路；元器件的安装方向应便于观察极性、型号和数值。在焊接 MOS 型场效应管时，应先断开烙铁电源再焊栅极，以免交流电压感应在栅极上产生较强电场，损坏场效应管。

良好的焊接应具备以下特点：金属表面焊锡充足，焊点根部的焊盘大小适中；焊点表面光亮圆滑；焊锡均薄，隐约可见导线的轮廓；焊点干净，无裂纹或针孔。理想焊点和虚焊焊点的对比如图 1-5-1 所示。

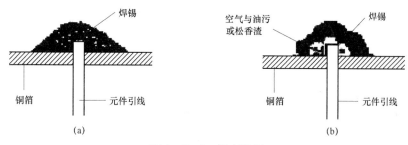

图 1-5-1　焊点图示
（a）理想焊点；（b）虚焊焊点

1.5.2　接插板接插电路

1. 接插板的结构

用印制电路板来实现对器件的固定与连接，可以使产品小型化，产品的一致性、可靠性都会得到提高。但在产品的试制初期，或在实验室进行实验时，会感到使用印制电路板不太方便：一是不同的实验电路要用不同的印制电路板，这在时间上和经济上不太现实；二是使用印制电路板时，更换器件不大方便。为了解决这一问题，人们设计出了面包板和通用板。

1）面包板

面包板的形状与结构示意图如图 1-5-2 所示。

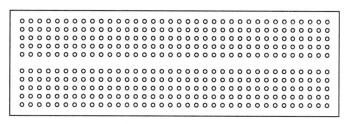

图 1-5-2　面包板

面包板上每列有 10 个小孔，分成上下两个部分，每部分的列有 5 个小孔，5 个小孔的底部用金属片相互连通，即是一个电气节点；列与列之间是不通的，上下也是不通的。使用时，将器件的引线腿插入面包板上不同列的小孔里，就起到了固定作用。当需要将两个器件进行连接时，可将各自的一条腿插到同一列的小孔里，这样通过内部的金属片，就将这两个器件腿接到了一起。每一列上最多可以连接 5 个器件腿，如果一列上的孔不够用，可在外部用导线将两列或多列连接起来，形成一个容量更大的节点。

使用面包板搭接电路非常灵活，由于不用焊接，器件的更换安装也非常方便。因此在临时性的电路实验中经常用到。但面包板有易产生接触不良的缺点，尤其是多次使用后，或器件腿粗细不一时，更容易造成接触不良。

2）通用板

面包板除了易接触不良外，用它搭接的电路还有可靠性差、怕振动、不易长期保存等缺点，因此一种通用板在产品的试制初期或临时性实验时得到了应用。

通用板实际上是一种只有焊盘和少量连线（多用作电源线和地线）的印制电路板，多为单面。焊盘与焊盘之间的间距通常是按照双列直插式（DIP）芯片的尺寸打孔，因此在通用板上不仅可以焊接分立器件，同时还可以焊接集成芯片（芯片座）。一种具有实用性的通用板如图 1－5－3 所示。

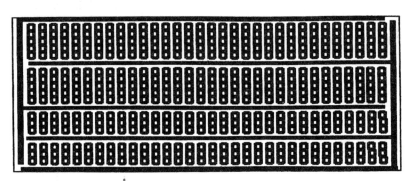

图 1－5－3　通用板

2. 布线用工具

主要有剪刀、镊子、扁嘴钳、集成块拔子等。 剪刀用来剪断导线、剥线等，为方便使用，可将剪刀口在砂轮机上打短、磨尖。镊子用来夹住导线或元器件引线端并将其插入到孔内，也可用于折弯导线。扁嘴钳可用于较粗导线或元器件接线端的成形。集成块拔子是拔起集成块的专用工具。

3. 布线方法和技巧

搭接电路的依据是电路原理图。不管实验时所用器件多少，电路简单还是复杂，一定要养成按图搭电路的习惯，否则可能会出现不该出现的故障。

插接分立元器件时，应便于看到其极性和标志。裸露的引线要防止短路，必要时加套套管，一般情况下，不要剪短元器件接线端，以便重复使用。

多次使用的集成电路器件，每次插接前，必须将接线端修理整齐，不能有弯曲，插接时接线端与插孔应接触良好。

元器件在电路板上的排列位置要适当，相互之间要留有一定的间隔，以方便走线。为便于查找，所有集成电路的插入方向应尽量保持一致。

为了检查方便，连接线一般使用多色导线，如连接正电源一般采用红色导线，负电源用蓝色导线，地线用黑色导线，信号线用黄色导线等。

为了连接牢固、整体美观，导线要紧贴接插板，走线要尽量做到横平竖直，不能交叉重叠。不允许将导线跨越集成电路，而应从四周的空隙处走线。

插、拔导线不要用手，应用镊子夹住导线头垂直插入或拔出接插板，避免将导线插弯。

一般来说，搭接电路的过程是一个相当灵活的过程，不要拘泥于某种方法和形式，要因地制宜，灵活掌握。总的原则是：器件固定牢固，连线少而短，操作方便省时，安全可靠。

1.5.3　电子电路的调试

调试过程是利用符合指标要求的各种电子测量仪器，对安装好的电路或电子装置进行调整和测量，以保证电路或装置正常工作。因此，调试必须按一定的方法和步骤进行。

1. 不通电检查

电路安装（插接）完毕后，不要急于通电，应首先认真检查接线是否正确，如多线、少线、错线等，尤其是电源线不能接错或接反。查线方法通常有两种：一种方法是按照设计电路接线图检查安装电路，在安装好的电路中按电路图一一对照检查连线；另一种方法是按实际线路，对照电路原理图按两个元件接线端之间的连线去向检查。无论哪种方法，在检查中都要对已经检查过的连线做标记，使用万用表对检查连线很有帮助。

2. 直观检查

检查电源、地线、信号线、元器件接线端之间有无短路，连线处有无接触不良，二极管、三极管、电解电容等有极性元器件引线端有无错接、反接等，集成块是否插对。

3. 通电观察

把经过准确测量的电源电压加入电路，但暂不接入信号源信号。电源接通之后，不要急于测量数据和观察结果，首先要观察有无异常现象，包括有无冒烟、有无异常气味、触摸元件是否有发烫现象、电源是否短路等。如果出现异常，应立即切断电源，排除故障后，才可重新通电。

4. 分块调试

调试包括测试和调整两个方面。测试是在安装后对电路的参数及工作状态进行测量；调整则是在测试的基础上对电路的结构或参数进行修正，使之满足设计要求。为了使测试能够顺利进行，设计的电路图上应标出各点的电位值、相应的波形以及其他参考数值。

测试方法有两种：第一种是采用边安装边调试的方法，也就是把复杂的电路按原理图上的功能分块进行调试，在分块调试的基础上逐步扩大调试的范围，最后完成整机调试。采用这种方法能及时发现问题和解决问题。第二种方法是在整个电路安装完毕后，实行一次性调试。这种方法适用于简单电路或定型产品。这里仅介绍分块调试。

分块调试是把电路按功能分成不同的部分，把每个部分看成一个模块进行调试。比较理想的调试程序是按信号的流向进行，这样可以把前面调试过的输出信号作为后一级的输入信号，为最后的联调创造条件。分块调试包括静态调试和动态调试。

静态调试：一般在没有外加信号的条件下测试电路各点的电位。如测试模拟电路的静态工作点，数字电路的各输入、输出电平及逻辑关系等，将测试获得的数据与设计值进行比较，若超出指标范围，应分析原因并进行处理。

动态调试：利用前级的输出信号为后级的输入信号，也可利用自身的信号检查功能块和各种指标是否满足设计要求，包括信号幅值、波形的形状、相位关系、频率、放大倍数、输出动态范围等。模拟电路比较复杂，而对于数字电路来说，由于集成度比较高，一般调试工作量不太大，只要元器件选择合适，直流工作状态正常，逻辑关系就不会有太大的问题。一般是测试电平的转换和工作速度等。

把静态和动态的测试结果与设计的指标进行比较，经进一步分析后对电路参数实施合理修正。

5. 整体联调

对于较复杂的电路系统（由多块电路板构成），在分块调试的过程中，由于是逐步扩大调试范围，故实际上已完成了某些局部联调工作。只要做好各功能块之间接口电路的调试工作，再把全部电路接通，就可以实现整体联调。整体联调只需要观察动态结果，即把各种测量仪器及系统本身显示部分提供的信息与设计指标逐一比较，找出问题，然后进一步修改电路参数，直到完全符合设计要求为止。调试过程中不能单凭感觉和印象，要始终借助仪器观察。

6. 调试注意事项

（1）测试之前，先要熟悉各种仪器的使用方法，并仔细加以检查，避免由于仪器使用不当或出现故障而做出错误判断。

（2）测试仪器和被测电路应具有良好的共地，只有使仪器和电路之间建立一个公共共地参考点，测试的结果才是准确的。

（3）调试过程中，发现器件或接线有问题需要更换或修改时，应关断电源，待更换完毕认真检查后，才可重新通电。

（4）调试过程中，不但要认真观察和测量，还要认真记录，包括记录观察的现象、测量的数据、波形及相位关系，必要时在记录中应附加说明，尤其是那些和设计不符合的现象更是记录的重点。依据记录的数据才能把实际观察到的现象和理论预计的结果加以定量比较，从中发现问题，加以改进，最终完善设计方案。通过收集第一手资料，可以帮助自己积累实际经验，切不可低估记录的重要作用。

1.5.4 电子电路的故障检查与处理

首先要通过对原理图的分析，把系统分成不同功能的电路模块，通过逐一测量，找出故障所在区域，然后对故障模块区域内部加以测量并找出故障，即从一个系统或模块的预期功能出发，通过实际测量，确定其功能的实现是否正常来判断是否存在故障。然后逐步深入，进而找出故障并加以排除。

调试中常见的故障原因有：实际电路与设计的原理图不符；元器件使用不当或误操作等；设计的原理本身不满足要求。

查找故障的方法是把合适的信号或某个模块的输出信号引到其他模块上，然后依次对每个模块进行测试，直到找到故障模块为止。查找的顺序可以从输入到输出，也可以从输出到输入。查找模块内部故障的步骤如下：

（1）检查用于测量的仪器是否使用得当。

（2）检查安装的线路与原理图是否一致，包括连线、元件的极性及参数、集成电路的安装位置是否正确等。

（3）测量元器件接线端的电源电压。使用接插板做实验出现故障时，要检查是否是因接线端接触不良导致元器件本身没有正常工作。检查元器件使用是否得当或已经损坏。

（4）断开故障模块输出端所接的负载，可以判断故障来自模块本身还是负载。

（5）查找故障时需要把反馈回路断开，接入一个合适的输入信号，使系统成为一个开环系统，然后再逐一查找发生故障的模块及故障元器件等。

数字电路的故障寻找和排除相对比较简单，除三态电路外，其余数字电路的输入与输出只有高电子和低电子两种状态。查找故障可以先进行动态测试，缩小故障的范围，再进行静态测试，最终确定故障的位置。

在电路中，当某个元器件静态正常而动态有问题时，往往会认为这个器件本身有问题。遇到这种情况，不要急于更换器件，首先应检查电路本身的负载能力及提供输入信号的信号源的负载能力。把电路的输出端负载断开，检查是否工作正常，若电路空载时工作正常，说明电路负载能力差，需要调整电路。如果断开负载电路仍不能正常工作，则要检查输入信号波形是否符合要求。

1.6 实验室供电系统及安全用电常识

在实验室做实验要用到各种电子仪器，这些电子仪器都是在动力电（或称市电）下工作的。因此，了解实验室的供电系统及一些安全用电常识是必要的。

1.6.1 实验室供电系统

实验室通常使用的动力电是频率为 50 Hz、线电压为 380 V、相电压为 220 V 的三相交流电。由于在实验室里很难做到三相负载平衡工作，因此常采用 Y－Y 型连接。从配电室到实验室的供电线路如图 1－6－1 所示。

A、B、C 为三条火线，O 为回流线。回流线通常在配电室一端接地，因此又称零线，其对地电位为 O。该供电系统称为"三相四线制"供电系统。

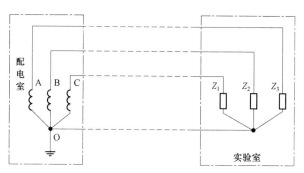

图 1－6－1 实验室供电系统

实验室的仪器通常采用 220 V 供电，并经常是多台仪器一起使用。为了保证操作人员的人身安全，使其免遭电击，需要将多台仪器的金属外壳连在一起并与大地连接，因此在用电端的实验室需要引入一条与大地连接良好的保护地线。从实验室配电盘（电源总开关）到实验台的供电线路如图 1－6－2 所示。

220 V 的交流电从配电盘分别引到各个实验台的电源接线盒上，电源接线盒上有两芯插座和三芯插座供用电器使用。按照电工操作规程要求，两芯插座与动力电的连接是左孔接零线，右孔接火线，即左"零"右"火"。三芯插座除了按左"零"右"火"连接之外，中间插孔 L 接的是保护地线（GND）。因此，实验室的供电系统比较确切的叫法应该是"三相四线一地"制，即三条火线、一条零线、一条保护地线。

其中，零线与保护地线虽然都与大地相接，但它们之间有着本质的区别。

（1）接地的地点不同。零线通常在低压配电室即变压器次级端接地，而保护地线则在靠近用电器端接地，两者之间有一定距离。

（2）零线中有电流。即零线电压为零、电流不为零，且零线中的电流为三条火线中电流的矢量和。保护地线在一般情况下电压为 0、电流亦为 0，只有当漏电产生时或发生对地短路故障时，保护地线中才有电流。

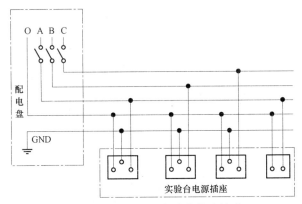

图 1−6−2　一般实验室供电线路

（3）零线与火线及用电负载构成回路，保护地线不与任何部分构成回路，只为仪器的操作者提供一个与大地相同的等电位。因此零线和保护地线虽说都与大地相接，但不能把它们视为等电位，在同一幅电路图中不能使用相同的接地符号，在实验室里更不能把零线作为保护地线、测量参考点，了解这一点非常重要，否则会造成短路，在瞬间产生大电流，烧毁仪器、实验电路等。

了解零线与保护地线的区别是有实际意义的，因为在实验室内，要求所有一起使用的电子仪器，其外壳要连在一起并与大地相接，各种测量也都是以大地（保护地线）为参考点的，而不是零线。

1.6.2　电子仪器的动力电引入及其信号输入/输出线的连接

1. 电子仪器动力电的引入

电子仪器中的电子器件只有在稳定的直流电压下才能正常工作。该直流电压通常是将动力电（220 V/50 Hz）经变压器降压后，再通过整流—滤波—稳压得到。

目前多采用三芯电源线将动力电引入电子仪器，连接方式如图 1−6−3 所示。电源插头的中间插针与仪器的金属外壳连在一起，其他两针分别与变压器初级线圈的两端相连。这样，当把插头插在电源插座上时，通过电源线即把仪器外壳连到大地上，火线和零线也接到变压器的初级线圈上。当多台仪器一起使用并都采用三芯电源线时，这样通过电源线就能将所有的仪器外壳连在一起，并与大地相连。

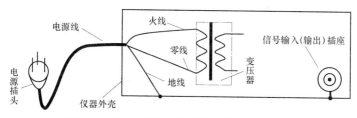

图 1-6-3　电源线、信号输入输出线的连接

2. 电子仪器的输入与输出线

在使用的电子仪器中，有的是向外输出电量，称为电源或信号源；有的是对内输入电量，以便对其进行测量。不管是输入电量还是输出电量，仪器对外的联系都是通过接线柱或测量线插座（普通仪器多用 Q9 型插座）来实现的。若用接线柱，通常将其中之一与仪器外壳直接相接并标上接地符号"⊥"，该柱常用黑色，另一个与外壳绝缘并用红色。若用测量线插座实现对外联系，通常将插座的外层金属部分直接固定在仪器的金属外壳上，如图 1-6-3 所示。

实验室使用的测量线大多数为 75 Ω 的同轴电缆线。一般电缆线的芯线接一红色鳄鱼夹，网状屏蔽线接一黑色鳄鱼夹，网状屏蔽线的另一端与测量线插头的外部金属部分相接。当把测量线插到插座上时，黑夹子线即和仪器外壳连在一起；也可以说，黑夹子线端即接地点，因为仪器外壳是与大地相接的。由此可见，实验室的测量系统实际上均是以大地为参考点的测量系统。如果不想以大地为参考点，就必须把所有仪器改为两芯电源线，或者把三芯电源线的接地线断开，否则就要采用隔离技术。

若使用两芯电源线，测量线的黑夹子线一端仍和仪器外壳连在一起，但外壳却不能通过电源线与大地连接，这种情况称为悬浮地。当测量仪器为悬浮地时，可以测量任意支路电压。当黑夹子接在参考点上时，测得的量为对地电位。

通过以上讨论得出这样一个结论：信号源一旦采用三芯电源线，那么由它参与的系统就是一个以大地为参考点的系统，除非采取对地隔离（如使用变压器、光耦等）；若测量仪器（如示波器、毫伏表）一旦采用三芯电源线，它就只能测量对地电位，而不能直接测量支路电压。因此，在所有仪器都使用三芯电源线的实验系统中，其黑夹子必须都接在同一点（接地点）上；否则就会造成短路。

1.6.3　实验中的安全问题

安全用电是实验中始终需要注意的重要问题。为了做好实验，确保人身和设备的安全，在做电工电子实验时，必须严格遵守下列安全用电规则：

（1）接线、改接、拆线都必须在切断电源的情况下进行，即"先接线后通电，先断电再拆线"。

（2）实验中，特别是设备刚投入运行时，要随时注意仪器设备的运行情况，如发现超量程、过热、异味、异声、冒烟、火花等，应立即断电，并请老师检查。

（3）进行电气测量时，身体切勿直接接触大地，也不要接触可能带电的裸露的金属端子、输出口、引线夹等。通过使用干燥的衣服、胶鞋、胶垫以及其他经认可的绝缘材料，保持您的身体与大地绝缘。万一遇到触电事故，应立即切断电源，进行必要的处理。

（4）做电机拖动实验时，电机转动时一定要防止导线、发辫、衣物等物品卷入，以免发生人身安全事故。

（5）严禁用普通仪表测量超过地电位 500 V（DC/AC）的电压。

（6）有关电器设备的规格、性能及使用方法，严格按额定值使用。注意仪表的种类、量程和连接使用方法，例如，不得用电流表或万用表的电阻挡、电流挡去测量电压；电流表、功率表的电流线圈不能并联在电路中等。

（7）使用之前，都要检查测量仪表、测试线和附件是否异常或损伤。如果发现测试线断裂或磨损、外观破裂、显示器无读数等，请不要试图再使用。

（8）不能确定被测电压的大小范围时，请将量程开关置于最大的量程位置。如果测量电压超过仪表的电压测量极限，有可能损坏仪表和危及操作人员的安全。

（9）不要用其他未经指定或认可的熔断器来更换仪器内部的保护熔断器。只能换上同样型号的或相同电气规格的熔断器。为了避免电击，在更换熔断器之前，必须关闭交流电源开关，电源线拔离电源插座，以及测试线不能接入任何被测试电路或输入信号。

（10）不要使用其他未经指定或认可的电池来更换仪器内部的供电电池。只能换上同样型号的或相同电气规格的电池。

第 2 章

模拟电子技术实验

2.1 实验一：常用电子仪器的使用练习

2.1.1 实验目的

（1）了解示波器、低频信号发生器、视频毫伏表及直流稳压电源的工作原理。

（2）掌握常用电子仪器的使用方法。

2.1.2 实验仪器

（1）函数信号发生器；

（2）双踪示波器；

（3）交流毫伏表。

2.1.3 实验原理

多种实验仪器之间按如图 2－1－1 所示接线。

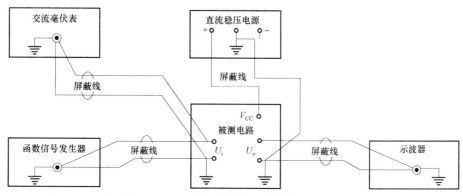

图 2－1－1　多种实验仪器之间接线示意图

1. 函数信号发生器

函数信号发生器按需要输出正弦波、方波、脉冲波三种信号波形。输出电压最大可达 $10\ V_{\mathrm{P-P}}$。函数信号发生器的输出信号频率可以通过频率分挡开关进行调节。

函数信号发生器作为信号源，它的输出端不允许短路。

2. 示波器的使用

1）用示波器测量正弦波的有效值

正弦波形在示波器屏幕上的显示方式如图 2－1－2 所示。如果荧光屏上信号波形的峰－峰值为 D div，Y 轴灵敏度为 0.02 V/div，则所测电压的峰－峰值为：

$$V_{P-P}=0.02 \text{ V/div} \times D \text{ div} \tag{2－1－1}$$

式中，0.02 V/div 是示波器无衰减时 Y 轴的灵敏度，即每格 20 mV；D 为被测信号在 Y 轴方向上峰－峰之间的距离，单位为格（div）。

2）用示波器测量时间

时间测量时在 X 轴上读数，量程由 X 轴的扫描速度开关"t/div"决定。

测量前对示波器进行扫描速度校准，测量时间过程中使该"微调"始终处于"校准"位置上，然后测量信号波形任意两点间的时间间隔。

（1）将被测信号送入 Y 轴，调节有关旋钮使荧光屏上出现 1～2 个稳定波形，如图 2－1－3 所示，然后测量 P、Q 两点的时间间隔 t。

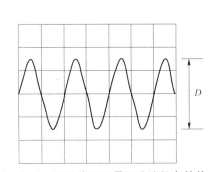

图 2－1－2　用示波器测量正弦波的有效值

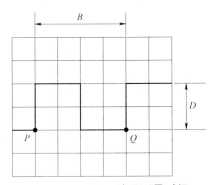

图 2－1－3　用示波器测量时间

（2）测出 P、Q 两点在 X 轴上的距离为 B div。

（3）记录"t/div"扫描挡位上的指示值，如为 A ms/div，则 P、Q 两点之间的时间值为

$$t=A \text{ ms/div} \times B \text{ div}=A \times B \text{ ms} \tag{2－1－2}$$

3）用示波器测量正弦波的频率

根据 $f=1/T$，先按时间的测量方法，测出周期，便可求得频率。

2.1.4　实验过程

1. 用示波器测量正弦波的有效值

将函数信号发生器的输出（信号频率为 1 000 Hz）分别与交流毫伏表和示波器相连接。信号发生器输出选择正弦波，调节信号发生器的幅度调节旋钮，使信号发生器输出的正弦波的有效值分别为表 2－1－1 中所示值（通过交流毫伏表观察），然后从示波器上读出正弦波的峰－峰值在垂直方向上所占的垂直格数 D（按大格计算）及此时 Y 轴灵敏度 V/div，记入表 2－1－1 中。则

$$\text{正弦波的峰－峰值 } U_{P-P}=V/\text{div} \times D \tag{2－1－3}$$

$$U_{\text{P}-\text{P}}\text{对应的有效值} = \frac{U_{\text{P}-\text{P}}}{\sqrt{2}} \qquad (2-1-4)$$

$$\text{正弦波的有效值} = \frac{U_{\text{P}-\text{P}}}{2\sqrt{2}} \qquad (2-1-5)$$

2. 用示波器测量正弦波的频率

保持函数信号发生器输出正弦波的幅度不变（幅值为 2 V），调节函数信号发生器的频率调节旋钮，使函数信号发生器输出的正弦波的频率分别为表 2-1-2 中所示值（通过信号发生器本身的频率显示观察），然后从示波器上读出正弦波的一个周期在水平方向上所占的水平格数 B（按大格计算）及此时 X 轴灵敏度 t/div，记入表 2-1-2 中。则

$$\text{正弦波的周期 } T = t/\text{div} \times B \qquad (2-1-6)$$

$$\text{正弦波的频率 } f = 1/T \qquad (2-1-7)$$

3. 用双踪示波器测量两波形间的相位差

（1）按图 2-1-4 连接实验电路，将函数信号发生器的输出调至频率为 1 kHz、幅值为 2 V 的正弦波，经 *RC* 移相网络获得频率相同但相位不同的两路信号 u_i 和 u_R，分别加到双踪示波器的 Y_1 和 Y_2 输入端。为便于稳定波形，比较两波形相位差，应使内触发信号取自被设定作为测量基准的一路信号。

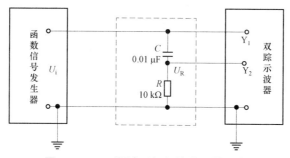

图 2-1-4 两波形间相位差测量电路

（2）把显示方式开关置"交替"挡位，将 Y_1 和 Y_2 输入耦合方式开关置"⊥"挡位，调节 Y_1、Y_2 的移位（ ↕ ）旋钮，使两条扫描基线重合。

（3）将 Y_1、Y_2 输入耦合方式开关置"AC"挡位，调节触发电平、扫速开关及 Y_1、Y_2 灵敏度开关位置，使在荧屏上显示出易于观察的两个相位不同的正弦波形 u_i 及 u_R，如图 2-1-5 所示。根据两波形在水平方向的差距 X，及信号周期 X_T，则可求得两波形相位差

$$\theta = \frac{X}{X_T} \times 360° \qquad (2-1-8)$$

式中，X_T 为波形一个周期所占格数；X 为两波形相位在 X 轴方向差距的格数。记录两波形相位差于表 2-1-3 中。

为数读和计算方便，可适当调节扫速开关及微调旋钮，使波形一周期占整数格。

4. 用万用表测试晶体二极管、三极管

1）利用万用表判别二极管的极性与好坏

首先，将万用表置欧姆挡，此时数字万用表的内部等效电路如图 2-1-6 所示。

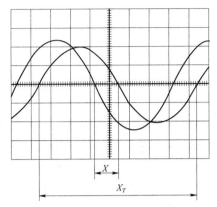

图 2-1-5　双踪示波器显示两相位不同的正弦波图　　图 2-1-6　数字万用表的内部等效电路

将万用表的红、黑表笔分别接到二极管两端，测其电阻值。

然后红、黑表笔互换连接位置，再一次测量二极管的电阻值。

若两次测试的电阻值一次很大（二极管反偏），另一次很小（二极管正偏），说明二极管完好，而且阻值小的一次，红表笔接触的一端为二极管的正极。

若两次测试的阻值均很大，说明二极管内部开路；而如果两次测试的阻值均很小，则说明二极管内部击穿短路。两种情况均表明：二极管已失去单向导电的特性。

注意：测试时选用"$R \times 1\,\mathrm{K}$"挡较合适。不宜选用"$R \times 100\,\mathrm{K}$"挡，因该挡的电源电压较高，容易损坏管子。

2）用万用表判别晶体三极管的类型和管脚

（1）判别基极 b 和管子类型。

可以把晶体三极管的结构看作是两个串接的二极管，如图 2-1-7 所示。

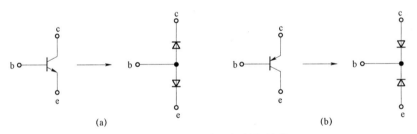

(a)　　　　　　　　　　　　　　　　(b)

图 2-1-7　晶体三极管的结构

(a) NPN 型；(b) PNP 型

由图可见，若分别测试 bc、be、ce 之间的正反向电阻，只有 ce 之间的正反向两个电阻值均很大（因为 ce 之间始终有一个反偏的 PN 结）时，由此即可确定 c、e 两个电极之外的是基极 b。

然后将万用表红表笔接 b 极，黑表笔依次接另外两个电极，测得两个电阻值，若两个值均很小，说明是 NPN 管；若两个值均很大，说明是 PNP 管。

（2）判别发射极 e 和集电极 c。利用三极管正向电流放大系数比倒置电流放大系数大的原理，可以确定发射极和集电极。

如图 2-1-8 所示，将万用表置欧姆挡。若是 NPN 管，则红表笔接假定 c 极，黑表笔接假定 e 极，在 b 极和假定 c 极之间接一个 100 kΩ 的电阻（可用人体电阻代替），读出此时万用表上的电阻值。然后作相反的假设，再按图 2-1-8 连接好，重读电阻值。两组值中阻值小的一次对应的集电极电流 I_c 较大，电流放大系数较大，说明三极管处于正向放大状态，该次的假设是正确的。

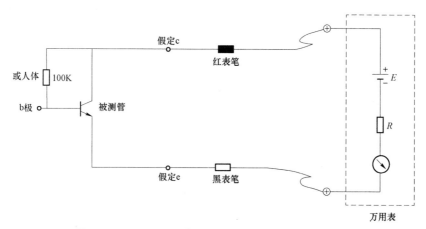

图 2-1-8　用万用表判别晶体三极管的管脚和类型

对于 PNP 管，应该将黑表笔接假定的 c 极，红表笔接假定的 e 极，其他步骤相同。

2.1.5　原始记录

表 2-1-1　用示波器测量正弦波的有效值

被测信号有效值/V	0.2	1.0	2.0	3.0	4.0	5.0
V/div						
垂直格数 D						
U_{P-P}/V						
正弦波对应的有效值/V						

表 2-1-2　用示波器测量正弦波的频率

待测信号	200 Hz	500 Hz	750 Hz	1 kHz	5 kHz	10 kHz
t/div						
水平格数 B						
周期 T						
频率 $f=1/T$						

表 2-1-3　用双踪示波器测量两波形间的相位差

一周期格数	两波形 X 轴差距格数	相　位　差	
		实　测　值	算　值
$X_T=$	$X=$	$\theta=$	$\theta=$

2.1.6　数据处理

（1）整理测量结果，计算正弦波的有效值。
（2）整理测量结果，计算正弦波的周期、频率值。

2.1.7　结果分析

整理测量结果，并把实测的正弦波的有效值、周期、频率值与理论值比较（取一组数据进行比较），分析误差产生的原因。

2.1.8　问题讨论

（1）怎样选择毫伏表的量程？
（2）怎样用示波器测量正弦波的有效值及周期、频率？

2.2　实验二：晶体管共射极单管放大器

2.2.1　实验目的

（1）学会放大器静态工作点的测量及调试方法。
（2）掌握放大器的电压放大倍数、输入电阻、输出电阻及最大不失真输出电压的测试方法。

2.2.2　实验仪器

（1）+12 V 直流电源；
（2）函数信号发生器；
（3）双踪示波器；
（4）交流毫伏表；
（5）直流电压表；
（6）直流毫安表。

2.2.3　实验原理

图 2-2-1 为电阻分压式工作点稳定单管放大器实验电路图。它的偏置电路采用 R_{B1} 和 R_{B2} 组成的分压电路，并在发射极中接有电阻 R_E，可以稳定放大器的静态工作点。当在放大器的输入端加入输入信号 u_i 后，在放大器的输出端便可得到一个与 u_i 相位相反、幅值被放大了的输出信号 u_o，从而实现了电压放大。

1. 放大器静态工作点的测量与调试

1）静态工作点的测量

分别测量晶体管的各极对地的电位 U_B、U_C 和 U_E。则

$$I_C = \frac{V_{CC} - U_C}{R_C}$$

$$U_{BE}=U_B-U_E, \quad U_{CE}=U_C-U_E$$

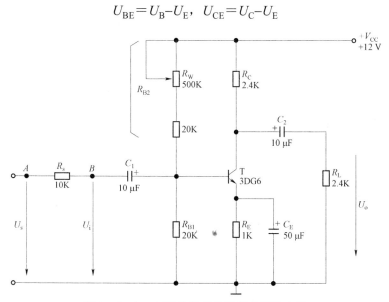

图 2-2-1　电阻分压式共射极单管放大器

2）静态工作点的调试

放大器静态工作点的调试是指对管子集电极电流 I_C（或 U_{CE}）的调整与测试。

静态工作点是否合适，对放大器的性能和输出波形都有很大影响。如工作点偏高，放大器在加入交流信号以后易产生饱和失真，此时 u_o 的负半周将被削底，如图 2-2-2（a）所示；如工作点偏低则易产生截止失真，即 u_o 的正半周被缩顶（一般截止失真不如饱和失真明显），如图 2-2-2（b）所示。这些情况都不符合不失真放大的要求。

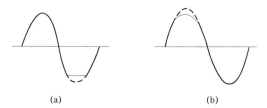

(a)　　　　　　　(b)

图 2-2-2　静态工作点对 u_o 波形失真的影响
（a）饱和失真；（b）截止失真

改变电路参数 V_{CC}、R_C、R_B（R_{B1}、R_{B2}）都会引起静态工作点的变化，但通常多采用调节偏置电阻 R_{B2} 的方法来改变静态工作点。

最后还要说明的是，上面所说的工作点"偏高"或"偏低"不是绝对的，应该是相对信号的幅度而言，如输入信号幅度很小，即使工作点较高或较低也不一定会出现失真。所以确切地说，产生波形失真是信号幅度与静态工作点设置配合不当所致。如需满足较大信号幅度的要求，静态工作点最好尽量靠近交流负载线的中点。

2. 放大器动态指标测试

放大器动态指标包括电压放大倍数、输入电阻、输出电阻、最大不失真输出电压（动态范围）和通频带等。

1）电压放大倍数的测量

$$A_V = \frac{U_L}{U_i} \quad （负载） \tag{2-2-1}$$

$$A_{Vo} = \frac{U_o}{U_i} \quad （空载） \tag{2-2-2}$$

2）输入电阻 R_i 的测量

为了测量放大器的输入电阻，按图 2-2-3 电路在被测放大器的输入端与信号源之间串入一已知电阻 R，在放大器正常工作的情况下，用交流毫伏表测出 U_s 和 U_i，则根据输入电阻的定义可得

$$R_i = \frac{U_i}{I_i} = \frac{U_i}{\dfrac{U_R}{R}} = \frac{U_i}{U_s - U_i} R \tag{2-2-3}$$

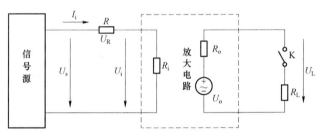

图 2-2-3　输入、输出电阻测量电路

3）输出电阻 R_o 的测量

按图 2-2-3 电路，在放大器正常工作条件下，测出输出端不接负载 R_L 时的输出电压 U_o 和接入负载后的输出电压 U_L，根据

$$U_L = \frac{R_L}{R_o + R_L} U_o \tag{2-2-4}$$

即可求出

$$R_o = \left(\frac{U_o}{U_L} - 1 \right) R_L \tag{2-2-5}$$

在测试中应注意，必须保持 R_L 接入前后输入信号的大小不变。

4）最大不失真输出电压 U_{om} 的测量（最大动态范围）

如上所述，为了得到最大动态范围，应将静态工作点调在交流负载线的中点。为此在放大器正常工作情况下，逐步增大输入信号的幅度，并同时调节 R_W（改变静态工作点），用示波器观察 u_o，当输出波形同时出现削底和缩顶现象（见图 2-2-4）时，说明静态工作点已调在交流负载线的中点。然后保持 R_W 不变，反复调整输入信号幅度，使波形输出幅度最大，且无明显失真时，用交流毫伏表测出 U_o（有效值），即为最大不失真输出 U_{om}。

5）放大器频率特性的测量

晶体管放大电路的幅频特性和相频特性曲线如图 2-2-5 所示。

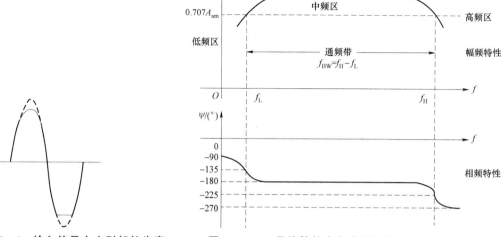

图 2-2-4 输入信号太大引起的失真   图 2-2-5 晶体管放大电路的幅频特性和相频特性曲线

幅频特性是指放大电路的电压放大倍数 A_V 与输入信号频率 f 之间的关系曲线。其中，f_L 为下限截止频率，f_H 为上限截止频率，则通频带 $f_{BW} = f_H - f_L$。

2.2.4 实验过程

实验电路如图 2-2-1 所示。

1. 测量静态工作点

接通 +12 V 电源，调节 R_W，使 $I_C = 2.0$ mA（即集电极对地电位 $U_C = 7.2$ V），用直流电压表测量晶体管的各极对地的电位 U_B、U_C 和 U_E，记入表 2-2-1 中。

2. 测量电压放大倍数

（1）将函数信号发生器（频率为 1 kHz 的正弦信号）的输出接放大器输入端 u_s，$R_L = 2.4$ kΩ，调节函数信号发生器的幅度旋钮，同时用示波器观察放大器输出电压 u_o 波形，在输出波形不失真的条件下，用交流毫伏表测量 U_i 和 U_L 值，并用双踪示波器观察 u_o 和 u_i 的相位关系，记入表 2-2-2 中。

（2）断开 R_L，即 $R_L = \infty$，调节函数信号发生器的幅度旋钮，同时用示波器观察放大器输出电压 u_o 的波形，在输出波形不失真的条件下，用交流毫伏表测量 U_i 和 U_o 值，记入表 2-2-2 中。

3. 观察静态工作点对电压放大倍数的影响

置 $R_L = 2.4$ kΩ，调节 R_W，使 U_C 分别为表 2-2-3 中所示值，然后调节输入电压 u_s 幅度，用示波器监视输出电压波形，在 u_o 不失真的条件下，用交流毫伏表测量 U_i 和 U_L 值，记入表 2-2-3 中。

4. 测量输入电阻和输出电阻

（1）置 $R_L = 2.4$ kΩ，将函数信号发生器（频率为 1 kHz 的正弦信号）的输出接放大器输入端 u_s，调节函数信号发生器的幅度，同时用示波器观察放大器输出电压 u_o 的波形，在输出波形不失真的条件下，用交流毫伏表测出 U_s、U_i 和 U_L，记入表 2-2-4 中。

（2）断开 R_L，即 $R_L=\infty$，用交流毫伏表测量 U_o 值，记入表 2-2-4 中。

注意： 断开 R_L 之后，输出 u_o 不能失真，否则需调节 u_s 幅值，然后重复步骤（1）和（2）。

5. 测量最大不失真输出电压

置 $R_L=2.4\ \text{k}\Omega$，按照实验原理中所述方法，同时调节输入信号 u_s 的幅度和电位器 R_W，使输出达到最大不失真，用交流毫伏表测量此时的 U_{im} 和 U_{om} 值，记入表 2-2-5 中。

6. 测量幅频特性曲线

调节 R_W，使 $U_C=7.2\ \text{V}$，取 $R_L=2.4\ \text{k}\Omega$。调节函数信号发生器频率 $f=1\ \text{kHz}$，调节 u_s 幅值，使输出电压 $U_L=1\ \text{V}$，测量并记录 U_i 幅值；然后，保持 U_i 幅值不变（如在测量过程中出现变化，需要及时调整 U_i 的幅值），逐渐增大信号频率，使 U_L 下降到 0.707 V 时，对应的信号频率为上限频率 f_H；同理，逐渐减小信号频率，使 U_L 下降到 0.707 V 时，对应的信号频率为下限频率 f_L，记入表 2-2-6 中。

测量时，在低频段和高频段应多测量几个点，在中频段可以少测量几个点。

2.2.5　原始记录

表 2-2-1　测量静态工作点（$I_C=2\ \text{mA}$）

测　量　值			计　算　值		
U_B/V	U_E/V	U_C/V	U_{BE}/V	U_{CE}/V	I_C/mA

表 2-2-2　测量电压放大倍数

负载 $R_L=2.4\ \text{k}\Omega$			负载 $R_L=\infty$			u_o 和 u_i 波形的相位关系
U_i/V	U_L/V	A_V	U_i/V	U_o/V	A_{Vo}	

表 2-2-3　观察静态工作点对电压放大倍数的影响

U_C/V	9.6	8.4	7.2	6.0	4.8
U_i/V					
U_L/V					
A_V					

表 2-2-4　测量输入电阻和输出电阻

U_s/mV	U_i/mV	U_L/V	U_o/V	计算值	
				$R_i/\text{k}\Omega$	$R_o/\text{k}\Omega$

表 2-2-5　测量最大不失真输出电压（$R_L=2.4\ \text{k}\Omega$）

U_{im}/V	U_{om}/V

表 2 - 2 - 6　测量幅频特性曲线（R_L=2.4 kΩ, U_i=　V）

					f_L		f_0			f_H		
f/kHz							1					
U_L/V												
$A_V=U_L/U_i$												

2.2.6　数据处理

列表整理测量结果，计算静态工作点、电压放大倍数、输入电阻、输出电阻。

2.2.7　结果分析

根据实验结果，分析静态工作点变化对放大器输出波形的影响。

2.2.8　问题讨论

（1）改变静态工作点对放大器的输入电阻 R_i 是否有影响？改变外接电阻 R_L 对输出电阻 R_o 是否有影响？

（2）测试中，如果将函数信号发生器、交流毫伏表、示波器中任一仪器的两个测试端子接线换位（即各仪器的接地端不再连在一起），将会出现什么问题？

2.3　实验三：共集极三极管放大电路测试——射极跟随器

2.3.1　实验目的

（1）掌握射极跟随器的特性及测试方法。

（2）进一步学习放大器各项参数的测试方法。

2.3.2　实验仪器

（1）+12 V 直流电源；

（2）函数信号发生器；

（3）双踪示波器；

（4）交流毫伏表；

（5）直流电压表。

2.3.3　实验原理

射极跟随器的原理图如图 2 - 3 - 1 所示。它是一个电压串联负反馈放大电路，它具有输入电阻高、输出电阻低，电压放大倍数接近于 1，输出电压能够在较大范围内跟随输入电压作线性变化以及输入、输出信号同相等特点。

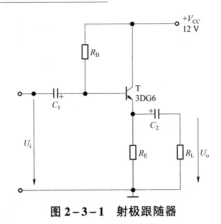

图 2 - 3 - 1　射极跟随器

射极跟随器的输出取自发射极，故称其为射极输出器。

1. 静态工作点

分别测量晶体管的各极对地的电位 U_B、U_C 和 U_E，则

$$I_E = \frac{U_E}{R_E} \tag{2-3-1}$$

$$U_{BE} = U_B - U_E, \quad U_{CE} = U_C - U_E \tag{2-3-2}$$

2. 电压放大倍数

$$A_V = \frac{U_L}{U_i} \quad （负载） \tag{2-3-3}$$

$$A_{Vo} = \frac{U_o}{U_i} \quad （空载） \tag{2-3-4}$$

3. 输入电阻 R_i

$$R_i = \frac{U_i}{I_i} = \frac{U_i}{U_s - U_i} R_s \tag{2-3-5}$$

4. 输出电阻 R_o

$$R_o = \left(\frac{U_o}{U_L} - 1 \right) R_L \tag{2-3-6}$$

5. 电压跟随范围

电压跟随范围是指射极跟随器输出电压 u_o 跟随输入电压 u_i 作线性变化的区域。当 u_i 超过一定范围时，u_o 便不能跟随 u_i 作线性变化，即 u_o 波形产生了失真。为了使输出电压 u_o 正、负半周对称，并充分利用电压跟随范围，静态工作点应选在交流负载线中点，测量时可直接用示波器读取 u_o 的峰-峰值，即电压跟随范围；或用交流毫伏表读取 u_o 的有效值，则电压跟随范围

$$U_{oP-P} = 2\sqrt{2} U_o \tag{2-3-7}$$

2.3.4　实验过程

实验电路如图 2 - 3 - 2 所示。

1. 测量静态工作点

接通 +12 V 直流电源，调节 R_W，使发射极对地电位 U_E = 8 V 左右，用直流电压表测量

晶体管各电极对地电位 U_B、U_C 和 U_E，将测得数据记入表 2–3–1 中。

2. 测量电压放大倍数 A_V

（1）将函数信号发生器（频率为 1 kHz 的正弦信号）的输出接放大器输入端 u_s，$R_L=1$ kΩ，调节函数信号发生器的幅度旋钮，使输入 u_i 为表 2–3–2 中给定值，在输出波形不失真的条件下，用交流毫伏表测量 U_L 值，记入表 2–3–2 中。

（2）断开 R_L，即 $R_L=∞$，调节函数信号发生器的幅度旋钮，使输入 u_i 为表 2–3–2 中给定值，在输出波形不失真的条件下，用交流毫伏表测量 U_o 值，记入表 2–3–2 中。

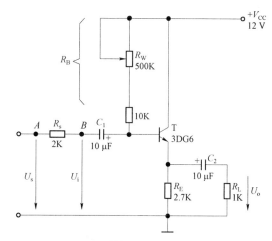

图 2–3–2 射极跟随器实验电路

3. 测量输出电阻 R_o

将函数信号发生器（频率为 1 kHz 的正弦信号）的输出接放大器输入端 u_s，$R_L=1$ kΩ，调节函数信号发生器的幅度旋钮，使输入 u_i 为表 2–3–3 中给定值，在输出波形不失真的条件下，用交流毫伏表分别测量有负载时输出电压 U_L 和空载输出电压 U_o，记入表 2–3–3 中。

4. 测量输入电阻 R_i

将函数信号发生器（频率为 1 kHz 的正弦信号）的输出接放大器输入端 u_s，$R_L=1$ kΩ，调节函数信号发生器的幅度旋钮，使输入 u_i 为表 2–3–4 中给定值，在输出波形不失真的条件下，用交流毫伏表测量 U_s，记入表 2–3–4 中。

5. 测试跟随特性

参照实验二的方法，先把静态工作点调整到交流负载线的中点。将函数信号发生器（频率为 1 kHz 的正弦信号）的输出接放大器输入端 u_s，$R_L=1$ kΩ，逐渐增大信号 u_i 幅度，用示波器监视输出波形直至输出波形达最大不失真，此时测量对应的 U_L 值，记入表 2–3–5 中。

***6. 测试频率响应特性**

参照实验二的方法，保持输入信号 u_i 幅度不变，改变信号源频率，用示波器监视输出波形，用交流毫伏表测量不同频率下的输出电压 U_L 值，记入表 2–3–6 中。

2.3.5 原始记录

表 2–3–1 测量静态工作点

U_E/V	U_B/V	U_C/V	I_E/mA

表 2–3–2 测量电压放大倍数 A_V

U_i/V	U_L/V	U_o/V	A_V	A_{Vo}
0.5				
1.0				
1.5				

表 2-3-3   测量输出电阻 R_o

U_i/V	U_o/V	U_L/V	R_o/kΩ
0.5			
1.0			
1.5			

表 2-3-4   测量输入电阻 R_i

U_i/V	U_s/V	R_i/kΩ
0.5		
1.0		
1.5		

表 2-3-5   测试跟随特性

U_i/V	0.5	1.0	1.5	2.0	2.5	3.0	…
U_L/V							

表 2-3-6   测试频率响应特性（R_L=1 kΩ，U_i=   V）

	f_L			f_0		f_H		
f/kHz				1				
U_L/V								
$A_V=U_L/U_i$								

2.3.6   数据处理

根据表 2-3-5 和表 2-3-6，分别画出曲线 $U_L=f(U_i)$ 及 $U_L=f(f)$ 曲线。

2.3.7   结果分析

整理实验数据，分析射极跟随器的性能和特点。

2.3.8   问题讨论

共集极放大电路和共射极放大电路有什么异同点？

2.4   实验四：差动放大器性能测试

2.4.1   实验目的

（1）加深对差动放大器性能及特点的理解。
（2）学习差动放大器主要性能指标的测试方法。

2.4.2 实验仪器

（1）+12 V 直流电源；
（2）函数信号发生器；
（3）双踪示波器；
（4）交流毫伏表；
（5）直流电压表。

2.4.3 实验原理

图 2-4-1 是差动放大器的基本结构。它由两个元件参数相同的基本共射放大电路组成。当开关拨向左边时，构成典型的差动放大器。调零电位器 R_P 用来调节 T_1、T_2 管的静态工作点，使得输入信号 $U_i=0$ 时，双端输出电压 $U_o=0$。R_{E1} 为两管共用的发射极电阻，它对差模信号无负反馈作用，因而不影响差模电压放大倍数，但对共模信号有较强的负反馈作用，故可以有效地抑制零漂，稳定静态工作点。

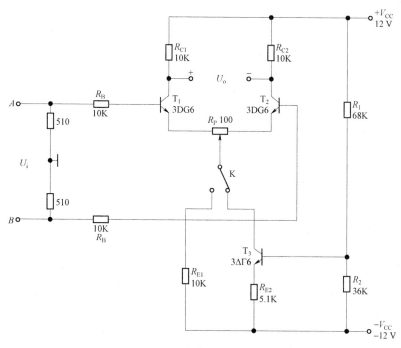

图 2-4-1 差动放大器实验电路

当开关 K 拨向右边时，构成具有恒流源的差动放大器。它用晶体管恒流源代替发射极电阻 R_{E1}，可以进一步提高差动放大器抑制共模信号的能力。

1. 差模电压放大倍数

$$A_d = \frac{U_o}{U_i} \tag{2-4-1}$$

其中，$U_o = U_{C1} - U_{C2}$，且 U_{C1} 与 U_{C2} 的极性相反。

2. 共模电压放大倍数

$$A_c = \frac{U_o}{U_i} = 0 \quad （理想值\ A_c = 0） \qquad (2-4-2)$$

其中，$U_o = U_{C1} - U_{C2}$，且 U_{C1} 与 U_{C2} 的极性相同。

实际上由于元件不可能完全对称，因此 A_c 也不会绝对等于零。

3. 共模抑制比 CMRR

表征差动放大器对有用信号（差模信号）的放大作用和对共模信号的抑制能力。

$$\mathrm{CMRR} = \left| \frac{A_d}{A_c} \right| \quad 或 \quad \mathrm{CMRR} = 20\lg \left| \frac{A_d}{A_c} \right| (\mathrm{dB}) \qquad (2-4-3)$$

2.4.4 实验过程

1. 典型差动放大器性能测试

按图 2-4-1 连接实验电路，将开关 K 拨向左边构成典型差动放大器。

1）测量静态工作点

（1）调节放大器零点。

信号源不接入。将放大器输入端 A、B 与地短接，接通 ±12 V 直流电源，用直流电压表测量输出电压 U_o（量程为 2 V），调节调零电位器 R_P，使 $U_o = 0$。调节要仔细，力求准确。

（2）测量静态工作点。

零点调好以后，去掉输入端 A、B 的短接线，用直流电压表测量 T_1、T_2 管各极对地电压，记入表 2-4-1 中。

2）测量差模电压放大倍数

关闭直流电源，将函数信号发生器的输出端接放大器输入端 A，地端接放大器输入端 B，构成差模输入方式，调节输入信号为频率 $f = 1\ \mathrm{kHz}$ 的正弦信号，按通 ±12 V 直流电源，调节函数信号发生器的幅度旋钮使输入电压 $U_i = 100\ \mathrm{mV}$，在输出波形无失真的情况下，用示波器观察 u_{C1} 和 u_{C2} 之间的相位是否相反。然后用交流毫伏表测量 U_i、U_{C1}、U_{C2}，记入表 2-4-2 中。注意：假设 U_{C1} 记为正极性，则 U_{C2} 记为负极性。

3）测量共模电压放大倍数

断开函数信号发生器，将放大器 A、B 短接，函数信号发生器输出端接放大器输入端 A 或端 B，函数信号发生器地端接放大器地端，构成共模输入方式，调节输入信号 $f = 1\ \mathrm{kHz}$，调节函数信号发生器的幅度旋钮使输入电压 $U_i = 1\ \mathrm{V}$（A 与地或者 B 与地之间），在输出电压无失真的情况下，用示波器观察 u_{C1} 和 u_{C2} 之间的相位是否相同。然后用交流毫伏表测量 U_i、U_{C1}、U_{C2}，记入表 2-4-2 中。注意：U_{C1}、U_{C2} 不用区分极性。

4）测量单端输入时的电压放大倍数

将函数信号发生器的输出正端接放大器输入端 A，输出负端接放大器输入端 B，并将放大器输入端 B 接地，构成单端输入方式，调节输入信号为频率 $f = 1\ \mathrm{kHz}$ 的正弦信号，接通 ±12 V 直流电源，调节函数信号发生器的幅度旋钮使输入电压 $U_i = 120\ \mathrm{mV}$，在输出波形无失真的情况下，用示波器观察 u_{C1} 和 u_{C2} 之间的相位关系。然后用交流毫伏表测量 U_i、U_{C1}、U_{C2}，记入表 2-4-3 中。注意：假设 U_{C1} 记为正极性，则 U_{C2} 记为负极性。

2. 具有恒流源的差动放大电路性能测试

将图 2-4-1 电路中开关 K 拨向右边，构成具有恒流源的差动放大电路。重复内容 1-1）-（1）、1-2）、1-3）、1-4）的要求，记入表 2-4-2 和表 2-4-3 中。

2.4.5 原始记录

表 2-4-1 测量静态工作点

T_1			T_2		
U_{C1}/V	U_{B1}/V	U_{E1}/V	U_{C2}/V	U_{B2}/V	U_{E2}/V

表 2-4-2 测量差模、共模电压放大倍数

项目	典型差动放大电路		具有恒流源差动放大电路	
	差模输入	共模输入	差模输入	共模输入
U_i	100 mV	1 V	100 mV	1 V
U_{C1}（V）				
U_{C2}（V）				
$A_d = \dfrac{U_o}{U_i}$	—	—	—	—
$A_c = \dfrac{U_o}{U_i}$	—	—	—	—
$CMRR = \left\| \dfrac{A_d}{A_c} \right\|$				

表 2-4-3 测量单端输入、双端输出的电压放大倍数

电路类型	典型差动放大电路	具有恒流源差动放大电路
U_i	120 mV	120 mV
U_{C1}/V		
U_{C2}/V		
$A_{单端} = \dfrac{U_o}{U_i}$		

2.4.6 数据处理

整理实验数据，分别计算静态工作点以及 A_d、A_c 和 CMRR。

2.4.7 结果分析

（1）根据实验结果，比较 u_i、u_{C1} 和 u_{C2} 之间的相位关系。

（2）根据实验结果，总结电阻 R_{E1} 和恒流源的作用。

2.4.8 问题讨论

（1）实验中怎样获得差模信号？怎样获得共模信号？画出 A、B 端与信号源之间的连接图。

（2）怎样进行静态调零？用什么仪表测 U_o？

（3）怎样用交流毫伏表测双端输出电压 U_o？

2.5 实验五：负反馈放大器测试

2.5.1 实验目的

学习放大电路中引入负反馈的方法和负反馈对放大器各项性能指标的影响。

2.5.2 实验仪器

（1）+12 V 直流电源；

（2）函数信号发生器；

（3）双踪示波器；

（4）交流毫伏表；

（5）直流电压表。

2.5.3 实验原理

负反馈放大器有四种组态，即电压串联、电压并联、电流串联、电流并联。本实验以电压串联负反馈为例，分析负反馈对放大器各项性能指标的影响。

图 2-5-1 为带有负反馈的两级阻容耦合放大电路，在电路中通过 R_f 把输出电压 u_o 引回到输入端，加在晶体管 T_1 的发射极上，在发射极电阻 R_{F1} 上形成反馈电压 u_f。根据反馈的判断法可知，它属于电压串联负反馈。

主要性能指标如下：

（1）电压放大倍数：降低。

$$A_{Vf} = \frac{A_V}{1 + A_V F_V} \qquad (2-5-1)$$

式中 $A_V = U_o / U_i$——基本放大器（无反馈）的电压放大倍数，即开环电压放大倍数；

     $A_{Vf} = U_o / U_i$——负反馈放大器的电压放大倍数，即闭环电压放大倍数；

     $1 + A_V F_V$——反馈深度，它的大小决定了负反馈对放大器性能改善的程度。

反馈系数： $$F_V = \frac{R_{F1}}{R_f + R_{F1}} \qquad (2-5-2)$$

（2）输入电阻：增大。

$$R_{if} = (1 + A_V F_V) R_i \qquad (2-5-3)$$

$$R_{\mathrm{i}} = \frac{U_{\mathrm{i}}}{U_{\mathrm{s}} - U_{\mathrm{i}}} R_{\mathrm{s}} \tag{2-5-4}$$

$$R_{\mathrm{if}} = \frac{U_{\mathrm{i}}}{U_{\mathrm{s}} - U_{\mathrm{i}}} R_{\mathrm{s}} \tag{2-5-5}$$

其中，R_{i} 为基本放大器的输入电阻。

（3）输出电阻：减小。

$$R_{\mathrm{of}} = \frac{R_{\mathrm{o}}}{1 + A_{V_{\mathrm{o}}} F_V} \tag{2-5-6}$$

$$R_{\mathrm{o}} = \left(\frac{U_{\mathrm{o}}}{U_{\mathrm{L}}} - 1 \right) R_{\mathrm{L}} \tag{2-5-7}$$

$$R_{\mathrm{of}} = \left(\frac{U_{\mathrm{o}}}{U_{\mathrm{L}}} - 1 \right) R_{\mathrm{L}} \tag{2-5-8}$$

式中　R_{o}——基本放大器的输出电阻；

　　　$A_{V_{\mathrm{o}}}$——基本放大器 $R_{\mathrm{L}} = \infty$ 时的电压放大倍数。

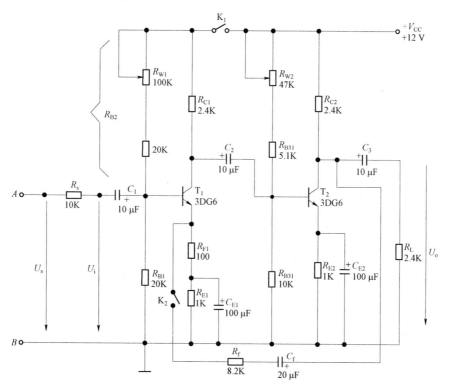

图 2-5-1　带有电压串联负反馈的两级阻容耦合放大器

2.5.4　实验过程

1. 测量静态工作点

接入 +12 V 直流电源，闭合 K_1，调节 R_{W1}，使 T_1 集电极对地电压 $U_{\mathrm{C1}}=7.2\ \mathrm{V}$；调节

R_{W2}，使 T_2 集电极对地电压 $U_{C2}=7.2$ V；用直流电压表分别测量 T_1 和 T_2 的各极对地电压，记入表 2-5-1 中。

2. 测试基本放大器的各项性能指标（K_1 闭合，K_2 断开）

（1）测量中频电压放大倍数 A_V、输入电阻 R_i 和输出电阻 R_o。

① u_s 接 1 kHz 正弦信号，$R_L=2.4$ kΩ，用示波器观察输出波形 u_o，调节 u_s 的幅度，在 u_o 不失真的情况下，用交流毫伏表测量 U_s、U_i、U_L，记入表 2-5-2。

② 保持 u_s 不变，断开负载电阻 R_L，用交流毫伏表测量空载时的输出电压 U_o，记入表 2-5-2 中。

（2）测量通频带。

接上 R_L，保持 u_s 幅度不变，然后增加和减小输入信号的频率，找出上、下限频率 f_H 和 f_L，记入表 2-5-3 中。

3. 测试负反馈放大器的各项性能指标（K_1 闭合，K_2 闭合）

（1）测量中频电压放大倍数 A_{Vf}、输入电阻 R_{if} 和输出电阻 R_{of}。

① u_s 接 1 kHz 正弦信号，$R_L=2.4$ kΩ，用示波器观察输出波形 u_o，调节 u_s 的幅度，在 u_o 不失真的情况下，用交流毫伏表测量 U_s、U_i、U_L，记入表 2-5-2 中。

② 保持 u_s 不变，断开负载电阻 R_L，用交流毫伏表测量空载时的输出电压 U_o，记入表 2-5-2 中。

（2）测量通频带。

接上 R_L，保持 u_s 幅度不变，然后增加和减小输入信号的频率，找出上、下限频率 f_H 和 f_L，记入表 2-5-3 中。

*4. 观察负反馈对非线性失真的改善

（1）实验电路接成基本放大器形式（K_1 闭合，K_2 断开），u_s 接 1 kHz 正弦信号，$R_L=2.4$ kΩ，输出端接示波器，逐渐增大输入信号的幅度，使输出波形开始出现失真，记下此时的波形和输出电压的幅度，记入表 2-5-4 中。

（2）再将实验电路接成负反馈放大器形式（K_1 闭合，K_2 闭合），增大输入信号幅度，使输出电压幅度的大小与（1）相同，比较有负反馈时输出波形的变化，记入表 2-5-4 中。

*5.研究负反馈对放大器电压放大倍数稳定性的影响

改变直流电源电压分别为 $V_{CC}=+9$ V 和 $V_{CC}=+5$ V，其他条件相同，分别测量相应的 A_V 和 A_{Vf}，记入表 2-5-5 中。

2.5.5 原始记录

表 2-5-1 测量静态工作点

参数	U_B/V	U_E/V	U_C/V
第一级			
第二级			

表 2-5-2 测量中频电压放大倍数 A_V、输入电阻 R_i 和输出电阻 R_o

基 本放大器	U_s/mV	U_i/mV	U_L/V	U_o/V	A_V	R_i/kΩ	R_o/kΩ
负反馈放大器	U_s/mV	U_i/mV	U_L/V	U_o/V	A_{Vf}	R_{if}/kΩ	R_{of}/kΩ

表 2-5-3 测量通频带

基本放大器	f_L/kHz	f_H/kHz	Δf / kHz
负反馈放大器	f_{Lf}/kHz	f_{Hf}/kHz	Δf_f / kHz

表 2-5-4 观察负反馈对非线性失真的改善（$U_L =$ V）

基本放大器的波形	负反馈放大器的波形

表 2-5-5 研究负反馈对放大器电压放大倍数稳定性的影响

基 本放大器		U_i/mV	U_L/V	A_V
	$V_{CC} = +9$ V			
	$V_{CC} = +5$ V			
负反馈放大器		U_i/mV	U_L/V	A_{Vf}
	$V_{CC} = +9$ V			
	$V_{CC} = +5$ V			

2.5.6 数据处理

（1）列表整理测量结果，分别计算基本放大器和负反馈放大器的静态工作点、电压放大倍数、输入电阻、输出电阻。

（2）分别计算电源电压为 +12 V、+9 V、+5 V 时的电压放大倍数的变化幅度。

2.5.7 结果分析

（1）根据实验结果，分析电压串联负反馈对放大器性能的影响。

（2）分析负反馈对放大器电压放大倍数稳定性的影响情况。

2.5.8 问题讨论

如输入信号存在失真，能否用负反馈来改善？

2.6　实验六：运算放大器应用

2.6.1　实验目的

（1）研究由集成运算放大器组成的比例、加法、减法和积分等基本运算电路的功能。

（2）了解运算放大器在实际应用时应考虑的一些问题。

2.6.2　实验仪器

（1）±12 V 直流电源；

（2）函数信号发生器；

（3）交流毫伏表；

（4）直流电压表；

（5）集成运算放大器μA741×1；

（6）电阻器、电容器若干。

2.6.3　实验原理

集成运算放大器是一种具有高电压放大倍数的直接耦合多级放大电路。当外部接入不同的线性或非线性元器件组成输入和负反馈电路时，可以灵活地实现各种特定的函数关系。在线性应用方面，可组成比例、加法、减法、积分、微分、对数等模拟运算电路。

1. 理想运算放大器的特性

在大多数情况下，将运放视为理想运放，就是将运放的各项技术指标理想化，满足下列条件的运算放大器称为理想运放。

开环电压增益：$A_{ud}=\infty$；

输入阻抗：$r_i=\infty$；

输出阻抗：$r_o=0$；

带宽：$f_{BW}=\infty$；

失调与漂移均为零等。

2. 理想运放在线性应用时的两个重要特性

（1）输出电压 U_o 与输入电压之间满足关系式：

$$U_o = A_{ud}(U_+ - U_-) \tag{2-6-1}$$

由于 $A_{ud}=\infty$，而 U_o 为有限值，因此，$U_+ - U_- \approx 0$，即 $U_+ \approx U_-$，称为"虚短"。

（2）由于 $r_i=\infty$，故流进运放两个输入端的电流可视为零，即 $I_{IB}=0$，称为"虚断"。这说明运放对其前级吸取电流极小。

上述两个特性是分析理想运放应用电路的基本原则，可简化运放电路的计算。

3. 基本运算电路

1）反相比例运算电路

电路如图 2-6-1 所示。对于理想运放，该电路的输出电压与输入电压之间的关系为：

$$U_o = -\frac{R_F}{R_1}U_i \qquad (2-6-2)$$

为了减小输入级偏置电流引起的运算误差，在同相输入端应接入平衡电阻 $R_2=R_1//R_F$。

2）反相加法器

电路如图 2－6－2 所示，输出电压与输入电压之间的关系为：

$$U_o = -\left(\frac{R_F}{R_1}U_{i1} + \frac{R_F}{R_2}U_{i2}\right), \quad R_3 = R_1//R_2//R_F \qquad (2-6-3)$$

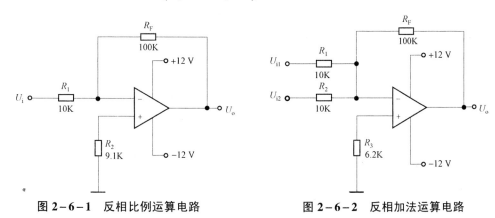

图 2－6－1 反相比例运算电路　　图 2－6－2 反相加法运算电路

3）同相比例运算电路

图 2－6－3（a）是同相比例运算电路，它的输出电压与输入电压之间的关系为：

$$U_o = \left(1 + \frac{R_F}{R_1}\right)U_i, \quad R_2 = R_1//R_F \qquad (2-6-4)$$

当 $R_1 \to \infty$ 时，$U_o = U_i$，即得到如图 2－6－3（b）所示的电压跟随器。图中 $R_2 = R_F$，用以减小漂移和起保护作用。一般 R_F 取 10 kΩ，R_F 太小起不到保护作用，太大则影响跟随性。

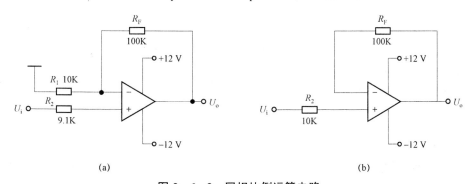

(a)　　　　　　　　　　(b)

图 2－6－3 同相比例运算电路

（a）同相比例运算电路；（b）电压跟随器

4）差动放大电路（减法器）

对于图 2－6－4 所示的减法运算电路，当 $R_1=R_2$，$R_3=R_F$ 时，有如下关系式：

$$U_o = \frac{R_F}{R_1}(U_{i2} - U_{i1}) \qquad (2-6-5)$$

5）积分运算电路

反相积分电路如图 2-6-5 所示。在理想化条件下，输出电压 u_o 为：

$$u_o(t) = -\frac{1}{R_1 C}\int_0^t u_i \mathrm{d}t + u_C(0) \qquad (2-6-6)$$

式中，$u_C(0)$ 是 $t=0$ 时刻电容 C 两端的电压值，即初始值。

如果 $u_i(t)$ 是幅值为 E 的阶跃电压，并设 $u_C(0)=0$，则

$$u_o(t) = -\frac{1}{R_1 C}\int_0^t E \mathrm{d}t = -\frac{E}{R_1 C}t \qquad (2-6-7)$$

即输出电压 $u_o(t)$ 随时间增长而线性下降。显然 RC 的数值越大，达到给定的 U_o 值所需的时间就越长。积分输出电压所能达到的最大值受集成运放最大输出范围的限值。

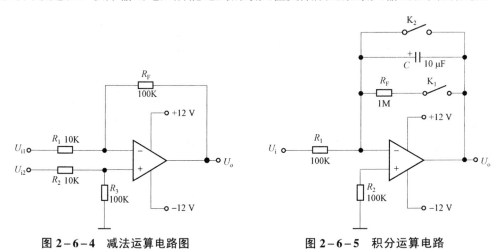

图 2-6-4 减法运算电路图   图 2-6-5 积分运算电路

在进行积分运算之前，首先应对运放调零。为了便于调节，将图中 K_1 闭合，即通过电阻 R_F 的负反馈作用帮助实际调零。但在完成调零后，应将 K_1 打开，以免因 R_F 的接入造成积分误差。K_2 的设置一方面为积分电容放电提供通路，同时可实现积分电容初始电压 $u_C(0)=0$；另一方面，可控制积分起始点，即在加入信号 u_i 后，只要 K_2 一打开，电容就将被恒流充电，电路也就开始进行积分运算。

2.6.4 实验过程

实验前要看清运放组件各引脚的位置；切忌正、负电源极性接反和输出端短路，否则将会损坏集成块。

1. 反相比例运算电路

（1）按图 2-6-1 连接实验电路，接通 ±12 V 电源，输入端对地短路，进行调零和消振。

（2）输入 $f=100\ \mathrm{Hz}$，$U_i=0.5\ \mathrm{V}$ 的正弦交流信号，测量相应的 U_o，并用示波器观察 u_o 和 u_i 的相位关系，记入表 2-6-1 中。

2. 同相比例运算电路

（1）按图 2-6-3（a）连接实验电路。实验步骤同内容 1，将结果记入表 2-6-2 中。

（2）将图 2 – 6 – 3（a）中的 R_1 断开，得图 2 – 6 – 3（b）电路，重复内容（1）。

3. 反相加法运算电路

（1）按图 2 – 6 – 2 连接实验电路，调零和消振。

（2）输入信号采用直流信号，图 2 – 6 – 6 所示电路为简易可调直流信号源，由实验者自行完成。实验时要注意选择合适的直流信号幅度以确保集成运放工作在线性区。用直流电压表测量输入电压 U_{i1}、U_{i2} 及输出电压 U_o，记入表 2 – 6 – 3 中。

4. 减法运算电路

（1）按图 2 – 6 – 4 连接实验电路，调零和消振。

（2）采用直流输入信号，实验步骤同内容 3，将数据记入表 2 – 6 – 4 中。

5. 积分运算电路

实验电路如图 2 – 6 – 5 所示。

（1）打开 K_2，闭合 K_1，对运放输出进行调零。

（2）调零完成后，再打开 K_1，闭合 K_2，使 $u_C(0) = 0$。

（3）预先调好直流输入电压 $U_i = 0.5\ V$，接入实验电路，再打开 K_2，然后用直流电压表测量输出电压 U_o，每隔 5 s 读一次 U_o，记入表 2 – 6 – 5 中，直到 U_o 不继续明显增大为止。

*6. 微分电路

实验电路如图 2 – 6 – 7 所示。

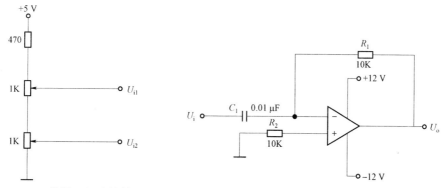

图 2 – 6 – 6　简易可调直流信号源　　　图 2 – 6 – 7　微分电路

（1）用函数信号发生器输入一个频率为 $f = 160\ Hz$，有效值为 1 V 的正弦波信号到积分电路的输入端 U_i，用示波器观察电路的 U_i 与 U_o 波形，并测量输出电压幅度。

（2）电路连接不变，改变电路输入信号的频率（在 20～400 Hz 之间），用示波器观察 U_i 和 U_o 的幅值和波形变化情况并记录。

（3）用函数信号发生器输入一个频率为 $f = 200\ Hz$，峰 – 峰值为 1 V 的方波信号到积分电路的输入端 U_i，按正弦波步骤重复实验，用示波器观察电路的输出波形 U_o。（可在 U_i 端串联一个 200 Ω 左右的电阻消除振荡）。

*7. 积分 – 微分电路

电路如图 2 – 6 – 8 所示。

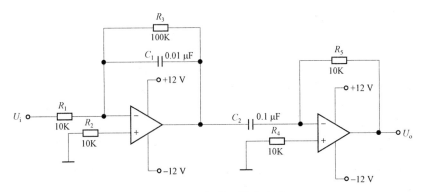

图 2-6-8　积分-微分电路

（1）用函数信号发生器输入一个频率为 $f=200\ \text{Hz}$，峰-峰值为 1 V 的方波信号到积分-微分电路的输入端 U_i，用示波器观察 U_i 和 U_o 的波形并记录（消除振荡方法同上）。

（2）电路连接不变，将积分-微分电路的输入端的输入信号 U_i 频率改为 500 Hz，再重复上一步的实验。

2.6.5　原始记录

表 2-6-1　反相比例运算电路（$f=100\ \text{Hz}$，$U_\text{i}=0.5$ V）

U_i/V	U_o/V	u_i 波形	u_o 波形	A_V	
				实测值	计算值

表 2-6-2　同相比例运算电路（$f=100\ \text{Hz}$，$U_\text{i}=0.5$ V）

U_i/V	U_o/V	u_i 波形	u_o 波形	A_V	
				实测值	计算值

表 2-6-3　反相加法运算电路

U_i1/V				
U_i2/V				
U_o/V				

表 2-6-4　减法运算电路

U_i1/V				
U_i2/V				
U_o/V				

表 2 − 6 − 5　积分运算电路

t/s	0	5	10	15	20	25	30	……
U_o/V								

2.6.6　数据处理

整理实验数据，画出波形图（注意波形间的相位关系）。

2.6.7　结果分析

（1）将理论计算结果和实测数据相比较，分析产生误差的原因。

（2）分析讨论实验中出现的现象和问题。

2.6.8　问题讨论

（1）在反相加法器中，如 U_{i1} 和 U_{i2} 均采用直流信号，并选定 $U_{i2} = -1\text{ V}$，当考虑到运算放大器的最大输出幅度（$\pm 12\text{ V}$）时，$|U_{i1}|$ 的大小不应超过多少伏？

（2）为了不损坏集成块，实验中应注意什么问题？

（3）调零：本实验采用的集成运放型号为 μA741（或 F007），引脚排列如图 2 − 6 − 9 所示，它是 8 脚双列直插式组件，2 脚和 3 脚为反相和同相输入端，6 脚为输出端，7 脚和 4 脚为正、负电源端，1 脚和 5 脚为失调调零端，1、5 脚之间可接入一只几十 kΩ 的电位器并将滑动触头接到负电源端。8 脚为空脚。

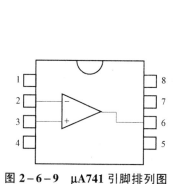

图 2 − 6 − 9　μA741 引脚排列图

1，5—调零端；2—反相输入端；3—同相输入端；

6—输出端；7—正电源端；4—负电源端；8—空余端

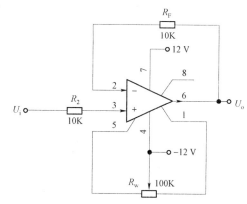

图 2 − 6 − 10　μA741 调零接线图

为提高运算精度，在运算前，应首先对直流输出电位进行调零，即保证输入为零时，输出也为零。当运放有外接调零端子时，可按组件要求接入调零电位器 R_W，调零时，将输入端接地，调零端接入电位器 R_W，用直流电压表测量输出电压 U_o，细心调节 R_W，使 U_o 为零（即失调电压为零）。对于 μA741 运放可按图 2 − 6 − 10 所示电路进行调零。

如果一个运放不能调零，大致有如下原因：

① 组件正常，接线有错误。

② 组件正常，但负反馈不够强（R_F / R_1 太大），为此可将 R_F 短路，观察是否能调零。

③ 组件正常，但由于它所允许的共模输入电压太低，可能出现自锁现象，因而不能调零。为此可将电源断开后，再重新接通，如能恢复正常，则属于这种情况。

④ 组件正常，但电路有自激现象，应进行消振。

⑤ 组件内部损坏，应更换好的集成块。

2.7 实验七：有源滤波器参数测试

2.7.1 实验目的

（1）熟悉用运放、电阻和电容组成有源低通滤波、高通滤波和带通、带阻滤波器。

（2）学会测量有源滤波器的幅频特性。

2.7.2 实验仪器

（1）+12 V 直流电源；

（2）函数信号发生器；

（3）双踪示波器；

（4）交流毫伏表；

（5）频率计；

（6）μA741×1；

（7）电阻器、电容器若干。

2.7.3 实验原理

由 RC 元件与运算放大器组成滤波器称为 RC 有源滤波器，其功能是让一定频率范围内的信号通过，抑制或急剧衰减此频率范围以外的信号。它可用在信息处理、数据传输、抑制干扰等方面，但因受运算放大器频带限制，这类滤波器主要用于低频范围。根据对频率范围的选择不同，可分为低通（LPF）、高通（HPF）、带通（BPF）与带阻（BEF）等四种滤波器，它们的幅频特性如图 2－7－1 所示。

具有理想幅频特性的滤波器是很难实现的，只能用实际的幅频特性去逼近理想的。一般来说，滤波器的幅频特性越好，其相频特性越差，反之亦然。滤波器的阶数越高，幅频特性衰减的速率越快，但 RC 网络的节数越多，元件参数计算越烦琐，电路调试越困难。任何高阶滤波器均可以用较低的二阶 RC 有源滤波器级联实现。

1. 低通滤波器（LPF）

低通滤波器是用来通过低频信号，衰减或抑制高频信号。

如图 2－7－2（a）所示，为典型的二阶有源低通滤波器。它由两级 RC 滤波环节与同相比例运算电路组成，其中第一级电容 C 接至输出端，引入适量的正反馈，以改善幅频特性。

图 2－7－2（b）为二阶低通滤波器幅频特性曲线。

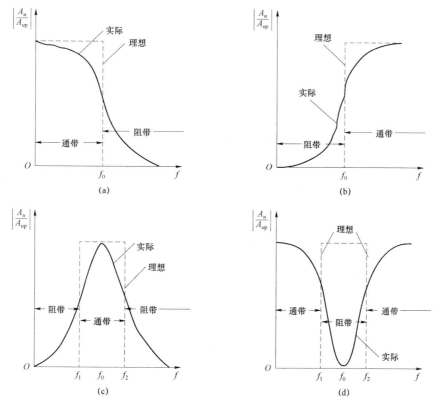

图 2-7-1 四种滤波电路的幅频特性示意图

（a）低通；（b）高通；（c）带通；（d）带阻

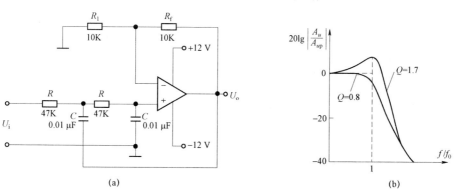

图 2-7-2 二阶低通滤波器

（a）电路图；（b）频谱特性

电路性能参数如下：

通带增益，二阶低通滤波器的通带增益：

$$A_{up} = 1 + \frac{R_f}{R_1} \qquad\qquad （2-7-1）$$

截止频率，它是二阶低通滤波器通带与阻带的界限频率：

$$f_0 = \frac{1}{2\pi RC} \qquad\qquad （2-7-2）$$

品质因数，它的大小影响低通滤波器在截止频率处幅频特性的形状：

$$Q = \frac{1}{3 - A_{up}}$$ （2-7-3）

2. 高通滤波器（HPF）

与低通滤波器相反，高通滤波器用来通过高频信号，衰减或抑制低频信号。

只要将图 2-7-2 低通滤波电路中起滤波作用的电阻、电容互换，即可变成二阶有源高通滤波器，如图 2-7-3（a）所示。高通滤波器性能与低通滤波器相反，其频率响应和低通滤波器是"镜像"关系，仿照 LPF 分析方法，不难求得 HPF 的幅频特性。

电路性能参数 A_{up}、f_0、Q 各量的含义同二阶低通滤波器。

图 2-7-3（b）为二阶高通滤波器的幅频特性曲线，可见，它与二阶低通滤波器的幅频特性曲线有"镜像"关系。

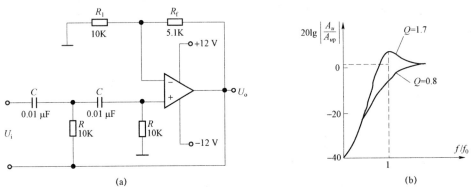

图 2-7-3 二阶高通滤波器

（a）电路图；（b）频谱特性

3. 带通滤波器（BPF）

这种滤波器的作用是只允许在某一个通频带范围内的信号通过，而比通频带下限低的频率和比上限频率高的频率信号均加以衰减或抑制。

典型的带通滤波器可以从二阶低通滤波器中将其中一级改成高通而成。如图 2-7-4（a）所示。

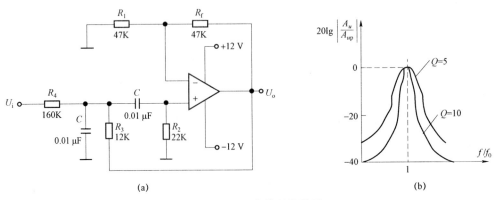

图 2-7-4 二阶带通滤波器

（a）电路图；（b）频谱特性

电路性能参数如下：

通带增益：

$$A_{up} = \frac{R_4 + R_f}{R_4 R_1 CB} \quad\quad (2-7-4)$$

中心频率：

$$f_0 = \frac{1}{2\pi} \sqrt{\frac{1}{R_2 C^2}\left(\frac{1}{R_1} + \frac{1}{R_3}\right)} \quad\quad (2-7-5)$$

通带宽度：

$$B = \frac{1}{C}\left(\frac{1}{R_1} + \frac{2}{R_2} - \frac{R_f}{R_3 R_4}\right) \quad\quad (2-7-6)$$

选择性：

$$Q = \frac{\omega_0}{B} \quad\quad (2-7-7)$$

此电路的优点是改变 R_f 和 R_4 的比例就可改变频宽而不影响中心频率。

4. 带阻滤波器（BEF）

如图 2-7-5（a）所示，这种电路的性能和带通滤波器相反，即在规定的频带内，信号不能通过（或受到很大衰减或抑制），而在其余频率范围，信号则能顺利通过。

在双 T 网络后加一级同相比例运算电路就构成了基本的二阶有源 BEF。

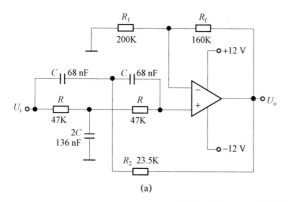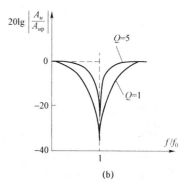

图 2-7-5 二阶带阻滤波器

（a）电路图；（b）频谱特性

电路性能参数如下：

通带增益：

$$A_{up} = 1 + \frac{R_f}{R_1} \quad\quad (2-7-8)$$

中心频率：

$$f_0 = \frac{1}{2\pi RC} \quad\quad (2-7-9)$$

阻带宽度：

$$B = 2(2 - A_{up})f_0 \qquad (2-7-10)$$

选择性：

$$Q = \frac{1}{2(2 - A_{up})} \qquad (2-7-11)$$

2.7.4 实验过程

1. 二阶低通滤波器

实验电路如图 2-7-2（a）所示。

（1）粗测：接通±12 V 电源。U_i 接函数信号发生器，令其输出为 $U_i=1$ V 的正弦波信号，在滤波器截止频率附近改变输入信号频率，用示波器或交流毫伏表观察输出电压幅度的变化是否具备低通特性，如不具备，应排除电路故障。

（2）在输出波形不失真的条件下，选取适当幅度的正弦输入信号，在维持输入信号幅度不变的情况下，逐点改变输入信号频率。测量输出电压，记入表 2-7-1 中，描绘频率特性曲线。

2. 二阶高通滤波器

实验电路如图 2-7-3（a）所示。

（1）粗测：输入 $U_i=1$ V 正弦波信号，在滤波器截止频率附近改变输入信号频率，观察电路是否具备高通特性。

（2）测绘高通滤波器的幅频特性曲线，记入表 2-7-2 中。

3. 带通滤波器

实验电路如图 2-7-4（a）所示，测量其频率特性，记入表 2-7-3 中。

（1）实测电路的中心频率 f_0。

（2）以实测中心频率为中心，测绘电路的幅频特性。

4. 带阻滤波器

实验电路如图 2-7-5（a）所示。

（1）实测电路的中心频率 f_0。

（2）测绘电路的幅频特性，记入表 2-7-4 中。

2.7.5 原始记录

表 2-7-1　二阶低通滤波器

f/Hz	
U_o/V	

表 2-7-2　二阶高通滤波器

f/Hz	
U_o/V	

表 2-7-3　带通滤波器

f/Hz	
U_o/V	

表 2-7-4　带阻滤波器

f/Hz	
U_o/V	

2.7.6　数据处理

（1）整理实验数据，画出各电路实测的幅频特性。

（2）根据实验曲线，计算截止频率、中心频率、带宽及品质因数。

2.7.7　结果分析

整理实验数据，总结有源滤波电路的特性。

2.8.8　问题讨论

（1）分析图 2-7-2～图 2-7-5 所示电路，写出它们的增益特性表达式。

（2）计算图 2-7-2、图 2-7-3 的截止频率，图 2-7-4、图 2-7-5 的中心频率。

2.8　实验八：RC正弦波振荡器测试

2.8.1　实验目的

（1）进一步学习 RC 正弦波振荡器的组成及其振荡条件。

（2）学习测量、调试振荡器。

2.8.2　实验仪器

（1）+12 V 直流电源；

（2）函数信号发生器；

（3）双踪示波器；

（4）交流毫伏表；

（5）直流电压表。

2.8.3　实验原理

从结构上看，正弦波振荡器是没有输入信号的，带选频网络的正反馈放大器。若用 R、C 元件组成选频网络，就称为 RC 振荡器，一般用来产生 1 Hz～1 MHz 的低频信号。如图 2-8-1 所

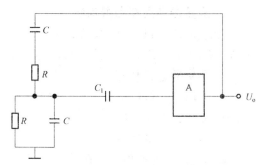

图 2-8-1　RC串并联网络振荡器原理图

示电路，为 RC 串并联网络（文氏桥）振荡器。

1. 振荡频率

$$f_0 = \frac{1}{2\pi RC} \tag{2-8-1}$$

2. 起振条件

$$|A_V| > 3 \tag{2-8-2}$$

3. RC 串并联网络的幅频特性和相频特性

RC 串并联网络的频率特性如图 2-8-2 所示。其中左图为幅频特性曲线，右图为相频特性曲线。从图中可以看出，当频率 $f = f_0 = \dfrac{1}{2\pi RC}$ 时，$A_V = \dfrac{U_o}{U_i} = \dfrac{1}{3}$，$\varphi(f) = 0°$，$u_o$ 与 u_i 同相，即电路发生谐振，谐振频率 $f_0 = \dfrac{1}{2\pi RC}$。也就是说，当信号频率为 f_0 时，RC 串联网络的输出电压 u_o 与输入电压 u_i 同相，其大小是输入电压的三分之一，这一特性称为 RC 串并联网络的频率特性。

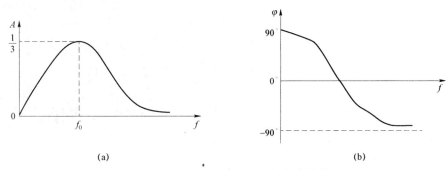

(a)   (b)

图 2-8-2 RC 串并联网络的频率特性

（a）幅频特性；（b）相频特性

4. 电路特点

可方便地连续改变振荡频率，便于加负反馈稳幅，容易得到良好的振荡波形。

2.8.4 实验过程

本实验采用两级共射极分立元件放大器组成 RC 正弦波振荡器。电路如图 2-8-3 所示。

1. 测量振荡周期和振荡频率

接通 RC 串并联网络与放大电路，并使电路起振，用示波器观测输出电压 u_o 波形，调节 R_W 使 u_o 获得满意的正弦信号，然后从示波器读出正弦波的周期，记入表 2-8-1 中。

2. 测量静态工作点

断开 RC 串并联网络，接入 +12 V 直流电源，用直流电压表测量 T_1、T_2 管各极对地电压，记入表 2-8-2 中。

3. 测量电压放大倍数

断开 RC 串并联网络，在放大器输入端 u_i（B 点与地之间）接入 1 kHz 正弦信号，输出 u_o 接示波器，调节放大器输入信号 u_i 幅度使输出 u_o 无失真，用交流毫伏表测量 u_i 和 u_o 的幅值，记入表 2-8-3 中。

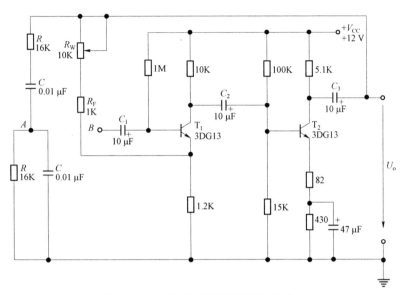

图 2-8-3　RC 串并联选频网络振荡器

4. 测量 RC 串并联网络的幅频特性

将 RC 串并联网络与放大器断开，用函数信号发生器的正弦信号输入 RC 串并联网络，保持输入信号的幅度不变（约 3 V），调节输入信号的频率由低到高变化，RC 串并联网络输出幅值将随之变化，记录串并联网络输出幅值，填入表 2-8-4 中。当输入信号的频率在某一频率时，RC 串并联网络的输出将达最大值（为 1 V 左右）。且输入、输出同相位，此时信号源频率为：

$$f = f_0 = \frac{1}{2\pi RC} \tag{2-8-3}$$

5. 测量 RC 串并联网络的相频特性

电路连接方法同实验内容 4，将 RC 串并联网络的输入和输出分别接示波器的 1 通道和 2 通道。调节输入信号频率由低到高变化，RC 串并联网络的输入和输出信号之间的相位差将随之变化，观察 RC 串并联网络的输入和输出信号之间的相位差并记录相关数据，记入表 2-8-5 中。则相位差为：

$$\theta = \frac{X(\text{div})}{X_T(\text{div})} \times 360° \tag{2-8-4}$$

式中，X_T 为波形一个周期所占格数；X 为两波形相位在 X 轴方向差距的格数。

2.8.5　原始记录

表 2-8-1　测量振荡周期和振荡频率

周期 T	频率 $f=1/T$

表 2−8−2　测量静态工作点

	T₁ 管			T₂ 管	
U_{C1}/V	U_{B1}/V	U_{E1}/V	U_{C2}/V	U_{B2}/V	U_{E2}/V

表 3−8−3　测量电压放大倍数

U_i/V	U_o/V	$A_V = \dfrac{U_o}{U_i}$

表 2−8−4　测量 RC 串并联网络的幅频特性

f/Hz	500	600	700	800	900	1 000	1 100	1 200	1 300	1 400	1 500
U_o/V											

表 2−8−5　测量 RC 串并联网络的相频特性

输入信号频率 f/Hz	200	400	600	800	1 000	2 000	4 000	6 000	8 000	10 000
相位差 X/div										
信号周期 X_T/div										
相位差 $\theta/(°)$										

2.8.6　数据处理

（1）整理实验数据，计算静态工作点。

（2）计算电压放大倍数 A_V、振荡频率 f。

（3）作出 RC 串并联网络的幅频特性曲线和相频特性曲线。

2.8.7　结果分析

（1）由给定电路参数计算振荡频率，并与实测值比较，分析误差产生的原因。

（2）根据实测值，验证电压放大倍数 A_V 是否满足起振条件。

2.8.8　问题讨论

（1）怎样用示波器来测量振荡电路的振荡频率？

（2）怎样改变 RC 正弦波振荡电路的振荡频率？

（3）① 若电路元件完好，接线正确，电源电压也正常，但测量结果 $U_o = 0$，原因何在？应怎么解决？

② 若在输出端有信号 u_o，但出现明显失真，原因何在？应如何解决？

2.8.9　扩展内容：用集成运放μA741实现 RC 正弦振荡器

（1）按图 2−8−4 接线，调节 R_W 使 u_o 获得满意的正弦信号，然后用示波器观察输出

电压 u_o 的波形。

（2）测量输出信号 u_o 的频率 f_o，并与计算值比较。

（3）测定运算放大电路的闭环电压放大倍数 A_V。

在实验步骤（2）的基础上，关断直流电源，保持 R_W 值不变，使信号发生器输出的频率与步骤（2）相同。断开图 2-8-4 中的 A 点接线，把信号发生器的输出信号接至运放的同相输入端（电路接成如图 2-8-5 所示），调节此输入信号 u_i 的幅值，使输出信号 u_o 无失真，然后测量此时的 u_i 和 u_o 的幅值，即可计算出电压放大倍数 $A_V = U_o/U_i =$ ＿＿＿＿＿＿倍。

（4）自拟详细步骤，测定 RC 串并联网络的幅频特性曲线。

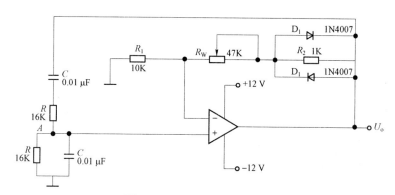

图 2-8-4　RC 正弦振荡器

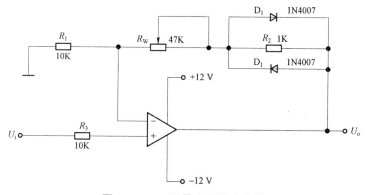

图 2-8-5　测量电压放大倍数

2.9　实验九：电压比较器测试

2.9.1　实验目的

（1）了解单门限比较器、滞回比较器和窗口比较器的性能特点。

（2）学习比较器的传输特性的测试方法。

（3）观察比较器信号处理过程。

2.9.2 实验仪器

（1）+12 V 直流电源；
（2）函数信号发生器；
（3）双踪示波器；
（4）直流电压表；
（5）交流毫伏表；
（6）运算放大器；
（7）稳压管、二极管、电阻等。

2.9.3 实验原理

电压比较器的功能是能够将输入信号与一个参考电压进行大小比较，并用输出的高、低电平来表示比较的结果。特点是电路中的集成运放工作在开环或正反馈状态。输入和输出之间呈现非线性传输特性。

单门限比较器的特点是只有一个阈值电压，阈值电压是指输出由一个状态跳变到另一个状态的临界条件所对应的输入电压值。单门限比较器抗干扰能力一般。如果阈值电压等于零，则单门限比较器就变为过零比较器，通常用于信号过零检测。

滞回比较器的特点是具有两个阈值电压。当输入逐渐由小增大或由大减小时，阈值电压是不同的。滞回比较器抗干扰能力强。

窗口比较器的特点是能检测输入电压是否在两个给定的参考电压之间，因而可以对落在范围以内的信号进行选择输出。

以上三种比较器各有特点，广泛用于各种电子电路和检测系统中。

2.9.4 实验过程

1. 过零比较器

实验电路如图 2−9−1 所示。

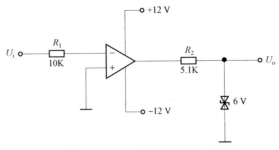

图 2−9−1 过零比较器电路

（1）按图接线，u_i 悬空时测 u_o 电压。
（2）u_i 接频率为 500 Hz、有效值为 1 V 的正弦波时，观察 $u_i - u_o$ 波形并记录。
（3）改变 u_i 幅值，观察 u_o 变化，将数据记入表 2−9−1 中。

2. 反相滞回比较器

实验电路如图 2-9-2 所示。

（1）按图接线，并将 R_F 调为 100K，u_i 接 DC 电压源。测出 u_o 由 $+U_{om} \to -U_{om}$ 时 u_i 的临界值。

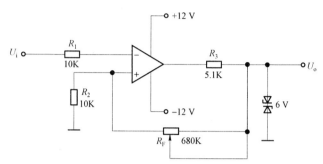

图 2-9-2　反相滞回比较器电路

（2）同上，测出 u_o 由 $-U_{om} \to +U_{om}$ 时 u_i 的临界值。

（3）u_i 接频率为 500 Hz、有效值为 1 V 的正弦信号，观察并记录 $u_i - u_o$ 波形。

（4）将电路中 R_F 调为 200K，重复上述实验。将数据记入表 2-9-2 中。

3. 同相滞回比较器

实验电路如图 2-9-3 所示。

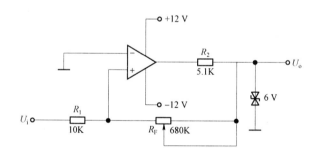

图 2-9-3　同相滞回比较器

（1）参照反相滞回比较器实验自拟实验步骤及方法。

（2）将结果与反相滞回比较器实验相比较，将数据记入表 2-9-3 中。

2.9.5　原始记录

表 2-9-1　过零比较器

u_i 悬空时测 u_o 电压/V	$u_i - u_o$ 波形	改变 u_i 幅值，观察 u_o 变化

表 2-9-2 反相滞回比较器

u_o 由 $+U_{om} \rightarrow -U_{om}$ 时 u_i 的临界值		u_o 由 $-U_{om} \rightarrow +U_{om}$ 时 u_i 的临界值		$u_i - u_o$ 波形	
$R_F = 100K$	$R_F = 200K$	$R_F = 100K$	$R_F = 200K$	$R_F = 100K$	$R_F = 200K$

表 2-9-3 同相滞回比较器

u_o 由 $+U_{om} \rightarrow -U_{om}$ 时 u_i 的临界值		u_o 由 $-U_{om} \rightarrow +U_{om}$ 时 u_i 的临界值		$u_i - u_o$ 波形	
$R_F = 100K$	$R_F = 200K$	$R_F = 100K$	$R_F = 200K$	$R_F = 100K$	$R_F = 200K$

2.9.6 数据处理

整理实验数据及波形图，并与预习计算值比较。

2.9.7 结果分析

根据实验结果，总结几种电压比较器的特点，分析其抗干扰能力的强弱。

2.9.8 问题讨论

总结各类运算电路的传输特性曲线的特点。

2.10 实验十：OTL 功率放大器调试与测量

2.10.1 实验目的

（1）进一步理解 OTL 功率放大器的工作原理。
（2）学会 OTL 电路的调试及主要性能指标的测试方法。

2.10.2 实验仪器

（1）+5 V 直流电源；
（2）函数信号发生器；
（3）双踪示波器；
（4）交流毫伏表；
（5）直流电压表；
（6）直流毫安表。

2.10.3 实验原理

图 2-10-1 所示为 OTL 低频功率放大器。其中由晶体三极管 T_1 组成推动极（也称前置放大级），T_2、T_3 是一对参数对称的 NPN 和 PNP 型晶体三极管，它们组成互补推挽 OTL

功放电路。由于每一个管子都接成射极输出器形式,因此具有输出电阻低、负载能力强等优点,适合于作功率输出级。

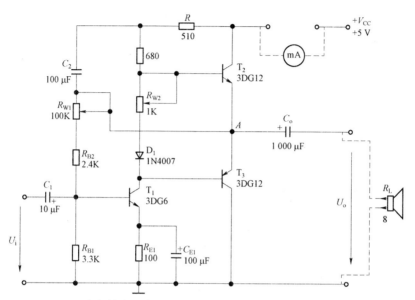

图 2-10-1 OTL 功率放大器实验电路

当输入正弦交流信号 u_i, 经 T_1 放大、倒相后同时作用于 T_2、T_3 的基极,u_i 的负半周使 T_2 管导通(T_3 管截止),有电流通过负载 R_L,同时向电容 C_o 充电;在 u_i 的正半周,T_3 导通(T_2 截止),则已充好电的电容器 C_o 起着电源的作用,通过负载 R_L 放电,这样在 R_L 上就得到完整的正弦波。

C_2 和 R 构成自举电路,用于提高输出电压正半周的幅度,以得到大的动态范围。

当静态工作点电压过低时,要开启三极管如硅管需要 0.7 V 以上电压,当达不到这个电压值时是无法导通三极管的,那么正半周和负半周在零点处

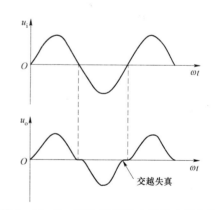

图 2-10-2 OTL 功率放大器的交越失真

信号丢失,不连续,产生交越失真,如图 2-10-2 所示。调整静态工作点电压可以改善,本电路通过调节 R_{W2} 来改善和消除交越失真。

OTL 电路的主要性能指标如下:

1. 最大不失真输出功率 P_{om}

理想情况下,$P_{om} = \dfrac{V_{CC}^2}{8R_L}$,在实验中可通过测量 R_L 两端的电压有效值,来求得实际的

$$P_{om} = \frac{U_o^2}{R_L}。$$

2. 效率η

$$\eta = \frac{P_{om}}{P_E} 100\%$$

式中，P_E 为直流电源供给的平均功率。

理想情况下，$\eta_{max} = 78.5\%$。在实验中，可测量电源供给的平均电流 I_{dc}，从而求得 $P_E = V_{CC} \cdot I_{dc}$，负载上的交流功率已用上述方法求出，因而也就可以计算实际效率了。

3. 频率响应

详见实验二有关部分内容。

4. 输入灵敏度

输入灵敏度是指输出最大不失真功率时，输入信号 U_i 之值，记为 U_{im}。

5. 噪声电压

输入 $U_i = 0$ 时，输出 U_o 的值，记为 U_N（本实验中 $U_N < 15$ mV）。

2.10.4　实验过程

1. 静态工作点的测试

按图 2-10-1 连接实验电路，将输入信号旋钮旋至零（$u_i = 0$），电源进线中串入直流毫安表，电位器 R_{W2} 置最小值（顺时针旋到底），R_{W1} 置中间位置。接通 +5 V 电源，观察毫安表指示，同时用手触摸输出级管子，若电流过大，或管子温升显著，应立即断开电源检查原因（如 R_{W2} 开路，电路自激，或输出管性能不好等）。如无异常现象，可开始调试。

1）调节输出端中点电位 U_A

调节电位器 R_{W1}，用直流电压表测量 A 点电位，使 $U_A = \frac{1}{2} V_{CC}$。

2）调整输出极静态电流及测试各级静态工作点

调整输出级静态电流的方法是动态调试法。先使 $R_{W2} = 0$，在输入端接入 $f = 1$ kHz 的正弦信号 u_i。逐渐加大输入信号的幅值，此时，输出波形应出现较严重的交越失真（注意：没有饱和和截止失真），然后缓慢增大 R_{W2}，当交越失真刚好消失时，停止调节 R_{W2}，恢复 $u_i = 0$，此时直流毫安表读数即为输出级静态电流。一般数值也应在 5～10 mA，如过大，则要检查电路。

输出极电流调好以后，用直流电压表测量 T$_1$、T$_2$ 和 T$_3$ 的各极对地电压，记入表 2-10-1 中。

2. 最大输出功率 P_{om} 和效率 η 的测试

1）测量 P_{om}

输入端接 $f = 1$ kHz 的正弦信号 u_i，在输出端用示波器观察输出电压 u_o 波形。逐渐增大 u_i，使输出电压达到最大不失真输出，用交流毫伏表测出负载 R_L 上的电压 U_{om}，记入表 2-10-2 中，则

$$P_{om} = \frac{U_{om}^2}{R_L}$$

2）测量 η

当输出电压为最大不失真输出时，读出直流毫安表中的电流值，此电流即为直流电源供给的平均电流 I_{dc}（有一定误差），记入表 2 - 10 - 2 中，由此可近似求得 $P_E = V_{CC} \cdot I_{dc}$，再根据上面测得的 P_{om}，即可求出 $\eta = \dfrac{P_{om}}{P_E}$。

3. 输入灵敏度测试

根据输入灵敏度的定义，只要测出输出功率 $P_o = P_{om}$ 时的输入电压值 U_i 即可。记入表 2 - 10 - 3 中。

4. 噪声电压的测试

断开信号发生器，将输入 u_i 两端短路（$u_i = 0$），观察输出噪声波形，并用交流毫伏表测量输出电压，即为噪声电压 U_N，记入表 2 - 10 - 3 中。本电路若 $U_N < 15$ mV，即满足要求。

5. 频率响应的测试

测试方法同实验二。记入表 2 - 10 - 4 中。

在测试时，为保证电路的安全，应在较低电压下进行，通常取输入信号为输入灵敏度的 50%。在整个测试过程中，应保持 U_i 为恒定值，且输出波形不得失真。

6. 测量负载大小对 P_{om} 和 η 的影响

测量电路及方法同实验内容 2，把负载分别换成 40 Ω、70 Ω、100 Ω，其他参数不变，测量对应的 P_{om} 和 η，将数据记入表 2 - 10 - 5 中。

2.10.5　原始记录

表 2 - 10 - 1　静态工作点的测试

	T_1	T_2	T_3
U_B/V			
U_C/V			
U_E/V			

表 2 - 10 - 2　最大输出功率 P_{om} 和效率 η 的测试

测量值		计算值		
U_{om} /V	I_{dc}/mA	P_{om}/W	P_E/W	η

表 2 - 10 - 3　输入灵敏度和噪声电压测试

输入灵敏度 U_{im}/mV	噪声电压 U_N/mV

表 2 - 10 - 4　频率响应的测试（$U_i =$　　mV）

		f_L			f_0			f_H	
f/Hz					1 000				
U_o/V									
A_V									

表 2-10-5　测量负载大小对 P_{om} 和 η 的影响

	测量值		计算值		
	U_{om}/V	I_{dc}/mA	P_{om}/W	P_E/W	η
$R_L = 40\ \Omega$					
$R_L = 70\ \Omega$					
$R_L = 100\ \Omega$					

2.10.6　数据处理

（1）整理实验数据，计算静态工作点、最大不失真输出功率 P_{om}、效率 η 等，并与理论值进行比较。

（2）画出频率响应曲线。

2.10.7　结果分析

根据实验结果，分析实际值和理论值产生误差的原因。

2.10.8　问题讨论

（1）怎样提高 P_{om} 和 η？

（2）交越失真产生的原因是什么？怎样克服交越失真？

（3）电路中电位器 R_{W2} 如果开路或短路，对电路工作有何影响？

2.11　实验十一：直流稳压电源测试与设计

2.11.1　实验目的

（1）熟悉集成稳压电源的工作原理。

（2）掌握直流稳压电源参数的测量方法和设计方法。

2.11.2　实验仪器

（1）三端稳压器 78L05、LM317 各一片；

（2）+15 V 直流电源；

（3）万用表；

（4）电阻器、电容器若干。

2.11.3　实验原理

1. 固定输出集成稳压电路

如图 2-11-1 所示，这是由 78L05 构成的集成稳压电路。C_1 用于旁路高频脉冲干扰；C_2 主要用来抑制稳压电源的纹波电压；D 是为防止输出短路时，C_2 反向通过稳压块 78L05

放电导致损坏。图中，$C_1 = 0.33\ \mu F$，$C_2 = 1\ \mu F$；$U_i = 13\ V$，$R_w = 100\ \Omega$；$R_L = 51\ \Omega$。

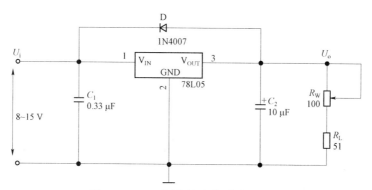

图 2 – 11 – 1　固定输出集成稳压电路

2. 可调输出集成稳压器电路

可调输出集成稳压器电路如图 2 – 11 – 2 所示，图中 C_1 用来消除高频脉冲干扰，C_2 用来消除纹波，D_1 是用来防止 V_{IN} 短路时损坏稳压块，D_2 是防止 V_{OUT} 短路时 C_2 通过 R_1 放电将稳压块损坏而设的，R_1 与 R_{P1} 为分压电路，调节 R_1/R_{P1} 分压比可以改变输出电压：

$$U_o = 1.25(1 + R_1/R_{P1})$$

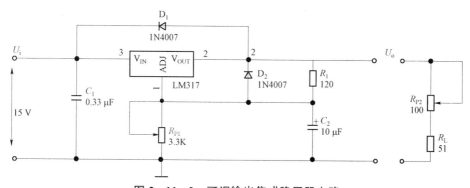

图 2 – 11 – 2　可调输出集成稳压器电路

2.11.4　实验过程

1. 固定输出集成稳压电路测试

（1）按图 2 – 11 – 1 连接好电路，调节 $U_i = 13\ V$，测出电路的稳定输出电压。

（2）使 U_i 变化 100%（11.7～14.3 V），测出 U_o 变化量 ΔU_o，计算求出电压稳定度 S 值。

（3）调节 U_i，测出保持稳定输出电压的最小输入电压。

（4）测出电路的输出电流最大值及过流保护性能，填入表 2 – 11 – 1 中。

2. 可调集成稳压电路测试

（1）按图 2 – 11 – 2 连接好电路，调节 $U_i = 13\ V$，调节 R_{P1}，测试电压输出范围。

（2）观察 U_T 电压是否随 U_o 变化？

（3）测出电路的最高输出电压，再测出电压稳定度，填入表 2-11-2 中。

2.11.5　原始记录

表 2-11-1　固定输出集成稳压电路测试

稳定输出电压/V	电压稳定度 S	保持稳定输出电压的最小输入电压/V	电流最大值/mA

表 2-11-2　可调集成稳压电路测试

电压输出范围/V	U_T 是否随 U_o 变化	U_o 最大值/V	电压稳定度 S

2.11.6　数据处理

整理实验数据，分别计算各电路的电压稳定度。

2.11.7　结果分析

根据实验结果，分析各电路的工作原理。

2.11.8　问题讨论

各电路测试时，如果负载电阻过小，会产生什么后果？

2.12　实验十二：精密全波整流电路测试

2.12.1　实验目的

学习运算放大器构成精密全波整流电路原理。

2.12.2　实验仪器

（1）集成运算放大器μA741，2 片；
（2）二极管 2CP6，2 只；
（3）电阻 5.1 kΩ，2 只；10 kΩ，3 只；20 kΩ，1 只；
（4）电位器 1 kΩ，2 只。

2.12.3　实验原理

由于二极管的伏安特性在小信号时处于截止或特性曲线的弯曲部分，一般利用二极管的单向导电性来组成整流电路，在小信号检波时输出端将得不到原信号（或使原信号失真很大）。如果把二极管置于运算放大器组成的负反馈环路中，就能大大削弱这种影响，提高电路精度。

图 2-12-1 是同相输入精密全波整流电路，它的输入电压 u_I 与输出电压 u_O 有如下关系：

$$u_O = \begin{cases} u_I & u_I > 0 \\ -u_I & u_I < 0 \end{cases} \tag{2-12-1}$$

图中 A_1 组成同相放大器，A_2 组成差动放大器，信号 u_I 在运放的同相输入端，具有较高的输入电阻。

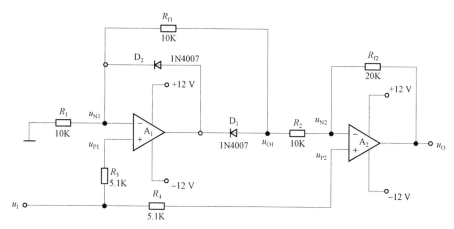

图 2-12-1 精密全波整流电路

当 $u_I > 0$ 时，D_1 截止，D_2 导通，此时 A_1 构成电压跟随器，有 $u_{N1} = u_{P1} = u_I$，此电压通过 R_{f1} 和 R_2 加到 A_2 的反相端；而 A_2 的同相端输入电压也为 u_I，所以 A_2 的输出电压 u_O 为：

$$u_O = \left(1 + \frac{R_{f2}}{R_{f1} + R_2}\right)u_I - \frac{R_{f2}}{R_{f1} + R_2}u_I = u_I \tag{2-12-2}$$

当 $u_I < 0$ 时，D_1 截止，D_2 导通，此时 A_1 为同相放大器，有

$$u_{O1} = \left(1 + \frac{R_{f1}}{R_1}\right)u_I \tag{2-12-3}$$

而 A_2 的输出电压为：

$$u_O = \left(1 + \frac{R_{f2}}{R_2}\right)u_I - \frac{R_{f2}}{R_2}u_{O1} = \left(1 + \frac{R_{f2}}{R_2}\right)u_I - \frac{R_{f2}}{R_2}\left(1 + \frac{R_{f1}}{R_1}\right)u_I \tag{2-12-4}$$

当电路参数如图 2-12-1 所示，即选择 $R_{f2} = 2R_{f1} = 2R_1 = 2R_2$ 时，则有：

$$u_O = 3u_I - 4u_I = -u_I$$

上述分析表明，在输出端可得到单向电压，实现了全波整流。该电路的电压传输特性及输入、输出电压波形分别如图 2-12-2 和图 2-12-3 所示。

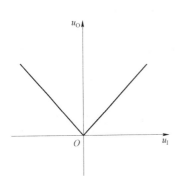

图 2-12-2 精密全波整流电压传输特性

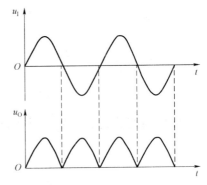

图 2-12-3 输入、输出电压波形

2.12.4 实验过程

（1）首先使电路调零。将输入端接地，使 $u_I=0$，然后通过运放调零端外接电位器，使输出 u_O 为零。

（2）将输入端加正、负直流电压，如表 2-12-1 所示，分别测出 U_{O1}'、U_{O1} 和 U_O，并画出 U_O-U_I 的传输特性。

（3）输入正弦电压 $U_i=4\ V$（有效值）、$f=1\ kHz$，观测并记录 u_{O1}、u_O 波形，标出 u_I、u_O 的幅值。将数据记入表 2-12-2 中。

2.12.5 原始记录

表 2-12-1 测量精密全波整流电路的电压传输特性

输入负直流电压 U_i/V		0	0.05	0.1	0.2	0.3	0.4	0.5	0.6	0.8	1	2	3	4	5
输出电压/V	U_{O1}'														
	U_{O1}														
	U_O														
输入正直流电压 U_i/V		0	0.05	0.1	0.2	0.3	0.4	0.5	0.6	0.8	1	2	3	4	5
输出电压/V	U_{O1}'														
	U_{O1}														
	U_O														

表 2-12-2 测量全波整流电路的输入输出电压波形

u_{O1} 波形	U_O 波形	u_I 的幅值/V	u_O 的幅值/V

2.12.6　数据处理

整理实验数据，画出传输特性及 u_I、u_O 的波形。

2.12.7　结果分析

根据实验结果，分析讨论实验结果。

2.12.8　问题讨论

（1）如果本实验不选择匹配电阻，传输特性会怎样？
（2）如果运放的零漂很大，u_O 会怎样？

2.13　实验十三：晶体管两级放大电路设计

2.13.1　实验目的

（1）进一步掌握放大电路各种性能指标的测试方法。
（2）掌握两级放大电路的设计原理，各性能指标的调试原理。

2.13.2　实验任务

（1）放大电路有合适的静态工作点；
（2）通频带内，空载时信号电压放大倍数大于 250；
（3）单电源供给，电压为 12 V DC；
（4）输入电阻接近 5.1 kΩ；
（5）通频带范围为 50 Hz～50 kHz；
（6）负载电阻 R_L=5.1 kΩ；
（7）输入信号（正弦信号）：2 mV≤U_i≤5 mV，信号源内阻：R_s=50 Ω；
（8）半导体三极管 9013，参数：β=100，$r_{bb'}$=300 Ω，C_μ=5 pF，f_T=150 MHz，3 V≤V_{CC}≤20 V，P_{CM}=625 mW，I_{CM}=500 mA，$U_{(BR)CEO}$=40 V。

2.13.3　实验仪器

（1）晶体三极管 3DG6（或 9013）2 只；
（2）电阻、电容若干；
（3）直流稳压电源；
（4）函数信号发生器；
（5）双踪示波器；
（6）交流毫伏表；
（7）直流电压表；
（8）直流毫安表。

2.13.4 实验原理

由一只晶体管组成的基本组态放大器往往达不到所要求的放大倍数，或者其他指标达不到要求。这时，可以将基本组态放大器作为一级单元电路，将其一级一级地连接起来构成多级放大器，以实现所需的技术指标。

信号传输方式称为耦合方式。耦合方式主要有电容耦合、变压器耦合和直接耦合。一个三级放大器的通用模型如图 2－13－1 所示。

由模型图可以得到多级放大器的计算特点：

$u_{i1} = 0.1\sin 2\pi f_0 t (\text{V})$，多级放大器的输入电阻等于第一级放大器的输入电阻；

$R_o = R_{o末}$，多级放大器的输出电阻等于末级放大器的输出电阻；

$R_{i后} = R_{L前}$，后级放大器的输入电阻是前级放大器的负载；

$R_{o前} = R_{s后}$，$u_{oo前} = u_{s后}$，前级放大器的输出电路是后级放大器的信号源；

$A_u = A_{u1} \cdot A_{u2} \cdot A_{u3}$，总的电压增益等于各级电压增益相乘。

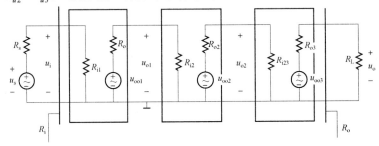

图 2－13－1　三级放大器的通用模型

2.13.5 实验过程

1. 电路选型

小信号放大电路选用如图 2－13－2 所示两级阻容耦合放大电路，偏置电路采用射极偏置方式，为了提高输入电阻及减小失真，满足失真度 $D<5\%$ 的要求，各级射极引入了交流串联负反馈电阻。

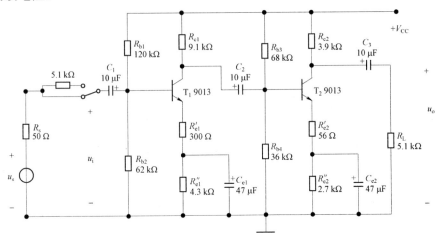

图 2－13－2　两级阻容耦合放大电路

2. 指标分配

要求 $A_u > 250$，设计计算取 $A_u = 300$，其中 T_1 级 $A_{u1} = 12$，$A_{u2} = 25$；$R_i \geqslant 10 \text{ k}\Omega$，要求较高，一般在 T_1 级需引入交流串联负反馈。

3. 半导体器件的选定

指标中，对电路噪声没有特别要求，无须选低噪声管；电路为小信号放大，上限频率 $f_H = 50 \text{ kHz}$，要求不高，故可选一般的小功率管。现选取 NPN 型管 9013，取 $\beta = 100$。

4. 各级静态工作点设定

动态范围估算：T_1 级：$U_{im1} = \sqrt{2} U_{imax} = 5\sqrt{2} \text{（mV）}$，$A_{U1} = 12$

$$U_{om1} = A_{u1} U_{im1} = 12 \times 5\sqrt{2} = 84 \text{（mV）}$$

T_2 级：$U_{im2} = U_{om1} = 84 \text{（mV）}$，$A_{u2} = 25$

$$U_{om2} = A_{u2} U_{im2} = 25 \times 84 = 2.1 \text{（V）}$$

为避免饱和失真，应选：$U_{CEQ} \geqslant U_{om} + U_{CE(sat)}$。可见 T_1 级 U_{CEQ1} 可选小些，T_2 级 U_{CEQ2} 可选大些。

I_{CQ} 取值考虑：设定主要根据 $I_{CQ} \geqslant I_{CM} + I_{CEQ}$，由于小信号电压放大，$I_{CM}$ 较小，另外从减小噪声及降低直流功率损耗出发，T_1、T_2 工作电流应选小些。

T_1 级静态工作点确定：

$$取 r_{be1} \geqslant 3 \text{ k}\Omega, 依 r_{be1} = r_{bb'} + \beta \frac{U_T}{I_{CQ1}}, 可推得$$

$$I_{CQ1} = \frac{\beta U_T}{r_{be1} - r_{bb'}}$$

其中 $\beta = 100$，$r_{bb'} = 300$，$U_T = 26 \text{ mV}$，可求得

$$I_{CQ1} \leqslant \frac{100 \times 26}{3000 - 300} = 0.963 \text{（mA）}$$

选 $I_{CQ1} = 0.7 \text{ mA}$，$I_{BQ1} = \frac{I_{CQ1}}{\beta} = 0.007 \text{ mA}$，$U_{CEQ1} = 2 \text{ V} > 0.12 \text{ V}$。

T_2 级静态工作点确定：

一般应取 $I_{CQ2} > I_{CQ1}$，$U_{CEQ2} > U_{CEQ1}$。

选：$I_{CQ2} = 1.2 \text{ mA}$，$I_{BQ2} = \frac{I_{CQ2}}{\beta} = 0.012 \text{ mA}$，$U_{CEQ2} = 4 \text{ V} > 3 \text{ V}$。

5. 偏置电路设计计算（设 $U_{BEQ} = 0.7 \text{ V}$）

T_1 级偏置电路计算：

$$取 I_{Rb1} = 10 I_{BQ1} = 10 \times 0.007 = 0.07 \text{（mA）}$$

$$U_{BQ1} = \frac{1}{3} V_{CC} = \frac{1}{3} \times 12 = 4 \text{（V）}$$

故：$R_{b1} = \frac{V_{CC} - U_{BQ1}}{I_{b1}} = \frac{12 - 4}{0.07} = 114.286 \text{（k}\Omega\text{）}$，取标称值 120 kΩ；

$$P_{Rb1} = I_{b1}^2 R_{b1} = 0.07^2 \times 120 = 0.588 \text{ mW} < \frac{1}{8} \text{W}，选 R_{b1} 为 120 \text{ k}\Omega / \frac{1}{8} \text{W}；$$

$$R_{b2} = \frac{U_{BQ1}}{I_{Rb2}} = \frac{4}{I_{Rb1} - I_{BQ1}} = \frac{4}{0.07 - 0.007} = \frac{4}{0.063} = 63.492 \text{ （k}\Omega\text{），取标称值 62 k}\Omega;$$

$$P_{Rb2} = I_{b2}^2 R_{b2} = 0.063^2 \times 62 = 0.246 \text{mW} < \frac{1}{8}\text{W}，选 R_{b2} 为 62 \text{ k}\Omega / \frac{1}{8}\text{W};$$

$$R_{e1} = \frac{U_{BQ1} - U_{BEQ1}}{I_{EQ1}} = \frac{U_{BQ1} - U_{BEQ1}}{(1+\beta)I_{BQ1}} = \frac{4 - 0.7}{101 \times 0.007} = \frac{3.3}{0.707} \approx 4.67 \text{ （k}\Omega\text{）};$$

$$P_{Rc1'} = I_{EQ1}^2 R_{c1'} = 0.707^2 \times 0.3 = 0.15 \text{ mW} < \frac{1}{8}\text{W};$$

$$P_{Rc1''} = I_{EQ2}^2 R_{c1''} = 0.707^2 \times 4.7 = 2.15 \text{ mW} < \frac{1}{8}\text{W};$$

选 R_{e1}' 为 $300\,\Omega / \frac{1}{8}\text{W}$，选 R_{e1}'' 为 $4.3\,\text{k}\Omega / \frac{1}{8}\text{W}$；

$$R_{c1} = \frac{V_{CC} - U_{CEQ1} - U_{EQ1}}{I_{CQ1}} = \frac{V_{CC} - U_{CEQ1} - (U_{BQ1} - U_{BEQ1})}{I_{CQ1}} = \frac{12 - 2 - 4 + 0.7}{0.7} = 9.571 \text{ （k}\Omega\text{），取标称值 9.1 k}\Omega;$$

$$P_{Rc1} = I_{CQ1}^2 R_{c1} = 0.7^2 \times 9.1 = 4.46 \text{mW} < \frac{1}{8}\text{W}，选 R_{c1} 为 9.1 \text{ k}\Omega / \frac{1}{8}\text{W}。$$

T_2 级偏置电路计算：

取 $I_{Rb3} = 10 I_{BQ3} = 10 \times 0.012 = 0.12$ （mA），

$$U_{BQ2} = \frac{1}{3} V_{CC} = \frac{1}{3} \times 12 = 4 \text{ （V）};$$

故： $$R_{b3} = \frac{V_{CC} - U_{BQ2}}{I_{Rb3}} = \frac{12 - 4}{0.12} = 66.67 \text{ （k}\Omega\text{），取标称值 68 k}\Omega;$$

$$P_{Rb3} = I_{Rb3}^2 R_{b3} = 0.12^2 \times 68 = 0.979 \text{ mW} < \frac{1}{8}\text{W}，选 R_{b3} 为 68 \text{ k}\Omega / \frac{1}{8}\text{W};$$

$$R_{b4} = \frac{U_{BQ2}}{I_{Rb4}} = \frac{U_{BQ2}}{I_{Rb3} - I_{BQ2}} = \frac{4}{0.12 - 0.012} = \frac{4}{0.108} = 37.04 \text{ （k}\Omega\text{），取标称值 36 k}\Omega;$$

$$P_{Rb4} = I_{Rb4}^2 R_{b4} = 0.108^2 \times 36 = 0.42 \text{ mW} < \frac{1}{8}\text{W}，选 R_{b4} 为 36 \text{ k}\Omega / \frac{1}{8}\text{W};$$

$$R_{e2} = \frac{U_{BQ2} - U_{BEQ2}}{I_{EQ2}} = \frac{U_{BQ2} - U_{BEQ2}}{(1+\beta)I_{BQ2}} = \frac{4 - 0.7}{101 \times 0.012} = \frac{3.3}{1.212} = 2.723 \text{ （k}\Omega\text{）};$$

R_{e2} 分为 R_{e2}' （交流负反馈）、R_{e2}''，取 $R_{e2}' = 56\,\Omega$，$R_{e1}'' = 2.7\,\text{k}\Omega$，

$$P_{Rc2'} = I_{EQ2}^2 R_{c2}' = 1.212^2 \times 0.056 = 0.082 \text{ mW} < \frac{1}{8}\text{W};$$

$$P_{Rc2''} = I_{EQ2}^2 R_{c2}'' = 1.212^2 \times 2.7 = 3.97 \text{ mW} < \frac{1}{8}\text{W};$$

选 R_{e2}' 为 $56\,\Omega / \frac{1}{8}\text{W}$，选 R_{e2}'' 为 $2.7\,\text{k}\Omega / \frac{1}{8}\text{W}$；

$$R_{c2} = \frac{V_{CC} - U_{CEQ2} - U_{EQ2}}{I_{CQ2}} = \frac{12 - 4 - 4 + 0.7}{1.2} = 3.92 \text{ （k}\Omega\text{），取标称值 3.9 k}\Omega;$$

$$P_{Rc2} = I_{CQ2}^2 R_{c2} = 1.2^2 \times 3.9 = 5.62 \text{ mW} < \frac{1}{8} \text{ W}，选 R_{c2} 为 3.9 \text{ k}\Omega / \frac{1}{8} \text{ W} 。$$

6. 静态工作点的核算

T_1 级：

$$I_{CQ1} = \beta I_{BQ1} = \beta \frac{\dfrac{R_{b2}}{R_{b1} + R_{b2}} V_{CC} - U_{BEQ1}}{R_{b1} // R_{b2} + (1+\beta)R_{e1}} = 100 \times \frac{\dfrac{62}{120+62} \times 12 - 0.7}{\dfrac{120 \times 62}{120+62} + 101 \times 4.6} = 0.67 \text{（mA）}$$

$$U_{CEQ1} = V_{CC} - I_{CQ1}R_{c1} - (1+\beta)\frac{I_{CQ1}}{\beta}R_{e1}$$

$$= 12 - 0.67 \times 9.1 - 101 \times \frac{0.67}{100} \times 4.6 = 2.79 \text{（V）}$$

符合设计要求。

$$I_{CQ2} = \beta I_{BQ1} = \beta \frac{\dfrac{R_{b3}}{R_{b3} + R_{b4}} V_{CC} - U_{BEQ2}}{R_{b3} // R_{b4} + (1+\beta)R_{e2}} = 100 \times \frac{\dfrac{36}{68+36} \times 12 - 0.7}{\dfrac{68 \times 36}{68+36} + 101 \times 2.756} = 1.144 \text{（mA）}$$

$$U_{CEQ2} = V_{CC} - I_{CQ2}R_{c2} - (1+\beta)\frac{I_{CQ2}}{\beta}R_{e2}$$

$$= 12 - 1.144 \times 3.9 - 101 \times \frac{1.144}{100} \times 2.756 = 4.354 \text{（V）}$$

符合设计要求。

7. 电容器的选择

C_1：

$$r_{be} = r_{bb'} + \beta \frac{U_T}{I_{CQ1}} = 300 + 100 \times \frac{26}{0.67} = 4.18 \text{（k}\Omega\text{）}$$

$$R'_{i1} = r_{be} + (1+\beta)R'_{e1} = 4.18 + 101 \times 0.3 = 34.48 \text{（k}\Omega\text{）}$$

$$R'_b = R_{b1} // R_{b2} = \frac{120 \times 62}{120+62} = 40.88 \text{（k}\Omega\text{）}$$

$$R_i = R'_b // R'_{i1} = \frac{R'_b \times R'_{i1}}{R'_b + R'_{i1}} = \frac{40.88 \times 34.48}{40.88 + 34.48} = 18.7 \text{（k}\Omega\text{）}$$

$$R_s = 50 \ \Omega$$

$$C_1 \geqslant (3 \sim 10)\frac{1}{2\pi f_L (R_s + R_i)} = (3 \sim 10) \times \frac{1}{2\pi \times 50 \times (0.05 + 18.7) \times 10^3}$$

$$= (3 \sim 10) \times 1.7 = 5.1 \sim 17 \text{（}\mu\text{F）}$$

取 $C_1 = 10 \ \mu\text{F}$，选 C_1 为 $10 \ \mu\text{F}/16 \ \text{V}$。

C_2：

$$R_{o1} = R_{C1} = 9.1 \ (\text{k}\Omega)$$

$$r_{be2} = r_{bb'2} + \beta \frac{U_T}{I_{CQ2}} = 300 + 100 \times \frac{26}{1.144} = 2.573 \ (\text{k}\Omega)$$

$$R'_{i2} = r_{be2} + (1+\beta)R'_{e2} = 2.573 + 101 \times 0.056 = 8.23 \ (\text{k}\Omega)$$

$$R''_b = R_{b3} // R_{b4} = \frac{68 \times 36}{68 + 36} = 23.54 \ (\text{k}\Omega)$$

$$R_{i2} = R''_b // R'_{i2} = \frac{23.54 \times 8.23}{2.54 + 8.23} = 6.1 \ (\text{k}\Omega)$$

$$C_2 \geqslant (3 \sim 10) \frac{1}{2\pi f_L (R_{o1} + R_{i2})} = (3 \sim 10) \times \frac{1}{2\pi \times 50 \times (9.1+6.1) \times 10^3}$$
$$= (3 \sim 10) \times 1.99 = 5.97 \sim 19.9 \ (\mu\text{F})$$

取 $C_2 = 10 \ \mu\text{F}$，选 C_2 为 $10 \ \mu\text{F}/16 \ \text{V}$。

C_3:

$$C_3 \geqslant (3 \sim 10) \frac{1}{2\pi f_L (R_{e2} + R_L)} = (3 \sim 10) \times \frac{1}{2\pi \times 50 \times (3.9+5.1) \times 10^3}$$
$$= (3 \sim 10) \times 3.54 = 10.62 \sim 35.4 \ (\mu\text{F})$$

取 $C_3 = 10 \ \mu\text{F}$，选 C_3 为 $10 \ \mu\text{F}/16 \ \text{V}$。

C_{e1}:

$$C_{e1} \geqslant (3 \sim 10) \frac{1}{2\pi f_L R''_{e1}} = (3 \sim 10) \times \frac{1}{2\pi \times 50 \times 4.3 \times 10^3}$$
$$= (3 \sim 10) \times 7.4 = 22.2 \sim 74 \ (\mu\text{F})$$

取 $C_{e1} = 47 \ \mu\text{F}$，选 C_{e1} 为 $47 \ \mu\text{F}/16 \ \text{V}$。

C_{e2}:

$$C_{e2} \geqslant (3 \sim 10) \frac{1}{2\pi f_L R''_{e2}} = (3 \sim 10) \times \frac{1}{2\pi \times 50 \times 2.7 \times 10^3}$$
$$= (3 \sim 10) \times 1.18 = 3.54 \sim 11.8 \ (\mu\text{F})$$

取 $C_{e2} = 47 \ \mu\text{F}$，选 C_{e2} 为 $47 \ \mu\text{F}/16 \ \text{V}$。

8. 指标核算

图 2-13-2 所示两级阻容耦合放大电路的微变等效电路如图 2-13-3 所示。
$R_i = 18.7 \ \text{k}\Omega > 10 \ \text{k}\Omega$，满足设计要求。

$$R_{L1} = R_{i2} = 6.1 \ (\text{k}\Omega)$$

$$R'_{L1} = R_{c1} // R_{i2} = \frac{9.1 \times 6.1}{9.1 + 6.1} = 3.652 \ (\text{k}\Omega)$$

$$\dot{A}_{u1} = -\beta \frac{R'_{L1}}{R'_{i1}} = -100 \times \frac{3.652}{34.48} = -11$$

$$R'_L = R_{c2} // R_L = \frac{3.9 \times 5.1}{3.9 + 5.1} = 2.21 \ (\text{k}\Omega)$$

$$\dot{A}_{u2} = -\beta \frac{R'_L}{R'_{i2}} = -100 \times \frac{2.21}{8.23} = -26.85$$

$$\dot{A}_u = \dot{A}_{u1} \cdot \dot{A}_{u2} = -11 \times (-26.85) = 295 > 250，满足设计指标要求。$$

核算 f_H、f_L：

f_L：

$$\tau_{L1} = (R_s + R_i)C_1 = (0.05 + 18.7) \times 10^3 \times 10 \times 10^{-6} = 187.5 \text{（ms）}$$

$$\tau_{e1} = \left[\left(\frac{R_s // R_b' + r_{be1}}{1 + \beta} + R_{e1}'\right) // R_{e1}''\right]C_{e1} \approx \left[\left(\frac{R_s + r_{be1}}{1 + \beta} + R_{e1}'\right) // R_{e1}''\right]C_{e1}$$

$$= \frac{0.342 \times 4.3}{0.342 + 4.3} \times 10^3 \times 47 \times 10^{-6} = 14.89 \text{（ms）}$$

$$\tau_{L2} = (R_{e1} + R_{i2})C_2 = (9.1 + 6.1) \times 10^3 \times 10 \times 10^{-6} = 152 \text{（ms）}$$

$$\tau_{e2} = \left[\left(\frac{R_{e1} // R_{b2} // R_{b4} + r_{be2}}{1 + \beta} + R_{e2}'\right) // R_{e2}''\right]C_{e2}$$

$$= \frac{0.146 \times 2.7}{0.146 + 2.7} \times 10^3 \times 47 \times 10^{-6}$$

$$= 0.139 \times 10^3 \times 47 \times 10^{-6} = 6.51 \text{（ms）}$$

$$f_L = \frac{\omega_c}{2\pi} = \frac{1}{2\pi \times 1.15}\sum\frac{1}{\tau_{Lj}} = \frac{1}{2\pi \times 1.15}\left(\frac{1}{187.5} + \frac{1}{14.89} + \frac{1}{152} + \frac{1}{6.51}\right) \times 10^3$$

$$= 32.2 \text{ Hz} < 50 \text{ Hz}，满足设计要求。$$

f_H：

$$g_{m1} = \frac{I_{CQ1}}{U_T} = \frac{0.67}{26} = 25.77 \text{（ms）}$$

$$g_{m2} = \frac{I_{CQ2}}{U_T} = \frac{1.144}{26} = 44 \text{（ms）}$$

$$R_{10} = [R_s // R_b' + r_{bb'1} + (1 + \beta)R_{e1}'] // r_{\pi1} = \frac{30.65 \times 3.88}{30.65 + 3.88} \times 10^3 = 3.444 \text{（k\Omega）}$$

$$\tau_{H1} = R_{10}C_{\pi1} = 3.444 \times 10^3 \times 150 \times 10^{-12} = 0.516\,6 \text{（\mu s）}$$

$$\dot{A}_{u1}' = -g_{m1}R_{L1}' = -25.77 \times 3.652 = -94.112$$

$$R_{20} = R_{10}(1 + g_{m1}R_{L1}') + R_{L1}' = 3.444 \times 10^3 \times 95.112 + 3.652 \times 10^3 = 331.218 \text{（k\Omega）}$$

$$\tau_{H2} = R_{20}C_{\mu1} = 331.218 \times 10^3 \times 5 \times 10^{-12} = 1.656 \text{（\mu s）}$$

$$R_{30} = [R_c // R_b'' + r_{bb'2} + (1 + \beta)R_{e2}'] // r_{\pi2} = \frac{12.519 \times 2.273}{12.519 + 2.273} \times 10^3 = 1.924 \text{（k\Omega）}$$

$$\tau_{H3} = R_{30}C_{\pi2} = 1.924 \times 10^3 \times 150 \times 10^{-12} = 0.288\,6 \text{（\mu s）}$$

$$\dot{A}_{u2}' = -g_{m2}R_L' = -44 \times 2.21 = -97.24$$

$$R_{40} = R_{30}(1 + g_{m2}R_{L2}') + R_{L2}' = (1.924 \times 98.24 + 2.21) \times 10^3 = 191.224 \text{（k\Omega）}$$

$$\tau_{H2} = R_{40}C_{\mu2} = 191.224 \times 10^3 \times 5 \times 10^{-12} = 0.956 \text{（\mu s）}$$

$$f_{\mathrm{H}} = \frac{\omega_{\mathrm{H}}}{2\pi} = \frac{1.15}{2\pi\sum_{j=1}^{4}\tau_{\mathrm{H}j}} = \frac{1.15}{2\pi}\left(\frac{1}{0.5166} + \frac{1}{1.656} + \frac{1}{0.2886} + \frac{1}{0.956}\right)$$

$= 53.56 \text{ kHz} > 50 \text{ kHz}$，满足设计要求。

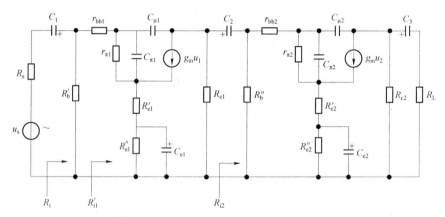

图 2-13-3　两级阻容耦合放大电路的微变等效电路

2.13.6　实验报告

（1）总结两级阻容耦合放大电路的整个调试过程。

（2）分析调试中发现的问题及故障排除方法。

2.13.7　实验预习

（1）复习模拟电路中三极管、阻容耦合、放大倍数、输入电阻、通频道及放大电路等部分内容。

（2）除了本实验中采用的分离元件构成两级阻容耦合放大电路，选用集成运算放大器实现两级阻容耦合放大电路，画出电路图，选取元器件。

（3）列出两级阻容耦合放大电路的测试表格。

（4）列出两级阻容耦合放大电路系统的调试步骤。

第 3 章

数字电子技术实验

3.1 实验一：集成逻辑门电路功能测试

3.1.1 实验目的

（1）熟悉数字电路实验箱中各种装置的使用方法。

（2）掌握 TTL 型和 CMOS 型集成门电路的逻辑功能的测试方法。

3.1.2 实验仪器

（1）+5 V 直流电源；

（2）逻辑电平开关；

（3）逻辑电平显示器；

（4）74LS00、74LS02、74LS04、74LS54、CC4011、CC4001。

3.1.3 实验原理

1. 集成逻辑门电路

本实验中所用集成门电路有与非门（集成块型号为74LS00,内含 4 个二输入端与非门）、或非门（集成块型号为74LS02，内含 4 个二输入端或非门）、非门（集成块型号为74LS04，内含 6 个非门）、与或非门（集成块型号为 74LS54，内含 1 个十输入端的与或非门）。

图 3-1-1 所示为逻辑功能符号图。

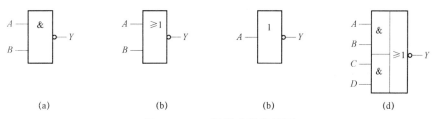

图 3-1-1 逻辑功能符号图

（a）与非门；（b）或非门；（c）非门；（d）与或非门

2. 门电路的逻辑函数式

与非门：$Y = \overline{AB}$ （二输入端）

或非门：$Y = \overline{A + B}$（二输入端）

非门：$Y = \overline{A}$（一输入端）

与或非门：$Y = \overline{AB + CD}$（四输入端）

异或门：$Y = \overline{A}B + A\overline{B} = A \oplus B$（二输入端）

同或门：$Y = \overline{A}\,\overline{B} + AB = A \odot B$（二输入端）

3.1.4　实验过程

1. 测试与非门逻辑功能

选用型号为 74LS00 的集成块，A、B 接电平开关，Y 接电平显示器，将测试所得数据填入表 3−1−1 中。

2. 测试或非门逻辑功能

选用型号为 74LS02 的集成块，A、B 接电平开关，Y 接电平显示器，将测试所得数据填入表 3−1−2 中。

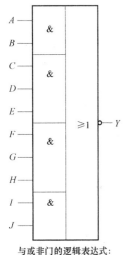

与或非门的逻辑表达式：
$$Y = \overline{AB + CDE + FGH + IJ}$$

图 3−1−2　74LS54 逻辑运算

3. 测试非门（反相器）功能

选用型号为 74LS04 的集成块，A 接电平开关，Y 接电平显示器，将测试所得数据填入表 3−1−3 中。

4. 与或非门功能测试

选用型号为 74LS54 的集成块，该集成块为四路 2−3−3−3 输入与或非门，如图 3−1−2 所示，A、B、I、J 接电平开关，Y 接电平显示器，C、D、E、F、G、H 接地，将测试所得数据填入表 3−1−4 中。

5. 异或门功能测试

选用型号为 74LS00 和 74LS04 的集成块，按图 3−1−3 接线，将测试所得数据填入表 3−1−5 中。

6. 同或门功能测试

选用型号为 74LS00 和 74LS04 的集成块，按图 3−1−4 接线，将测试所得数据填入表 3−1−6 中。

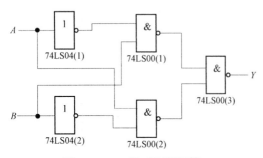

图 3−1−3　异或逻辑运算

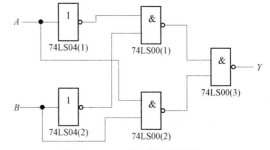

图 3−1−4　同或逻辑运算

7. 逻辑门功能转换测试

1）与非门转换为与门

选用型号为 74LS00 的集成块，按图 3−1−5 接线，将测试所得数据填入表 3−1−7 中。

2）或非门转换为或门

选用型号为 74LS02 的集成块，按图 3 - 1 - 6 接线，将测试所得数据填入表 3 - 1 - 8 中。

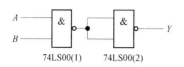

图 3 - 1 - 5 与非门转换为与门

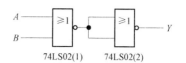

图 3 - 1 - 6 或非门转换为或门

3.1.5 原始记录

表 3 - 1 - 1 测试与非门逻辑功能

输入端		输出端	
A	B	LED 状态	Y
0	0		
0	1		
1	0		
1	1		

表 3 - 1 - 2 测试或非门逻辑功能

输入端		输出端	
A	B	LED 状态	Y
0	0		
0	1		
1	0		
1	1		

表 3 - 1 - 3 测试非门（反相器）功能

输入端	输出端	
A	LED 状态	Y
0		
1		

表 3 - 1 - 4 与或非门功能测试

输入端										输出端	
C	D	E	F	G	H	A	B	I	J	LED 状态	Y
0						1	0	1	0		
0						1	1	1	0		
0						1	1	0	0		
0						1	0	1	1		
0						0	0	1	0		
0						0	0	1	1		

表 3 – 1 – 5　异或门功能测试

输入端		输出端	
A	B	LED 状态	Y
0	0		
0	1		
1	0		
1	1		

表 3 – 1 – 6　同或门功能测试

输入端		输出端	
A	B	LED 状态	Y
0	0		
0	1		
1	0		
1	1		

表 3 – 1 – 7　与非门转换为与门

输入端		输出端	
A	B	LED 状态	Y
0	0		
0	1		
1	0		
1	1		

表 3 – 1 – 8　或非门转换为或门

输入端		输出端	
A	B	LED 状态	Y
0	0		
0	1		
1	0		
1	1		

3.1.6　数据处理

根据几种集成门电路的相关测试结果，分析其逻辑功能。

3.1.7　结果分析

整理实验数据，分析实验结果。

3.1.8　问题讨论

查阅关于 TTL、CMOS 型电路互连的注意事项。

3.2　实验二：集成逻辑门电路的参数测试

3.2.1　实验目的

（1）掌握 TTL 型和 CMOS 型集成与非门主要参数的测试方法。
（2）熟悉数字电路实验装置的结构、基本功能和使用方法。

3.2.2　实验仪器

（1）+5 V 直流电源；
（2）逻辑电平开关；
（3）逻辑电平显示器；
（4）直流数字电压表；
（5）直流毫安表；
（6）74LS20，1K、10K 电位器，200 Ω电阻器（0.5 W），CC4011。

3.2.3　实验原理

1. 四输入双与非门 74LS20

本实验采用四输入双与非门 74LS20，即在一块集成块内含有两个互相独立的与非门，每个与非门有 4 个输入端。其逻辑框图、符号及引脚排列如图 3−2−1（a）、（b）、（c）所示。

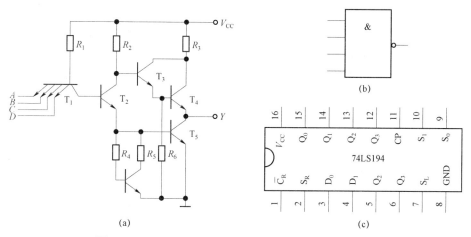

图 3−2−1　74LS20 逻辑框图、逻辑符号及引脚排列
（a）逻辑框图；（b）逻辑符号；（c）引脚排列

2. TTL 与非门的主要参数

1）低电平输出电源电流 I_{CCL} 和高电平输出电源电流 I_{CCH}

它们的大小标志着器件静态功耗的大小。器件的最大功耗为 $P_{CCL}=V_{CC}\cdot I_{CCL}$。$I_{CCL}$ 和 I_{CCH} 测试电路如图 3-2-2（a）、（b）所示。

2）低电平输入电流 I_{iL} 和高电平输入电流 I_{iH}

在多级门电路中，I_{iL} 相当于前级门输出低电平时，后级向前级门灌入的电流，因此它关系到前级门的灌电流负载能力，即直接影响前级门电路带负载的个数。

在多级门电路中，I_{iH} 相当于前级门输出高电平时，前级门的拉电流负载，其大小关系到前级门的拉电流负载能力。由于 I_{iH} 较小，难以测量，一般免于测试。

I_{iL} 与 I_{iH} 的测试电路如图 3-2-2（c）、（d）所示。

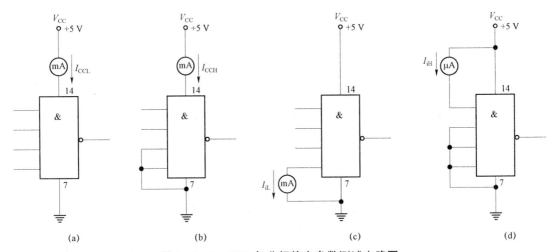

图 3-2-2　TTL 与非门静态参数测试电路图

（a）测量 I_{CCL}；（b）测量 I_{CCH}；（c）测量 I_{iL}；（d）测量 I_{iH}

3）扇出系数 N_o

扇出系数 N_o 是指门电路能驱动同类门的个数，它是衡量门电路负载能力的一个参数，门电路有两种不同性质的负载，即灌电流负载和拉电流负载，因此有两种扇出系数，即低电平扇出系数 N_{oL} 和高电平扇出系数 N_{oH}。通常 $I_{iH}<I_{iL}$，则 $N_{oH}>N_{oL}$，故常以 N_{oL} 作为门的扇出系数。

N_{oL} 的测试电路如图 3-2-3 所示，调节 R_L 使 $U_{oL}=0.4$ V，此时的 I_{oL} 就是允许灌入的最大负载电流，即

$$N_{oL}=\frac{I_{oL}}{I_{iL}} \qquad\qquad (3-2-1)$$

通常 $N_{oL}\geqslant 8$。

4）电压传输特性

门的输出电压 u_o 随输入电压 u_i 而变化的曲线 $u_o=f(u_i)$ 称为门的电压传输特性。测试电路如图 3-2-4 所示，调节 R_p，逐点测得 U_i 及 U_o，然后绘成曲线。

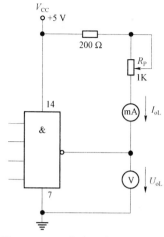

图 3-2-3 扇出系数测试电路

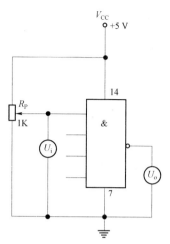

图 3-2-4 传输特性测试电路

5）平均传输延迟时间 t_{pd}

t_{pd} 是衡量门电路开关速度的参数，它是指输出波形边沿的 $0.5U_m$ 至输入波形对应边沿 $0.5U_m$ 点的时间间隔，如图 3-2-5 所示。

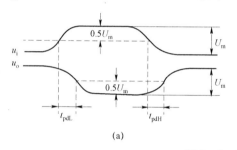

(a)

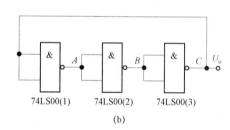

(b)

图 3-2-5 传输延迟特性

（a）传输延迟特性；（b）t_{pd} 的测试电路

图 3-2-5（a）中的 t_{pdL} 为导通延迟时间，t_{pdH} 为截止延迟时间，平均传输延迟时间为

$$t_{pd} = \frac{1}{2}(t_{pdL} + t_{pdH}) \qquad (3-2-2)$$

t_{pd} 的测试电路如图 3-2-5（b）所示，由于 TTL 门电路的延迟时间较小，直接测量时对信号发生器和示波器的性能要求较高，故实验采用测量由奇数个与非门组成的环形振荡器的振荡周期 T 来求得。其工作原理是：假设电路在接通电源后某一瞬间，电路中的 A 点为逻辑"1"，通过三级门的延迟后，使 A 点由原来的逻辑"1"变为逻辑"0"；再经过三级门的延迟后，A 点电平又重新回到逻辑"1"。电路中其他各点电平也跟随变化。说明使 A 点发生一个周期的振荡，必须经过 6 级门的延迟时间。因此平均传输延迟时间为

$$t_{pd} = \frac{T}{6} \qquad (3-2-3)$$

TTL 电路的 t_{pd} 一般在 10～40 ns。

3. CMOS 与非门的主要参数

CMOS 与非门主要参数的定义及测试方法与 TTL 电路相仿，从略。

3.2.4 实验过程

1. 74LS20 主要参数的测试

（1）分别按图 3-2-2、图 3-2-3、图 3-2-5（b）接线并进行测试，将测试结果记入表 3-2-1 中。

（2）按图 3-2-4 接线，调节电位器 R_P，使 u_i 从 0 V 向高电平变化，逐点测量 u_i 和 u_o 的对应值，记入表 3-2-2 中。

2. CMOS 与非门 CC4011 参数测试（方法与 TTL 门电路相同）

（1）测试 CC4011 一个门的 I_{CCL}、I_{CCH}、I_{iL}、I_{oL}，将数据记入表 3-2-3 中。

（2）测试 CC4011 一个门的传输特性（一个输入端作信号输入，另一个输入端接逻辑高电平），将数据记入表 3-2-4 中。

（3）将 CC4011 的三个门串接成环形振荡器，用示波器观测输入、输出波形，并计算出 t_{pd} 值。将数据记入表 3-2-3 中。

3.2.5 原始记录

表 3-2-1　74LS20 主要参数的测试（一）

I_{CCL}/mA	I_{CCH}/mA	I_{iL}/mA	I_{oL}/mA	$N_o = I_{oL}/I_{iL}$	t_{pd}（$T/6$）/ns

表 3-2-2　74LS20 主要参数的测试（二）

U_i/V	0	0.2	0.4	0.6	0.8	1.0	1.2	1.4	1.6	1.8	2.0	2.5	3.0
U_o/V													
U_i/V	3.5	4.0	4.5	5.0									
U_o/V													

表 3-2-3　CMOS 与非门 CC4011 参数测试（一）

I_{CCL}/mA	I_{CCH}/mA	I_{iL}/mA	I_{oL}/mA	$N_o = I_{oL}/I_{iL}$	t_{pd}（$T/6$）/ns

表 3-2-4　CMOS 与非门 CC4011 参数测试（二）

U_i/V	0	0.2	0.4	0.6	0.8	1.0	1.2	1.4	1.6	1.8	2.0	2.5	2.6
U_o/V													
U_i/V	2.7	2.8	2.9	3.0	3.5	4.0	4.5	5.0					
U_o/V													

3.2.6 数据处理

（1）计算 N_o 及 t_{pd}。

（2）画出实测的电压传输特性曲线。

3.2.7 结果分析

整理实验结果，并对结果进行分析。

3.2.8 问题讨论

TTL 门电路和 CMOS 门电路闲置输入端的处理方法。

3.3 实验三：组合逻辑电路的分析与设计

3.3.1 实验目的

（1）掌握组合逻辑电路的分析方法。
（2）掌握组合逻辑电路的设计与测试方法。

3.3.2 实验仪器

（1）＋5 V 直流电源；
（2）逻辑电平开关；
（3）逻辑电平显示器；
（4）CC4011×2（74LS00）、CC4012×3（74LS20）、CC4030（74LS86）、CC4081（74LS08）、74LS54×2（CC4085）、CC4001（74LS02）。

3.3.3 实验原理

1. 一位全加器

全加器的逻辑图及符号见图 3-3-1，该电路选用 74LS54、74LS86、74LS00 集成块。

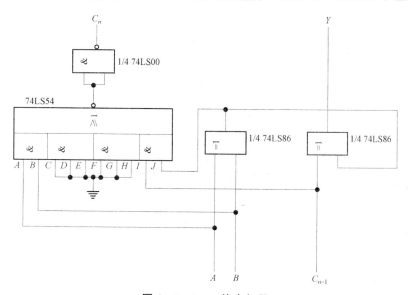

图 3-3-1 一位全加器

其逻辑表达式为:

$$S_n = A_n \oplus B_n \oplus C_{n-1}$$
$$C_n = (A_n \oplus B_n) C_{n-1} + A_n B_n$$

2. 四位全加器

本实验中所使用的四位全加器型号为74LS283、其外引线排列图见"6.4 常用数字集成电路"部分。74LS283 是一个内部超前进位的高速四位二进制串行进位全加器。它能接收两个四位二进制数（$A_4 A_3 A_2 A_1$、$B_4 B_3 B_2 B_1$）和更低位的进位输入（C_0），对每一位产生二进制和（$S_4 S_3 S_2 S_1$）输出，并产生从最高有效位（第4位）产生的进位输出（C_4）。

74LS283 的引脚排列如图 3-3-2 所示。

3. 一位数码比较器

该电路可以用来比较两个一位二进制数的大小，电路如图 3-3-3 所示，选用 74LS00、74LS02 集成块。

图 3-3-2　74LS283 的引脚排列

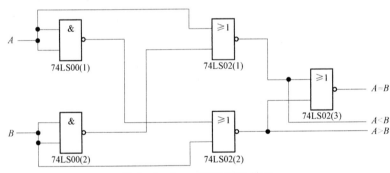

图 3-3-3　一位数码比较器

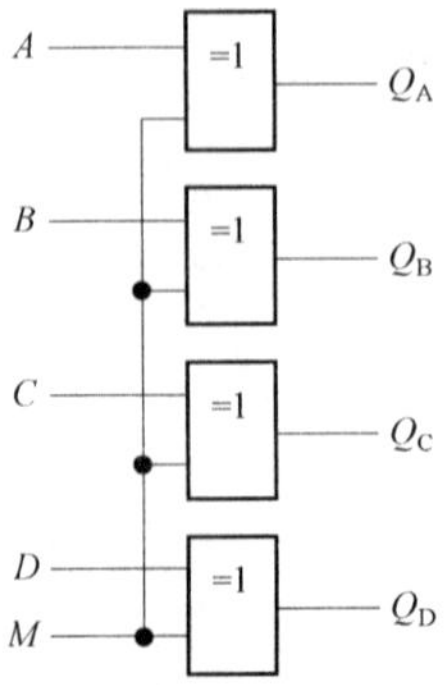

4. 四位原码/反码转换器

该电路可以实现四位原码到反码的转换，电路如图 3-3-4 所示，选用 74LS86 集成块。

5. 组合逻辑电路设计

（1）组合逻辑电路设计的基本流程：设计要求→真值表→逻辑表达式（或卡诺图）→简化逻辑表达式→逻辑图→实验验证。

（2）组合逻辑电路设计举例。

用"与非"门设计一个表决电路。当四个输入端中有三个或四个为"1"时，输出端才为"1"。

图 3-3-4　四位原码/反码转换器

设计步骤：根据题意列出真值表如表 3-3-1 所示，再填入卡诺图表 3-3-2 中。

由卡诺图得出逻辑表达式，并演化成"与非"的形式：

$$Z = ABC + BCD + ACD + ABD$$
$$= \overline{\overline{ABC} \cdot \overline{BCD} \cdot \overline{ACD} \cdot \overline{ABD}}$$

根据逻辑表达式画出用"与非门"构成的逻辑电路，如图 3-3-5 所示。

表 3-3-1　表决电路真值表

A	B	C	D	Z
0	0	0	0	0
0	0	0	1	0
0	0	1	0	0
0	0	1	1	0
0	1	0	0	0
0	1	0	1	0
0	1	1	0	0
0	1	1	1	1
1	0	0	0	0
1	0	0	1	0
1	0	1	0	0
1	0	1	1	1
1	1	0	0	0
1	1	0	1	1
1	1	1	0	1
1	1	1	1	1

用实验验证逻辑功能。在实验装置适当位置选定两个 14P 插座，按照集成块定位标记插好集成块 74LS20。按图 3-3-5 接线，输入端 A、B、C、D 接至逻辑开关，输出端 Z 接逻辑电平显示器，按真值表（自拟）要求，验证逻辑功能，并与表 3-3-1 进行比较，验证所设计的逻辑电路是否符合要求。

表 3-3-2　卡诺图表

BC＼DA	00	01	11	10
00				
01			1	
11		1	1	1
10			1	

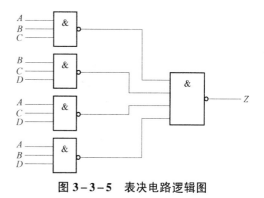

图 3-3-5　表决电路逻辑图

3.3.4　实验过程

1. 测试一位全加器的逻辑功能

电路如图 3-3-1 所示，A、B、C_{n-1} 接逻辑电平开关，Y、C_n 接逻辑电平显示器，将数据填入表 3-3-3 中。

2. 测试四位全加器的逻辑功能

连接电路时，A_4、A_3、A_2、A_1 与 B_4、B_3、B_2、B_1 这两组二进制数及输入 C_0 接至逻辑电平开关，输出 Σ_4、Σ_3、Σ_2、Σ_1 以及最高位输出 C_4 分别接电平显示器。将数据填入表 3-3-4 中。

3. 测试一位数码比较器的功能

电路如图 3-3-3 所示，A、B 接至逻辑电平开关，$A=B$、$A<B$、$A>B$ 接电平显示器。将数据填入表 3-3-5 中。

4. 测试四位原码/反码转换器的逻辑功能

电路如图 3-3-4 所示，A、B、C、D、M 接至逻辑电平开关，Q_A、Q_B、Q_C、Q_D 接电平显示器。改变输入 A、B、C、D 的状态，验证 $M=0$（原码）和 $M=1$（反码）时的实验结果，将数据填入表 3-3-6 中。

5. 测试三输入表决电路的逻辑功能

参看实验原理中相关步骤，用与非门 74LS00 和 74LS20 设计一个三输入表决电路，验证其逻辑功能，将相关数据填入表 3-3-7 中。

6. 测试一位半加器的逻辑功能

电路如图 3-3-6 所示，A、B 接逻辑电平开关，Y、C_n 接逻辑电平显示器，将数据填入表 3-3-8 中。

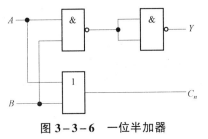

图 3-3-6　一位半加器

3.3.5　原始记录

表 3-3-3　测试一位全加器的逻辑功能

A	B	C_{n-1}	Y	C_n
0	0	0		
0	1	0		
1	0	0		
1	1	0		
0	0	1		
0	1	1		
1	0	1		
1	1	1		

表 3 – 3 – 4　测试四位全加器的逻辑功能

低位来的进位	被加数	加数	和	向高位的进位
C_0	$A_4A_3A_2A_1$	$B_4B_3B_2B_1$	$S_4S_3S_2S_1$	C_4
0				
0				
0				
0				
1				
1				
1				
1				

表 3 – 3 – 5　测试一位数码比较器的功能

输　　入		输　　出		
A	B	$A = B$	$A < B$	$A > B$
0	0			
0	1			
1	0			
1	1			

表 3 – 3 – 6　测试四位原码/反码转换器的逻辑功能

输　　入	输　　出	
	$M = 0$	$M = 1$
$ABCD$	$Q_AQ_BQ_CQ_D$	$Q_AQ_BQ_CQ_D$
0000		
0001		
0011		
0111		
1111		

表 3 – 3 – 7　设计一个三输入表决电路

A	B	C	Y
0	0	0	
0	0	1	
0	1	0	
0	1	1	
1	0	0	
1	0	1	
1	1	0	
1	1	1	

表 3－3－8　测试一位半加器的逻辑功能

A	B	Y	C_n
0	0		
0	1		
1	0		
1	1		

3.3.6　数据处理

根据几种组合逻辑电路的相关测试结果，分析其逻辑功能。

3.3.7　结果分析

（1）整理实验数据，并对实验结果进行分析讨论。
（2）说明实验过程中出现的问题及解决方法。

3.3.8　问题讨论

（1）组合逻辑电路的分析及设计有哪些步骤？
（2）如何用最简单的方法验证"与或非"门的逻辑功能是否完好？
（3）"与或非"门中，当某一输入端子或几个端子不用时，应做如何处理？

3.4　实验四：译码器及其应用

3.4.1　实验目的

（1）掌握中规模集成译码器的逻辑功能和使用方法。
（2）熟悉数码管的使用，了解七段数码显示电路的工作原理。

3.4.2　实验仪器

（1）＋5 V 直流电源；
（2）逻辑电平开关；
（3）逻辑电平显示器；
（4）译码显示器；
（5）74LS138×2、CC4511。

3.4.3　实验原理

译码器是一个多输入、多输出的组合逻辑电路。它的作用是把给定的代码进行"翻译"，变成相应的状态，使输出通道中相应的一路有信号输出。译码器可分为通用译码器和显示译码器两大类。前者又分为变量译码器和代码变换译码器。

1. 变量译码器（又称二进制译码器）

用以表示输入变量的状态，如 2－4 线译码器、3－8 线译码器和 4－16 线译码器。下面以 3－8 线译码器 74LS138 为例进行分析，图 3－4－1 为其逻辑图及引脚排列。

其中 A_2、A_1、A_0 为地址输入端，$\overline{Y}_0 \sim \overline{Y}_7$ 为译码输出端，S_1、$\overline{S}_2$、$\overline{S}_3$ 为使能端。当 $S_1 = 1$，$\overline{S}_2 + \overline{S}_3 = 0$ 时，器件处于正常译码状态，地址码所指定的输出端有信号（为"0"）输出，其他所有输出端均无信号（全为"1"）输出。当 $S_1 = 0$，$\overline{S}_2 + \overline{S}_3 = \times$ 时，或 $S_1 = \times$，$\overline{S}_2 + \overline{S}_3 = 1$ 时，译码器被禁止，所有输出同时为"1"。

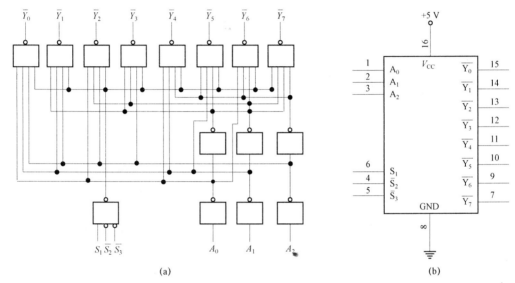

图 3－4－1 3－8 线译码器 74LS138 逻辑图及引脚排列

（a）逻辑图；（b）引脚排列

表 3－4－1 为 74LS138 的功能表。

表 3－4－1 74LS138 的功能表

输 入					输 出							
S_1	$\overline{S}_2 + \overline{S}_3$	A_2	A_1	A_0	$\overline{Y}_0$	$\overline{Y}_1$	$\overline{Y}_2$	$\overline{Y}_3$	$\overline{Y}_4$	$\overline{Y}_5$	$\overline{Y}_6$	$\overline{Y}_7$
1	0	0	0	0	0	1	1	1	1	1	1	1
1	0	0	0	1	1	0	1	1	1	1	1	1
1	0	0	1	0	1	1	0	1	1	1	1	1
1	0	0	1	1	1	1	1	0	1	1	1	1
1	0	1	0	0	1	1	1	1	0	1	1	1
1	0	1	0	1	1	1	1	1	1	0	1	1
1	0	1	1	0	1	1	1	1	1	1	0	1
1	0	1	1	1	1	1	1	1	1	1	1	0
0	$\times$	$\times$	$\times$	$\times$	1	1	1	1	1	1	1	1
$\times$	1	$\times$	$\times$	$\times$	1	1	1	1	1	1	1	1

二进制译码器实际上也是负脉冲输出的脉冲分配器。若利用使能端中的一个输入端输入数据信息，器件就成为一个数据分配器（又称多路分配器），如图 3-4-2 所示。若在 S_1 输入端输入数据信息，$\overline{S_2}=\overline{S_3}=0$，地址码所对应的输出是 S_1 数据信息的反码；若从 $\overline{S_2}$ 端输入数据信息，令 $S_1=1$、$\overline{S_3}=0$，地址码所对应的输出就是 $\overline{S_2}$ 端数据信息的原码。若数据信息是时钟脉冲，则数据分配器便成为时钟脉冲分配器。

二进制译码器还能方便地实现逻辑函数，如图 3-4-3 所示，实现的逻辑函数是：

$$Z = \overline{C}\,\overline{B}\,\overline{A} + \overline{C}\,B\,A + \overline{C}\,B\,\overline{A} + CBA$$

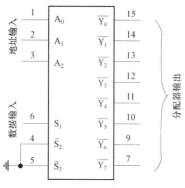

图 3-4-2 作数据分配器

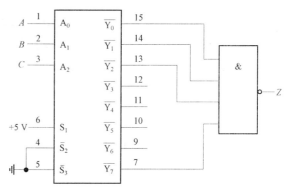

图 3-4-3 实现逻辑函数

利用使能端能方便地将两个 3-8 线译码器组合成一个 4-16 线译码器，如图 3-4-4 所示。

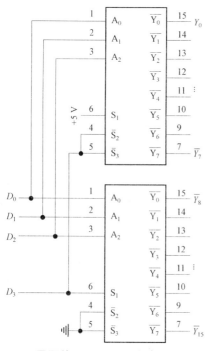

图 3-4-4 用两片 74LS138 组合成 4-16 线译码器

2. 数码显示译码器

1）七段发光二极管（LED）数码管

LED 数码管是目前最常用的数字显示器，图 3-4-5（a）、（b）分别为共阴极数码管和共阳极数码管的电路，图 3-4-5（c）为两种不同出线形式的引出脚功能图。

一个 LED 数码管可用来显示一位 0～9 十进制数和一个小数点。LED 数码管要显示 BCD 码所表示的十进制数字就需要有一个专门的译码器，该译码器不但要完成译码功能，还要有相当的驱动能力。

2）BCD 码七段译码驱动器

此类译码器型号有 74LS47（共阳极）、74LS48（共阴极）、CC4511（共阴极）等，本实验采用 CC4511 BCD 码锁存/七段译码/驱动器，来驱动共阴极 LED 数码管。图 3-4-6 为 CC4511 的引脚排列。

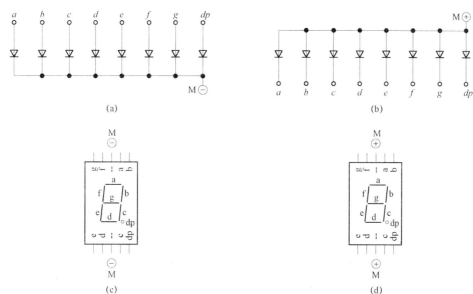

图 3-4-5　LED 数码管

（a）共阴极连接（"1"电平驱动）；（b）共阳极连接（"0"电平驱动）；（c）符号及引脚功能

其中：

A、*B*、*C*、*D*—BCD 码输入端；

a、*b*、*c*、*d*、*e*、*f*、*g*—译码输出端，输出"1"有效，用来驱动共阴极 LED 数码管；

$\overline{LT}$ —测试输入端，$\overline{LT}=0$ 时，译码输出全为 1；

$\overline{BI}$ —消隐输入端，$\overline{BI}=0$ 时，译码输出全为 0；

LE—锁定端，*LE*=1 时，译码器处于锁定（保持）状态，译码输出保持在 *LE*=0 时的数值，*LE*=0 为正常译码。

表 3-4-2 为 CC4511 功能表。CC4511 内接有上拉电阻，故只需在输出端与数码管笔段之间串入限流电阻即可工作（见图 3-4-7）。译码器还有拒伪码功能，当输入码超过 1001 时，输入全为"0"，数码管熄灭。

图 3-4-6　CC4511 引脚排列图

表 3-4-2　CC4511 功能表

输　入							输　出							
LE	$\overline{BI}$	$\overline{LT}$	*D*	*C*	*B*	*A*	*a*	*b*	*c*	*d*	*e*	*f*	*g*	显示字形
×	×	0	×	×	×	×	1	1	1	1	1	1	1	8
×	0	1	×	×	×	×	0	0	0	0	0	0	0	消隐
0	1	1	0	0	0	0	1	1	1	1	1	1	0	0
0	1	1	0	0	0	1	0	1	1	0	0	0	0	1
0	1	1	0	0	1	0	1	1	0	1	1	0	1	2
0	1	1	0	0	1	1	1	1	1	1	0	0	1	3
0	1	1	0	1	0	0	0	1	1	0	0	1	1	4

续表

输　入							输　出							
LE	$\overline{BI}$	$\overline{LT}$	D	C	B	A	a	b	c	d	e	f	g	显示字形
0	1	1	0	1	0	1	1	0	1	1	0	1	1	5
0	1	1	0	1	1	0	0	0	1	1	1	1	1	6
0	1	1	0	1	1	1	1	1	1	0	0	0	0	7
0	1	1	1	0	0	0	1	1	1	1	1	1	1	8
0	1	1	1	0	0	1	1	1	1	0	0	1	1	9
0	1	1	1	0	1	0	0	0	0	0	0	0	0	消隐
0	1	1	1	0	1	1	0	0	0	0	0	0	0	消隐
0	1	1	1	1	0	0	0	0	0	0	0	0	0	消隐
0	1	1	1	1	0	1	0	0	0	0	0	0	0	消隐
0	1	1	1	1	1	0	0	0	0	0	0	0	0	消隐
0	1	1	1	1	1	1	0	0	0	0	0	0	0	消隐
1	1	1	×	×	×	×	锁　存							锁存

在本数字电路实验装置上已完成了译码器 CC4511 和数码管 BS202 之间的连接。实验时，只要接通 +5 V 电源和将十进制数的 BCD 码接至译码器的相应输入端 A、B、C、D 即可显示 0～9 的数字。四位数码管可接收四组 BCD 码输入。CC4511 与 LED 数码管的连接如图 3-4-7 所示。

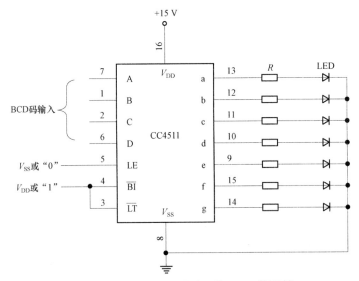

图 3-4-7　CC4511 驱动一位 LED 数码管

3.4.4　实验过程

1. 74LS138 译码器逻辑功能测试

将译码器使能端 S_1、$\overline{S_2}$、$\overline{S_3}$ 及地址端 A_2、A_1、A_0 分别接至逻辑电平开关，8 个输出端

$\overline{Y}_7 \sim \overline{Y}_0$ 依次连接在逻辑电平显示器上,拨动逻辑电平开关,按表 3 - 4 - 1 逐项测试 74LS138 的逻辑功能。将数据记入表 3 - 4 - 3 中。

2. 用 74LS138 构成的时序脉冲分配器

① 参照图 3 - 4 - 2,S_1 接连续脉冲 CP,$A_2 A_1 A_0 = 000$,CP 与输出端 Y_0 接示波器,记录脉冲 CP 与输出端 Y_0 波形之间的相位关系,记录数据并填入表 3 - 4 - 4 中。

② 参照图 3 - 4 - 2,S_1 接 + 5 V,$\overline{S}_2$ 接连续脉冲 CP,$A_2 A_1 A_0 = 000$,CP 与输出端 Y_0 接示波器,记录脉冲 CP 与输出端 Y_0 波形之间的相位关系,记录数据并填入表 3 - 4 - 4 中。

3. 用 74LS138 实现逻辑函数

① 参照图 3 - 4 - 3,C、B、A 接逻辑电平开关,Z 接电平显示器,记录数据并填入表 3 - 4 - 5 中。

② 参照图 3 - 4 - 8,实现一位全加器的逻辑功能:

$$Y = m_1 + m_2 + m_4 + m_7 = \overline{\overline{m_1} \cdot \overline{m_2} \cdot \overline{m_4} \cdot \overline{m_7}} = \overline{\overline{Y}_1 \cdot \overline{Y}_2 \cdot \overline{Y}_4 \cdot \overline{Y}_7}$$

$$C_n = m_3 + m_5 + m_6 + m_7 = \overline{\overline{m_3} \cdot \overline{m_5} \cdot \overline{m_6} \cdot \overline{m_7}} = \overline{\overline{Y}_3 \cdot \overline{Y}_5 \cdot \overline{Y}_6 \cdot \overline{Y}_7}$$

A、B、C_{n-1} 接逻辑电平开关,Y、C_n 接逻辑电平显示器,记录数据并填入表 3 - 4 - 6 中。

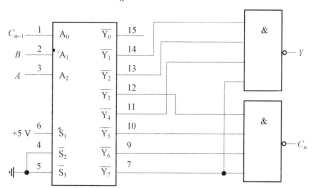

图 3 - 4 - 8 用 74LS138 实现一位全加器

4. 用两片 74LS138 组合成一个 4 - 16 线译码器

参照图 3 - 4 - 4,D_0、D_1、D_2、D_3 接逻辑电平开关,$\overline{Y}_{15} \sim \overline{Y}_0$ 接电平显示器,测试其逻辑功能,记录数据并填入表 3 - 4 - 7 中。

5. 用 CC4511 驱动共阴极 LED 数码管

LE、$\overline{BI}$、$\overline{LT}$ 及 D、C、B、A 接逻辑电平开关,a、b、c、d、e、f、g 接共阴极 LED 数码管的对应端,按表 3 - 4 - 2 逐项测试 CC4511 的逻辑功能。

3.4.5 原始记录

表 3 - 4 - 3 74LS138 译码器逻辑功能测试

输　　入					输　　出							
S_1	$\overline{S}_2 + \overline{S}_3$	A_2	A_1	A_0	$\overline{Y}_0$	$\overline{Y}_1$	$\overline{Y}_2$	$\overline{Y}_3$	$\overline{Y}_4$	$\overline{Y}_5$	$\overline{Y}_6$	$\overline{Y}_7$
1	0	0	0	0								
1	0	0	0	1								

续表

输入					输出							
S_1	$\bar{S}_2+\bar{S}_3$	A_2	A_1	A_0	$\bar{Y}_0$	$\bar{Y}_1$	$\bar{Y}_2$	$\bar{Y}_3$	$\bar{Y}_4$	$\bar{Y}_5$	$\bar{Y}_6$	$\bar{Y}_7$
1	0	0	1	0								
1	0	0	1	1								
1	0	1	0	0								
1	0	1	0	1								
1	0	1	1	0								
1	0	1	1	1								
0	×	×	×	×								
×	1	×	×	×								

表 3-4-4　用 74LS138 构成的时序脉冲分配器

	①	②
脉冲 CP 与输出端 Y_0 波形之间的相位关系		

表 3-4-5　用 74LS138 实现逻辑函数

C	B	A	Z
0	0	0	
0	0	1	
0	1	0	
0	1	1	
1	0	0	
1	0	1	
1	1	0	
1	1	1	

表 3-4-6　用 74LS138 实现一位全加器

A	B	C_{n-1}	Y	C_n
0	0	0		
0	1	0		
1	0	0		
1	1	0		
0	0	1		
0	1	1		
1	0	1		
1	1	1		

表 3 – 4 – 7　用两片 74LS138 组合成一个 4 – 16 线译码器

输		入		输				出			
D_3	D_2	D_1	D_0	$\overline{Y_0}$	$\overline{Y_1}$	$\overline{Y_2}$	$\overline{Y_3}$	$\overline{Y_4}$	$\cdots$	$\overline{Y_{14}}$	$\overline{Y_{15}}$
0	0	0	0								
0	0	0	1								
0	0	1	0								
0	0	1	1								
0	1	0	0								
0	1	0	1								
0	1	1	0								
0	1	1	1								
1	0	0	0								
1	0	0	1								
1	0	1	0								
1	0	1	1								
1	1	0	0								
1	1	0	1								
1	1	1	0								
1	1	1	1								

3.4.6　数据处理

根据相关测试结果，分析各电路的逻辑功能。

3.4.7　结果分析

（1）整理实验数据，并对实验结果进行分析讨论。

（2）说明实验过程中出现的问题及解决方法。

3.4.8　问题讨论

（1）怎么用译码器来构成数据分配器？

（2）怎么用译码器来实现逻辑函数？

3.5　实验五：数据选择器及其应用

3.5.1　实验目的

（1）掌握中规模集成数据选择器的逻辑功能及使用方法。

（2）学习用数据选择器构成组合逻辑电路的方法。

3.5.2 实验仪器

（1）+5 V 直流电源；
（2）逻辑电平开关；
（3）逻辑电平显示器；
（4）74LS151（或 CC4512）、74LS153（或 CC4539）。

3.5.3 实验原理

数据选择器又叫多路开关。数据选择器在地址码（或叫选择控制）电位的控制下，从几个数据输入中选择一个并将其送到一个公共的输出端。数据选择器的功能类似一个多掷开关，如图 3-5-1 所示，图中有四路数据 $D_0 \sim D_3$，通过选择控制信号 A_1、A_0（地址码），可从四路数据中选中某一路数据送至输出端 Q。

数据选择器为目前逻辑设计中应用十分广泛的逻辑部件，它有 2 选 1、4 选 1、8 选 1、16 选 1 等类别。

1. 8 选 1 数据选择器 74LS151

74LS151 为互补输出的 8 选 1 数据选择器，引脚排列如图 3-5-2 所示，功能如表 3-5-1 所示。

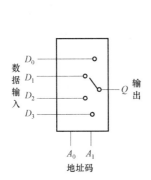

图 3-5-1　4 选 1 数据选择器示意图　　图 3-5-2　74LS151 引脚排列

表 3-5-1　74LS151 功能表

输　　入				输　　出	
$\bar{S}$	A_2	A_1	A_0	Q	$\bar{Q}$
1	×	×	×	0	1
0	0	0	0	D_0	$\bar{D}_0$
0	0	0	1	D_1	$\bar{D}_1$
0	0	1	0	D_2	$\bar{D}_2$
0	0	1	1	D_3	$\bar{D}_3$
0	1	0	0	D_4	$\bar{D}_4$
0	1	0	1	D_5	$\bar{D}_5$
0	1	1	0	D_6	$\bar{D}_6$
0	1	1	1	D_7	$\bar{D}_7$

选择控制端（地址端）为 $A_2 \sim A_0$，按二进制译码，从 8 个输入数据 $D_0 \sim D_7$ 中，选择 1 个需要的数据送到输出端 Q，$\overline{S}$ 为使能端，低电平有效。

（1）使能端 $\overline{S} = 1$ 时，不论 $A_2 \sim A_0$ 状态如何，均无输出（$Q = 0$，$\overline{Q} = 1$），多路开关被禁止。

（2）使能端 $\overline{S} = 0$ 时，多路开关正常工作，根据地址码 A_2、A_1、A_0 的状态选择 $D_0 \sim D_7$ 中某一个通道的数据输送到输出端 Q。

如：$A_2 A_1 A_0 = 000$，则选择 D_0 数据到输出端，即 $Q = D_0$。

如：$A_2 A_1 A_0 = 001$，则选择 D_1 数据到输出端，即 $Q = D_1$，其余类推。

2. 双 4 选 1 数据选择器 74LS153

所谓双 4 选 1 数据选择器，就是在一块集成芯片上有两个 4 选 1 数据选择器。74LS153 的引脚排列如图 3-5-3 所示，功能如表 3-5-2 所示。

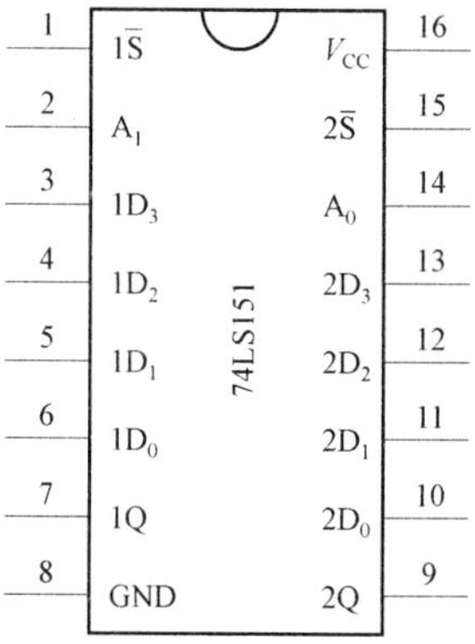

图 3-5-3　74LS153 引脚功能

表 3-5-2　74LS153 功能表

输 入			输 出
$\overline{S}$	A_1	A_0	Q
1	$\times$	$\times$	0
0	0	0	D_0
0	0	1	D_1
0	1	0	D_2
0	1	1	D_3

$1\overline{S}$、$2\overline{S}$ 为两个独立的使能端，A_1、A_0 为公用的地址输入端；$1D_0 \sim 1D_3$ 和 $2D_0 \sim 2D_3$ 分别为两个 4 选 1 数据选择器的数据输入端；$1Q$、$2Q$ 为两个输出端。

（1）当使能端 $1\overline{S}$（$2\overline{S}$）$= 1$ 时，多路开关被禁止，无输出，$Q = 0$。

（2）当使能端 $1\overline{S}$（$2\overline{S}$）$= 0$ 时，多路开关正常工作，根据地址码 A_1、A_0 的状态，将相应的数据 $D_0 \sim D_3$ 送到输出端 Q。

如：$A_1 A_0 = 00$，则选择 D_0 数据到输出端，即 $Q = D_0$。

$A_1 A_0 = 01$，则选择 D_1 数据到输出端，即 $Q = D_1$，其余类推。

3. 数据选择器的应用——实现逻辑函数

例 1：用 8 选 1 数据选择器 74LS151 实现函数 $Y = A\overline{B} + \overline{A}B$。

（1）列出函数 F 的功能表如表 3-5-3 所示。

（2）将 A、B 加到地址端 A_0、A_1，而 A_2 接地，由表 3-5-3 可见，将 D_1、D_2 接"1"及 D_0、D_3 接地，其余数据输入端 $D_4 \sim D_7$ 都接地，则 8 选 1 数据选择器的输出 Q，便实现了函数 $Y = A\overline{B} + \overline{A}B$。接线图如图 3-5-4 所示。

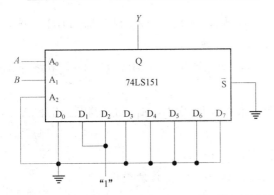

表 3-5-3 函数 F 的功能表

A	B	Y
0	0	0
0	1	1
1	0	1
1	1	0

图 3-5-4 8 选 1 数据选择器实现 $Y = A\bar{B} + \bar{A}B$ 的接线图

显然,当函数输入变量数小于数据选择器的地址端(A)时,应将不用的地址端及不用的数据输入端(D)都接地。

例 2:用双 4 选 1 数据选择器 74LS153 实现函数 $Y = \bar{A}BC + A\bar{B}C + AB\bar{C} + ABC$。

函数 F 的功能如表 3-5-4 所示。

函数 Y 有三个输入变量 A、B、C,而数据选择器有两个地址端 A_1、A_0,少于函数输入变量个数,在设计时可任选 A 接 A_1,B 接 A_0。将函数功能表改成表 3-5-5 形式,由表 3-5-5 不难看出:

$$D_0 = 0, \quad D_1 = D_2 = C, \quad D_3 = 1$$

则 4 选 1 数据选择器的输出,便实现了函数 $Y = \bar{A}BC + A\bar{B}C + AB\bar{C} + ABC$,接线图如图 3-5-5 所示。

表 3-5-4 例 2 中函数 F 的功能表一

输入			输出
A	B	C	Y
0	0	0	0
0	0	1	0
0	1	0	0
0	1	1	1
1	0	0	0
1	0	1	1
1	1	0	1
1	1	1	1

表 3-5-5 例 2 中函数 F 的功能表二

输入			输出	中 选 数据端
A	B	C	Y	
0	0	0	0	$D_0 = 0$
		1	0	
0	1	0	0	$D_1 = C$
		1	1	
1	0	0	0	$D_2 = C$
		1	1	
1	1	0	1	$D_3 = 1$
		1	1	

当函数输入变量大于数据选择器地址端数时,可能随着选用函数输入变量作地址的方案不同,而使其设计结果不同,需对几种方案进行比较,以获得最佳方案。

3.5.4 实验过程

1. 测试数据选择器 74LS151 的逻辑功能

按图 3-5-6 接线,地址端 $A_0 \sim A_2$、数据端 $D_0 \sim D_7$、使能端 $\bar{S}$ 接逻辑电平开关,输出端 Q 接逻辑电平显示器,按表 3-5-1 逐项测试 74LS151 的逻辑功能。

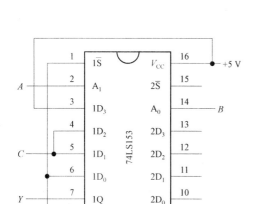

图 3−5−5 　用 4 选 1 数据选择器实现
$Y = \overline{A}BC + \overline{A}\,\overline{B}C + AB\overline{C} + ABC$ 的接线图

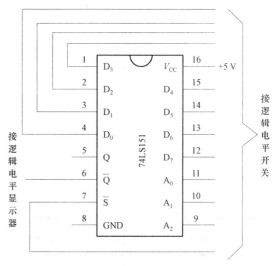

图 3−5−6 　74LS151 逻辑功能测试

2. 测试 74LS153 的逻辑功能

地址端 $A_1 \sim A_2$、数据端 $D_0 \sim D_3$、使能端 $\overline{S}$ 接逻辑电平开关，输出端 Q 接逻辑电平显示器，按表 3−5−2 逐项测试 74LS153 的逻辑功能。

3. 用 8 选 1 数据选择器 74LS151 实现函数 $Y = A\overline{B} + \overline{A}B$

参照图 3−5−4，A、B 接至逻辑电平开关，Y 接电平显示器。按表 3−5−3 验证其逻辑功能。将数据填入表 3−5−6 中。

4. 用 8 选 1 数据选择器 74LS151 设计三输入多数表决电路

（1）写出设计过程。

（2）画出接线图，并在实验室连接电路进行测试。

（3）验证逻辑功能，将数据填入表 3−5−7 中。

5. 用 8 选 1 数据选择器 74LS151 实现逻辑函数 $Y = A\overline{B} + \overline{A}C + B\overline{C}$

（1）写出设计过程。

（2）画出接线图，并在实验室连接电路进行测试。

（3）验证逻辑功能，将数据填入表 3−5−8 中。

6. 用双 4 选 1 数据选择器 74LS153 实现函数 $Y = \overline{A}BC + A\overline{B}C + AB\overline{C} + ABC$

参照图 3−5−5，A、B、C 接至逻辑电平开关，Y 接电平显示器。按表 3−5−4 验证其逻辑功能，将数据填入表 3−5−9 中。

3.5.5 　原始记录

表 3−5−6 　用 8 选 1 数据选择器 74LS151 实现函数 $Y = A\overline{B} + \overline{A}B$

A	B	Y
0	0	
0	1	
1	0	
1	1	

表 3-5-7　用 8 选 1 数据选择器 74LS151 设计三输入多数表决电路

输　入			输　出
A	B	C	Y
0	0	0	
0	0	1	
0	1	0	
0	1	1	
1	0	0	
1	0	1	
1	1	0	
1	1	1	

表 3-5-8　用 8 选 1 数据选择器 74LS151 实现逻辑函数 $Y = A\overline{B} + \overline{A}C + B\overline{C}$

输　入			输　出
A	B	C	Y
0	0	0	
0	0	1	
0	1	0	
0	1	1	
1	0	0	
1	0	1	
1	1	0	
1	1	1	

表 3-5-9　用双 4 选 1 数据选择器 74LS153 实现函数 $Y = \overline{A}BC + A\overline{B}C + AB\overline{C} + ABC$

输　入			输　出
A	B	C	Y
0	0	0	
0	0	1	
0	1	0	
0	1	1	
1	0	0	
1	0	1	
1	1	0	
1	1	1	

3.5.6　数据处理

根据相关测试结果，分析各电路的逻辑功能。

3.5.7　结果分析

（1）判断实际测试结果与设计预期目标是否相符。

（2）总结实验收获、体会。

3.5.8　问题讨论

用数据选择器实现逻辑函数的方法。

3.6　实验六：触发器及其应用

3.6.1　实验目的

（1）掌握基本 RS、JK、D 和 T 触发器的逻辑功能。

（2）掌握集成触发器的逻辑功能及使用方法。

（3）熟悉触发器之间相互转换的方法。

3.6.2　实验仪器

（1）+5 V 直流电源；

（2）双踪示波器；

（3）连续脉冲源；

（4）单次脉冲源；

（5）逻辑电平开关；

（6）逻辑电平显示器；

（7）74LS112（或 CC4027）、74LS00（或 CC4011）、74LS74（或 CC4013）。

3.6.3　实验原理

触发器具有两个稳定状态，用以表示逻辑状态"1"和"0"，在一定的外界信号作用下，可以从一个稳定状态翻转到另一个稳定状态，它是一个具有记忆功能的二进制信息存储器件，是构成各种时序电路的最基本逻辑单元。

1. 基本 RS 触发器

图 3-6-1 为由两个与非门交叉耦合构成的基本 RS 触发器，它是无时钟控制低电平直接触发的触发器。基本 RS 触发器具有置"0"、置"1"和"保持"三种功能。通常称 $\bar{S}$ 为置"1"端，因为 $\bar{S}=0(\bar{R}=1)$ 时触发器被置"1"；$\bar{R}$ 为置"0"端，因为 $\bar{R}=0(\bar{S}=1)$ 时触发器被置"0"，当 $\bar{S}=\bar{R}=1$ 时状态保持；$\bar{S}=\bar{R}=0$ 时，触发器状态不定，应避免此种情况发生。表 3-6-1 为基本 RS 触发器的功能表。

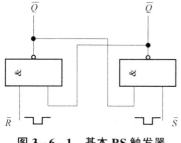

图 3-6-1　基本 RS 触发器

表 3-6-1　基本 RS 触发器功能表

输入		输出	
$\bar{S}$	$\bar{R}$	Q^{n+1}	$\bar{Q}^{n+1}$
0	1	1	0
1	0	0	1
1	1	Q^n	$\bar{Q}^n$
0	0	$\varnothing$	$\varnothing$

2. JK 触发器

本实验采用 74LS112（或 74LS76）双 JK 触发器，是下降沿触发的边沿触发器。引脚功能及逻辑符号如图 3-6-2 所示。

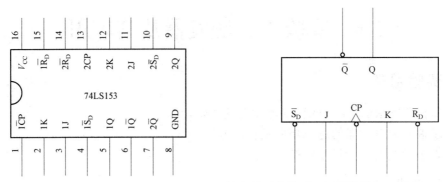

图 3-6-2 74LS112 双 JK 触发器引脚排列及逻辑符号

JK 触发器的状态方程为：

$$Q^{n+1} = J\bar{Q}^n + \bar{K}Q^n$$

J 和 K 是数据输入端，Q 与 $\bar{Q}$ 为两个互补输出端。通常把 $Q=0$、$\bar{Q}=1$ 的状态定为触发器 "0" 状态；而把 $Q=1$、$\bar{Q}=0$ 定为 "1" 状态。

下降沿触发 JK 触发器的功能如表 3-6-2 所示。

表 3-6-2 下降沿触发 JK 触发器的功能表

输　　入					输　　出	
$\bar{S}_D$	$\bar{R}_D$	CP	J	K	Q^{n+1}	$\bar{Q}^{n+1}$
0	1	×	×	×	1	0
1	0	×	×	×	0	1
0	0	×	×	×	∅	∅
1	1	↓	0	0	Q^n	$\bar{Q}^n$
1	1	↓	1	0	1	0
1	1	↓	0	1	0	1
1	1	↓	1	1	$\bar{Q}^n$	Q^n
1	1	↑	×	×	Q^n	$\bar{Q}^n$

注：×—任意态；↓—下降沿脉冲；↑—上升沿脉冲；Q^n（$\bar{Q}^n$）—现态；Q^{n+1}（$\bar{Q}^{n+1}$）—次态；∅—输出不定态。

3. D 触发器

其状态方程为 $Q^{n+1} = D^n$，其输出状态的更新发生在 CP 脉冲的上升沿，故又称为上升沿触发的边沿触发器，触发器的状态只取决于时钟到来前 D 端的状态。有很多种型号可供各种需要而选用，如双 D 74LS74、四 D 74LS175、六 D 74LS175 等。

图 3-6-3 为双 D 74LS74 的引脚排列及逻辑符号。其功能如表 3-6-3 所示。

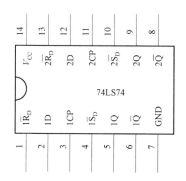 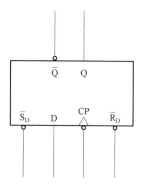

图 3 - 6 - 3　74LS74 引脚排列及逻辑符号

表 3 - 6 - 3　74LS74 功能表

输　　入				输　　出	
$\bar{S}_D$	$\bar{R}_D$	CP	D	Q^{n+1}	$\bar{Q}^{n+1}$
0	1	×	×	1	0
1	0	×	×	0	1
0	0	×	×	$\varnothing$	$\varnothing$
1	1	↑	1	1	0
1	1	↑	0	0	1
1	1	↓	×	Q^n	$\bar{Q}^n$

4. 触发器之间的相互转换

在集成触发器的产品中，每一种触发器都有自己固定的逻辑功能。但可以利用转换的方法获得具有其他功能的触发器。例如将 JK 触发器的 J、K 两端连在一起，并认作 T 端，就得到所需的 T 触发器。如图 3 - 6 - 4（a）所示，其状态方程为：

$$Q^{n+1} = T\bar{Q}^n + \bar{T}Q^n$$

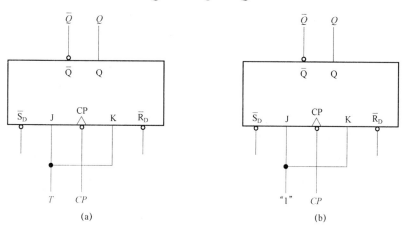

图 3 - 6 - 4　JK 触发器转换为 T、T′ 触发器

（a）T 触发器；（b）T′ 触发器

T 触发器的功能如表 3−6−4 所示。

表 3−6−4　T 触发器功能表

输　　　入				输出
$\bar{S}_D$	$\bar{R}_D$	CP	T	Q^{n+1}
0	1	×	×	1
1	0	×	×	0
1	1	↓	0	Q^n
1	1	↓	1	$\bar{Q}^n$

由功能表可见，当 $T=0$ 时，时钟脉冲作用后，其状态保持不变；当 $T=1$ 时，时钟脉冲作用后，触发器状态翻转。所以，若将 T 触发器的 T 端置"1"，如图 3−6−4（b）所示，即得 T′ 触发器。在 T′ 触发器的 CP 端每来一个 CP 脉冲信号，触发器的状态就翻转一次，故称之为反转触发器，广泛用于计数电路中。

同样，若将 D 触发器 $\bar{Q}$ 端与 D 端相连，使转换成 T′ 触发器，如图 3−6−5 所示。

JK 触发器也可转换为 D 触发器，如图 3−6−6 所示。

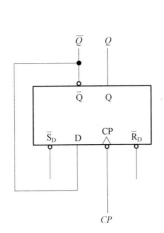

图 3−6−5　D 触发器转换成 T 触发器

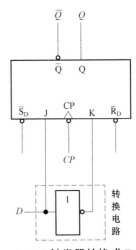

图 3−6−6　JK 触发器转换成 D 触发器

3.6.4　实验过程

1. 测试基本 RS 触发器的逻辑功能

按图 3−6−1，用两个与非门组成基本 RS 触发器，输入端 $\bar{R}$、$\bar{S}$ 接逻辑电平开关，输出端 Q、$\bar{Q}$ 接逻辑电平显示器，按表 3−6−1 逐项测试基本 RS 触发器的逻辑功能。将数据填入表 3−6−5 中。

2. 测试双 JK 触发器 74LS112（或 74LS76）的逻辑功能

（1）测试 JK 触发器的逻辑功能。

$\bar{R}_D$、$\bar{S}_D$、J、K 端接逻辑电平开关，CP 端接单次脉冲源，Q、$\bar{Q}$ 端接至逻辑电平显示

器。按表 3-6-2 逐项测试 JK 触发器的逻辑功能,将数据填入表 3-6-6 中。

（2）将 JK 触发器的 J、K 端连在一起,构成 T 触发器。

参照图 3-6-4（a）,$\overline{R}_D$、$\overline{S}_D$、T 接逻辑电平开关,CP 端接单次脉冲源,Q、$\overline{Q}$ 端接至逻辑电平显示器。按表 3-6-4 测试 T 触发器的逻辑功能,将数据填入表 3-6-7 中。

（3）令（2）中的 T 触发器的 $T=1$,构成 T′ 触发器。

参照图 3-6-4（b）,$\overline{R}_D$、$\overline{S}_D$ 接逻辑电平开关,CP 端接单次脉冲源,Q、$\overline{Q}$ 端接至逻辑电平显示器。测试 T′ 触发器的逻辑功能,将数据填入表 3-6-8 中。

3. 测试双 D 触发器 74LS74 的逻辑功能

（1）$\overline{R}_D$、$\overline{S}_D$、D 端接逻辑电平开关,CP 端接单次脉冲源,Q、$\overline{Q}$ 端接至逻辑电平显示器。按表 3-6-3 逐项测试 D 触发器的逻辑功能,将数据填入表 3-6-9 中。

（2）将 D 触发器的 $\overline{Q}$ 端与 D 端相连接,构成 T′ 触发器。

参照图 3-6-5,测试方法同实验内容 2 中步骤（3）。

（3）将 JK 触发器转换为 D 触发器。

参照图 3-6-6,测试方法同实验内容 3 中步骤（1）。

4. 双相时钟脉冲电路

用 JK 触发器及与非门构成的双相时钟脉冲电路如图 3-6-7 所示,此电路是用来将时钟脉冲 CP 转换成两相时钟脉冲 CP_A 及 CP_B,其频率相同、相位不同。

分析电路工作原理,并按图 3-6-7 接线,令 $\overline{R}_D = \overline{S}_D = 1$,用双踪示波器同时观察 CP、CP_A;CP、CP_B 及 CP_A、CP_B 波形,并描绘记录,将数据填入表 3-6-10 中。

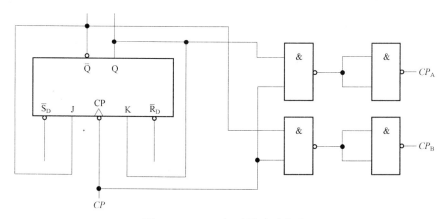

图 3-6-7 双相时钟脉冲电路

5. 用 JK 触发器构成四分频电路

用 JK 触发器构成的四分频电路如图 3-6-8 所示,此电路是用来将时钟脉冲 CP 进行分频。分频后,时钟脉冲 CP_A 的频率为 CP 的二分之一,时钟脉冲 CP_B 的频率为 CP 的四分之一。

分析电路工作原理,并按图 3-6-8 接线,令 $1\overline{R}_D = 1\overline{S}_D = 2\overline{R}_D = 2\overline{S}_D = 1$,$1J = 1K = 2J = 2K = 1$,用双踪示波器同时观察 CP、CP_A;CP、CP_B 及 CP_A、CP_B 波形,并描绘记录,将数据填入表 3-6-11 中。

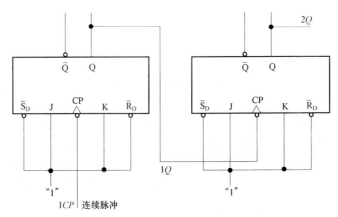

图 3-6-8 用 JK 触发器构成四分频电路

3.6.5 原始记录

表 3-6-5 测试基本 RS 触发器的逻辑功能

输入		输出	
$\bar{S}$	$\bar{R}$	Q^{n+1}	$\bar{Q}^{n+1}$
0	1		
1	0		
1	1		
0	0		

表 3-6-6 测试双 JK 触发器 74LS112（或 74LS76）的逻辑功能

输　入					输　出	
$\bar{S}_{D}$	$\bar{R}_{D}$	CP	J	K	Q^{n+1}	$\bar{Q}^{n+1}$
0	1	×	×	×		
1	0	×	×	×		
0	0	×	×	×		
1	1	↓	0	0		
1	1	↓	1	0		
1	1	↓	0	1		
1	1	↓	1	1		
1	1	↑	×	×		

表 3－6－7 测试 T 触发器的逻辑功能

输　　入				输出
$\bar{S}_{\mathrm{D}}$	$\bar{R}_{\mathrm{D}}$	CP	T	Q^{n+1}
0	1	×	×	
1	0	×	×	
1	1	↓	0	
1	1	↓	1	

表 3－6－8 测试 T′ 触发器的逻辑功能

输　　入			输出
$\bar{S}_{\mathrm{D}}$	$\bar{R}_{\mathrm{D}}$	CP	Q^{n+1}
0	1	×	
1	0	×	
1	1	↓	

表 3－6－9 测试双 D 触发器 74LS74 的逻辑功能

输　　入				输　出	
$\bar{S}_{\mathrm{D}}$	$\bar{R}_{\mathrm{D}}$	CP	D	Q^{n+1}	$\bar{Q}^{n+1}$
0	1	×	×		
1	0	×	×		
0	0	×	×		
1	1	↑	1		
1	1	↑	0		
1	1	↓	×		

表 3－6－10 双相时钟脉冲电路

脉冲 CP、CP_{A} 之间的相位关系	脉冲 CP、CP_{B} 之间的相位关系	脉冲 CP_{A}、CP_{B} 之间的相位关系

表 3－6－11 用 JK 触发器构成四分频电路

脉冲 CP、CP_{A} 之间的频率关系	脉冲 CP、CP_{B} 之间的频率关系	脉冲 CP_{A}、CP_{B} 之间的频率关系

3.6.6　数据处理

根据相关测试结果，分析各类触发器的逻辑功能。

3.6.7　结果分析

（1）判断实际测试结果与预期目标是否相符。

（2）体会触发器应用中应注意的问题。

3.6.8　问题讨论

（1）怎样把 JK 触发器转换为 T 和 T′ 触发器？

（2）怎样把 D 触发器转换为 T′ 触发器？

（3）利用普通的机械开关组成的数据开关所产生的信号是否可作为触发器的时钟脉冲信号？为什么？是否可以用作触发器的其他输入端的信号？又是为什么？

3.7　实验七：移位寄存器及其应用

3.7.1　实验目的

（1）掌握中规模 4 位双向移位寄存器的逻辑功能及使用方法。

（2）熟悉移位寄存器的应用——实现数据的串行、并行转换和构成环形计数器。

3.7.2　实验仪器

（1）+5 V 直流电源；

（2）单次脉冲源；

（3）逻辑电平开关；

（4）逻辑电平显示器；

（5）CC40194×2（74LS194）、CC4011（74LS00）、CC4068（74LS30）。

3.7.3　实验原理

1. 单向移位寄存器

寄存器是用来暂时存放数据或指令等信息的电路。如果存储的信息在移位脉冲的控制下可以向左或向右移动，这样的电路称为移位寄存器，并有单向移位和双向移位之分。单向移位寄存器是指在时钟脉冲作用下存储数据只能向左或向右移位的寄存器。如图 3−7−1 所示就是一个由 D 触发器连接而成的单向右移寄存器。

在图 3−7−1 中，D_1 为串行数据输入端，Q_4 为串行数据输出端。Q_1、Q_2、Q_3、Q_4 分别为寄存器的 4 个并行输出端，CP 端子为移位脉冲，$\overline{R}_D$ 为异步清零端子。

2. 双向移位寄存器

既能左移又能右移的寄存器称为双向移位寄存器，只需要改变左、右移的控制信号便可实现双向移位。根据移位寄存器存取信息的方式不同分为：串入串出、串入并出、并入串出、并入并出四种形式。

本实验选用的 4 位双向通用移位寄存器，型号为 CC40194 或 74LS194，两者功能相同，可互换使用，其逻辑符号及引脚排列如图 3-7-2 所示。

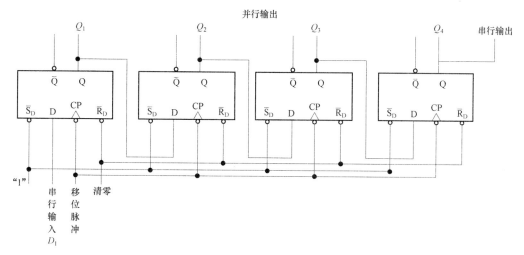

图 3-7-1　D 触发器构成的单向右移寄存器

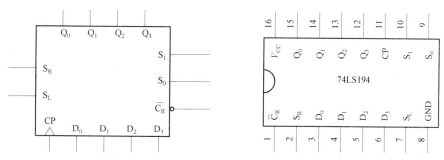

图 3-7-2　74LS194 的逻辑符号及引脚功能

其中 $D_0 \sim D_3$ 为并行输入端；$Q_0 \sim Q_3$ 为并行输出端；S_R 为右移串行输入端，S_L 为左移串行输入端；S_1、S_0 为操作模式控制端；$\overline{C}_R$ 为直接无条件清零端；CP 为时钟脉冲输入端。

CC40194 有 5 种不同操作模式，即并行送数寄存、右移（方向由 $Q_0 \to Q_3$）、左移（方向由 $Q_3 \to Q_0$）、保护及清零。

S_1、S_0 和 $\overline{C}_R$ 端的控制作用如表 3-7-1 所示。

表 3-7-1　S_1、S_0 和 $\overline{C}_R$ 端的控制作用

功能	输　入										输出			
	CP	$\overline{C}_R$	S_1	S_0	S_R	S_L	D_0	D_1	D_2	D_3	Q_0	Q_1	Q_2	Q_3
清除	$\times$	0	$\times$	$\times$	$\times$	$\times$	$\times$	$\times$	$\times$	$\times$	0	0	0	0
送数	$\uparrow$	1	1	1	$\times$	$\times$	a	b	c	d	a	b	c	d
右移	$\uparrow$	1	0	1	D_{SR}	$\times$	$\times$	$\times$	$\times$	$\times$	D_{SR}	Q_0	Q_1	Q_2
左移	$\uparrow$	1	1	0	$\times$	D_{SL}	$\times$	$\times$	$\times$	$\times$	Q_0	Q_1	Q_2	D_{SL}
保持	$\uparrow$	1	0	0	$\times$	$\times$	$\times$	$\times$	$\times$	$\times$	Q_0^n	Q_1^n	Q_2^n	D_3^n
保持	$\downarrow$	1	$\times$	$\times$	$\times$	$\times$	$\times$	$\times$	$\times$	$\times$	Q_0^n	Q_1^n	Q_2^n	D_3^n

3. 移位寄存器的应用

移位寄位器应用很广，可构成移位寄存器型计数器、顺序脉冲发生器、串行累加器；可用作数据转换，即把串行数据转换为并行数据，或把并行数据转换为串行数据等。本实验研究移位寄存器用作环形计数器和数据的串、并行转换的情况。

1）环形计数器

把移位寄存器的输出反馈到它的串行输入端，就可以进行循环移位，如图 3－7－3 所示，把输出端 Q_3 和右移串行输入端 S_R 相连接，设初始状态 $Q_0Q_1Q_2Q_3 = 1000$，则在时钟脉冲作用下 $Q_0Q_1Q_2Q_3$ 将依次变为 0100→0010→0001→1000→……，如表 3－7－2 所示，可见它是一个具有 4 个有效状态的计数器，这种类型的计数器通常称为环形计数器。图 3－7－3 电路还可以由各个输出端输出在时间上有先后顺序的脉冲，因此也可作为顺序脉冲发生器。

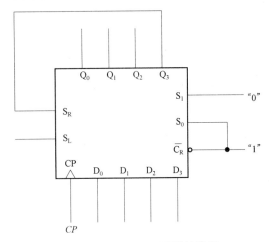

图 3－7－3 环形计数器

表 3－7－2 移位寄存器功能表

CP	Q_0	Q_1	Q_2	Q_3
0	1	0	0	0
1	0	1	0	0
2	0	0	1	0
3	0	0	0	1

如果将输出 Q_0 与左移串行输入端 S_L 相连接，即可实现左移循环移位功能。

2）实现数据串、并行转换

（1）串行/并行转换器。

串行/并行转换是指串行输入的数码，经转换电路之后变换成并行输出。图 3－7－4 是用两片 CC40194（74LS194）四位双向移位寄存器组成的七位串行/并行数据转换电路。

电路中 S_0 端接高电平"1"，S_1 受 Q_7 控制，两片寄存器连接成串行输入右移工作模式。Q_7 是转换结束标志。当 $Q_7 = 1$ 时，S_1 为 0，使之成为 $S_1S_0 = 01$ 的串入右移工作方式，当 $Q_7 = 0$ 时，$S_1 = 1$，有 $S_1S_0 = 10$，则串行送数结束，标志着串行输入的数据已转换成并行输出了。

串行/并行转换的具体过程如下：转换前，$\overline{C}_R$ 端加低电平，使两片寄存器的内容清零，此时 $S_1S_0 = 11$，寄存器执行并行输入工作方式。当第一个 CP 脉冲到来后，寄存器的输出状态 $Q_0 \sim Q_7$ 为 01111111，与此同时 S_1S_0 变为 01，转换电路变为执行串入右移工作方式，串行输入数据由 1 片的 S_R 端加入。随着 CP 脉冲的依次加入，输出状态的变化可列成表 3－7－3 所示。

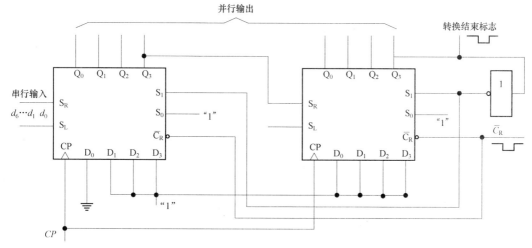

图3-7-4 七位串行/并行转换器

表3-7-3 移位寄存器输出状态的变化

CP	Q_0	Q_1	Q_2	Q_3	Q_4	Q_5	Q_6	Q_7	说明
0	0	0	0	0	0	0	0	0	清零
1	0	1	1	1	1	1	1	1	送数
2	D_0	0	1	1	1	1	1	1	右移操作七次
3	D_1	D_0	0	1	1	1	1	1	
4	D_2	D_1	D_0	0	1	1	1	1	
5	D_3	D_2	D_1	D_0	0	1	1	1	
6	D_4	D_3	D_2	D_1	D_0	0	1	1	
7	D_5	D_4	D_3	D_2	D_1	D_0	0	1	
8	D_6	D_5	D_4	D_3	D_2	D_1	D_0	0	
9	0	1	1	1	1	1	1	1	送数

由表3-7-3可见，右移操作七次之后，Q_7变为0，S_1S_0又变为11，说明串行输入结束。这时，串行输入的数码已经转换成了并行输出。

当再来一个CP脉冲时，电路又重新执行一次并行输入，为第二组串行数码转换做好了准备。

（2）并行/串行转换器。

并行/串行转换器是指并行输入的数码经转换电路之后，转成串行输出。

图3-7-5是用两片CC40194（74LS194）组成的七位并行/串行转换电路，它比图3-7-4多了两只与非门G_1和G_2，电路工作方式同样为右移。

寄存器清"0"后，加一个转换启动信号（负脉冲或低电平）。此时，由于方式控制S_1S_0为11，转换电路执行并行输入操作。当第一个CP脉冲到来后，$Q_0 Q_1 Q_2 Q_3 Q_4 Q_5 Q_6 Q_7$的状态为$0 D_1 D_2 D_3 D_4 D_5 D_6 D_7$，并行输入数码存入寄存器，从而使得$G_1$输入为1，$G_2$输出为0。结果，$S_1S_0$变为01，转换电路开始执行右移串行输出，随着CP脉冲的依次加入，输出状态依次右移，待右移操作七次后，$Q_0 \sim Q_6$的状态都为高电平1，与非门G_1输出为低电平，G_2门输出为高电平，S_1S_0又变为11，表示并行/串行转换结束，且为第二次并行输入创造了条件。转换过程如表 3-7-4 所示。

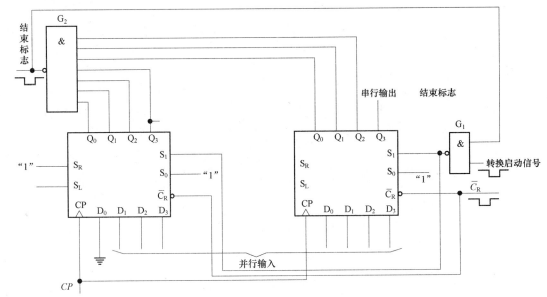

图 3-7-5 七位并行/串行转换器

表 3-7-4 转换过程

CP	Q_0	Q_1	Q_2	Q_3	Q_4	Q_5	Q_6	Q_7	串 行 输 出						
0	0	0	0	0	0	0	0	0							
1	0	D_1	D_2	D_3	D_4	D_5	D_6	D_7							
2	1	0	D_1	D_2	D_3	D_4	D_5	D_6	D_7						
3	1	1	0	D_1	D_2	D_3	D_4	D_5	D_6	D_7					
4	1	1	1	0	D_1	D_2	D_3	D_4	D_5	D_6	D_7				
5	1	1	1	1	0	D_1	D_2	D_3	D_4	D_5	D_6	D_7			
6	1	1	1	1	1	0	D_1	D_2	D_3	D_4	D_5	D_6	D_7		
7	1	1	1	1	1	1	0	D_1	D_2	D_3	D_4	D_5	D_6	D_7	
8	1	1	1	1	1	1	1	0	D_1	D_2	D_3	D_4	D_5	D_6	D_7
9	0	D_1	D_2	D_3	D_4	D_5	D_6	D_7							

中规模集成移位寄存器，其位数往往以 4 位居多，当需要的位数多于 4 位时，可把几片移位寄存器用级联的方法来扩展位数。

3.7.4 实验过程

1. 测试 CC40194（或 74LS194）的逻辑功能

按图 3-7-6 接线，$\overline{C}_R$、S_1、S_0、S_L、S_R、$D_0 \sim D_3$ 分别接至逻辑电平开关的输出插口；$Q_0 \sim Q_3$ 接至逻辑电平显示器输入插口；CP 端接单次脉冲源。按表 3-7-5 所规定的输入状态逐项进行测试。

（1）消除：令 $\overline{C}_R = 0$，其他输入均为任意态，这时寄存位输出 $Q_0 \sim Q_3$ 应均为 0。消除后，置 $\overline{C}_R = 1$。

（2）送数：令 $\overline{C}_R = S_1 = S_0 = 1$，送入任意 4 位二进制数，如 $D_0 D_1 D_2 D_3 = abcd$，加 CP 脉冲，观察 $CP = 0$、CP 由 $0 \to 1$、CP 由 $1 \to 0$ 三种情况下寄存器输出状态的变化，同时观察寄存器输出状态变化是否发生在 CP 脉冲的上升沿。

（3）右移：清零后，令 $\overline{C}_R = 1$，$S_1 = 0$，$S_0 = 1$，由右移输入端 S_R 送入二进制数码如 0100，由 CP 端连续加 4 个脉冲，观察输出情况，记录之。

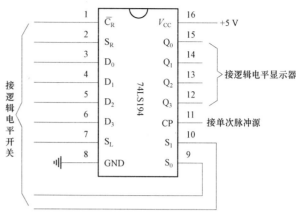

图 3－7－6　74LS194 逻辑功能测试

（4）左移：先清零或预置，再令 $\overline{C}_R = 1$，$S_1 = 1$，$S_0 = 0$，由左移输入端 S_L 送入二进制数码如 1111，连续加 4 个 CP 脉冲，观察输出端情况，记录之。

（5）保持：寄存器预置任意 4 位二进制数码 $abcd$，令 $\overline{C}_R = 1$，$S_1 = S_0 = 0$，加 CP 脉冲，观察寄存器输出状态，记录之。

2. 环形计数器

自拟实验线路用并行送数法预置寄存器为某二进制数码（如 0100），然后进行右移循环，观察寄存器输出端状态的变化，记入表 3－7－6 中。

3. 实现数据的串行、并行转换

（1）串行输入、并行输出。

按图 3－7－4 接线，进行右移串入、并出实验，串入数码自定；改接线路，用左移方式实现并行输出，将结果记入表 3－7－7 中。

（2）并行输入、串行输出。

按图 3－7－5 接线，进行右移并入、串出实验，并行输入数码自定。再改接线路，用左移方式实现串行输出，将结果记入表 3－7－8 中。

3.7.5　原始记录

表 3－7－5　测试 CC40194（或 74LS194）的逻辑功能

清除	模　式		时钟	串　行		输　　入				输　　出				功能总结
$\overline{C}_R$	S_1	S_0	CP	S_L	S_R	D_0	D_1	D_2	D_3	Q_0	Q_1	Q_2	Q_3	
0	×	×	×	×	×	×	×	×	×					
1	1	1	↑	×	×	a	b	c	d					
1	0	1	↑	×	0	×	×	×	×					
1	0	1	↑	×	1	×	×	×	×					
1	0	1	↑	×	0	×	×	×	×					
1	0	1	↑	×	0	×	×	×	×					

清除	模 式		时钟	串 行		输 入				输 出				功能总结
$\bar{C_R}$	S_1	S_0	CP	S_L	S_R	D_0	D_1	D_2	D_3	Q_0	Q_1	Q_2	Q_3	
1	1	0	↑	1	×	×	×	×	×					
1	1	0	↑	1	×	×	×	×	×					
1	1	0	↑	1	×	×	×	×	×					
1	1	0	↑	1	×	×	×	×	×					
1	0	0	↑	×	×	×	×	×	×					

表 3-7-6 环形计数器

CP	Q_0	Q_1	Q_2	Q_3
0	0	1	0	0
1				
2				
3				
4				

表 3-7-7 串行输入、并行输出

CP	Q_0	Q_1	Q_2	Q_3	Q_4	Q_5	Q_6	Q_7	说明
0									
1									
2									
3									
4									
5									
6									
7									
8									
9									

表 3-7-8 并行输入、串行输出

CP	Q_0	Q_1	Q_2	Q_3	Q_4	Q_5	Q_6	Q_7	串 行 输 出				
0	0	0	0	0	0	0	0	0					
1	0	D_1	D_2	D_3	D_4	D_5	D_6	D_7					
2	1	0	D_1	D_2	D_3	D_4	D_5	D_6					
3	1	1	0	D_1	D_2	D_3	D_4	D_5					
4	1	1	1	0	D_1	D_2	D_3	D_4					
5	1	1	1	1	0	D_1	D_2	D_3					
6	1	1	1	1	1	0	D_1	D_2					
7	1	1	1	1	1	1	0	D_1					
8	1	1	1	1	1	1	1	0					
9	0	D_1	D_2	D_3	D_4	D_5	D_6	D_7					

3.7.6　数据处理

（1）分析表 3-7-5 的实验结果，总结移位寄存器 CC40194 的逻辑功能并写入表格功能总结一栏中。

（2）根据实验过程 2 的结果，画出 4 位环形计数器的状态转换图及波形图。

3.7.7　结果分析

分析串行/并行、并行/串行转换器所得结果的正确性。

3.8.8　问题讨论

（1）在对 CC40194 进行送数后，若要使输出端改成另外的数码，是否一定要使寄存器清零？

（2）使寄存器清零，除采用 $\overline{C}_R$ 输入低电平外，可否采用右移或左移的方法？可否使用并行送数法？若可行，如何进行操作？

（3）若进行循环左移，图 3-7-4 接线应如何改接？

3.8　实验八：计数器及其应用

3.8.1　实验目的

（1）掌握中规模集成计数器的使用及功能测试方法。

（2）运用集成计数器构成 1/N 分频器。

3.8.2　实验仪器

（1）+5 V 直流电源；

（2）双踪示波器；

（3）连续脉冲源；

（4）单次脉冲源；

（5）逻辑电平开关；

（6）逻辑电平显示器；

（7）译码显示器；

（8）CC40192×3（74LS192）、CC4011（74LS00）、CC4012（74LS20）。

3.8.3　实验原理

计数器是一个用以实现计数功能的时序部件，它不仅可用来计脉冲数，还常用作数字系统的定时、分频和执行数字运算以及其他特定的逻辑功能。

计数器种类很多。按构成计数器中的各触发器是否使用一个时钟脉冲源来分，有同步计数器和异步计数器。根据计数制的不同，分为二进制计数器、十进制计数器和任意进制计数器。根据计数的增减趋势，又分为加法计数器、减法计数器和可逆计数器。还有可预置数和可编程序功能计数器等。

1. 中规模十进制计数器

74LS192（同 CC40192，二者可互换使用）是同步十进制可逆计数器，具有双时钟输入，并具有清零和置数等功能，其引脚排列及逻辑符号如图 3-8-1 所示，其功能如表 3-8-1 所示。

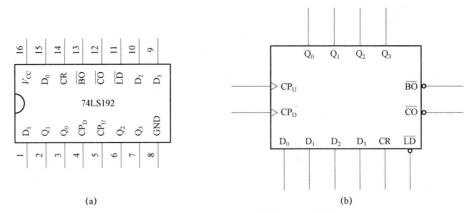

(a)　　　　　　　　　　　　　　(b)

图 3-8-1　74LS192 引脚排列及逻辑符号

（a）引脚排列；（b）逻辑符号

图 3-8-1 中：$\overline{LD}$—置数端；CP_U—加计数端；CP_D—减计数端；$\overline{CO}$—非同步进位输出端；$\overline{BO}$—非同步借位输出端；$D_0 \sim D_3$—数据输入端；$Q_0 \sim Q_3$—数据输出端；CR—清零端。

表 3-8-1　74LS192 功能表

输　　入								输　　出			
CR	$\overline{LD}$	CP_U	CP_D	D_3	D_2	D_1	D_0	Q_3	Q_2	Q_1	Q_0
1	×	×	×	×	×	×	×	0	0	0	0
0	0	×	×	d	c	b	a	d	c	b	a
0	1	↑	1	×	×	×	×	加计数			
0	1	1	↑	×	×	×	×	减计数			

说明如下：

当清零端 CR 为高电平"1"时，计数器直接清零；CR 置低电平时则执行其他功能。

当 CR 为低电平，置数端 $\overline{LD}$ 也为低电平时，数据直接从置数端 D_0、D_1、D_2、D_3 置入计数器，即 $Q_0 \sim Q_3 = D_0 \sim D_3$。

当 CR 为低电平，$\overline{LD}$ 为高电平时，执行计数功能。执行加计数时，减计数端 CP_D 接高电平，计数脉冲由 CP_U 输入；在计数脉冲上升沿进行 8421 码十进制加法计数。执行减计数时，加计数端 CP_U 接高电平，计数脉冲由减计数端 CP_D 输入。表 3-8-2 为 8421 码十进制加、减计数器的状态转换表。

表 3-8-2　8421 码十进制加、减计数器的状态转换表

加法计数 →

输入脉冲数		0	1	2	3	4	5	6	7	8	9
输出	Q_3	0	0	0	0	0	0	0	0	1	1
	Q_2	0	0	0	0	1	1	1	1	0	0
	Q_1	0	0	1	1	0	0	1	1	0	0
	Q_0	0	1	0	1	0	1	0	1	0	1

← 减法计数

2. 计数器的级联使用

一个十进制计数器只能表示 0～9 十个数，为了扩大计数器范围，常用多个十进制计数器级联使用。

同步计数器往往设有进位（或借位）输出端，故可选用其进位（或借位）输出信号驱动下一级计数器。

图 3-8-2 是由 74LS192 利用进位输出 $\overline{CO}$ 控制高一位的 CP_U 端构成的加法计数级联图。

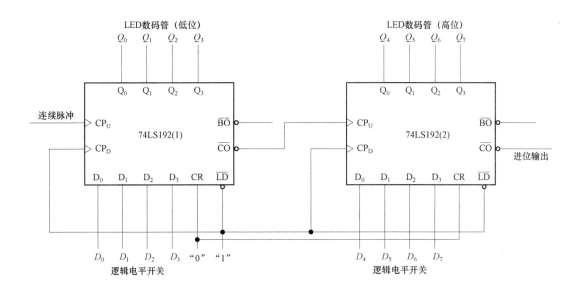

图 3-8-2　74LS192 级联电路

3. 实现任意进制计数

1）用复位法获得任意进制计数器

假定已有 N 进制计数器，而需要得到一个 M 进制计数器时，只要 $M<N$，用复位法使计数器计数到 M 时置"0"，即获得 M 进制计数器。如图 3-8-3 所示为一个由 74LS192 十进制计数器接成的六进制计数器。

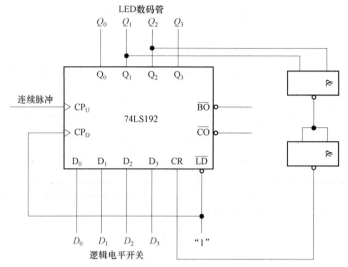

图 3-8-3 用复位法获得任意进制计数器

2）利用预置功能获得任意进制计数器

如图 3-8-4 所示为一个由 74LS192 十进制计数器接成的六进制计数器。

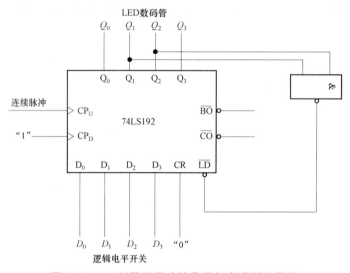

图 3-8-4 利用预置功能获得任意进制计数器

3.8.4 实验过程

1. 测试 CC40192（或 74LS192）同步十进制可逆计数器的逻辑功能

清零端 CR、置数端 $\overline{LD}$、数据输入端 $D_3 \sim D_0$ 分别接逻辑电平开关（或者接拨码开关），输出端 $Q_3 \sim Q_0$ 接一个数码管显示器对应输入插口 D、C、B、A；$\overline{CO}$ 和 $\overline{BO}$ 接逻辑电平显示器。按表 3-8-1 逐项测试并判断该集成块的功能是否正常。

1）清零

令 $CR=1$，其他输入为任意态，这时 $Q_3Q_2Q_1Q_0 = 0000$，译码数字显示为 0。清零功能

完成后，置 $CR=0$。

2）置数

$CR=0$，CP_U、CP_D 任意，在数据输入端输入任意一组二进制数，令 $\overline{LD}=0$，观察计数译码显示输出，判断预置功能是否正常。完成后置 $\overline{LD}=1$。

3）加计数

$CR=0$，$\overline{LD}=CP_D=1$，CP_U 接连续脉冲源，清零后，观察译码数字显示是否与表 $3-8-2$ 一致。同时，观察当计数值达到最大值时，$\overline{CO}$ 引脚是否能够产生进位脉冲。

4）减计数

$CR=0$，$\overline{LD}=CP_U=1$，CP_D 接连续脉冲源，清零后，观察译码数字显示是否与表 $3-8-2$ 一致。同时，观察当计数值达到最小值时，$\overline{BO}$ 引脚是否能够产生借位脉冲。

2. 用复位法获得任意进制计数器

按图 $3-8-3$ 电路接线，$\overline{LD}=CP_D=1$，CP_U 接连续脉冲，输出端 $Q_3 \sim Q_0$ 接一个数码管显示器对应输入插口 D、C、B、A。记录 $Q_3 \sim Q_0$ 的变化范围，将数据记入表 $3-8-3$ 中。

3. 利用预置功能获得任意进制计数器

按图 $3-8-4$ 电路接线，$CR=0$，$CP_D=1$，CP_U 接连续脉冲源，数据输入端 $D_3 \sim D_0$ 分别接逻辑电平开关，输出端 $Q_3 \sim Q_0$ 接一个数码管显示器对应输入插口 D、C、B、A。改变 $D_3 \sim D_0$ 的状态（从 0000 到 0100 变化），记录 $Q_3 \sim Q_0$ 的变化范围，将数据记入表 $3-8-4$ 中。

4. 计数器的加法级联

（1）按图 $3-8-2$ 所示，用两片 74LS192 组成两位十进制加法计数器，$CR=0$，$\overline{LD}=CP_D=1$，74LS192（1）的 CP_U 接连续脉冲源，74LS192（2）的 $\overline{CO}$ 接逻辑电平显示器，输出端 $Q_3 \sim Q_0$ 接一个数码管显示器对应输入插口 D、C、B、A，输出端 $Q_7 \sim Q_4$ 接另一个数码管显示器对应输入插口 D、C、B、A，进行由 $00 \sim 99$ 累加计数，记录结果。将数据记入表 $3-8-5$ 中。

（2）将步骤（1）实验内容中的两位十进制加法计数器改造成 60 进制加法计数器。将数据记入表 $3-8-5$ 中。

（3）将步骤（1）实验内容中的两位十进制加法计数器改造成 24 进制加法计数器。将数据记入表 $3-8-5$ 中。

5. 计数器的减法级联

（1）用两片 74LS192 组成两位十进制减法计数器，实现由 $99 \sim 00$ 递减计数，记录结果。将数据记入表 $3-8-6$ 中。

（2）将步骤（1）实验内容中的两位十进制减法计数器改造成 100 进制以内的任意进制减法计数器。将表 $3-8-6$ 中给定值作为计数初值，记录运行结果。将数据记入表 $3-8-6$ 中。

3.8.5　原始记录

表 $3-8-3$　用复位法获得任意进制计数器

$Q_3 \sim Q_0$ 的变化范围	

表 3-8-4　利用预置功能获得任意进制计数器

$D_3 \sim D_0$ 的状态				$Q_3 \sim Q_0$ 的变化范围
D_3	D_2	D_1	D_0	
0	0	0	0	
0	0	0	1	
0	0	1	0	
0	0	1	1	
0	1	0	0	

表 3-8-5　计数器的加法级联

步　骤	（1）	（2）	（3）
加法计数时计数值的变化范围（十进制）			

表 3-8-6　计数器的减法级联

步　骤	（1）	（2）	
		初值 80	初值 50
减法计数时计数值的变化范围（十进制）			

3.8.6　数据处理

根据相关测试结果，分析计数器的逻辑功能。

3.8.7　结果分析

（1）对实验结果进行分析，判断实际测试结果与预期目标是否相符。

（2）总结使用集成计数器的体会。

3.8.8　问题讨论

（1）怎样用集成计数器实现任意进制计数？

（2）计数器怎么级联？

3.9　实验九：自激多谐振荡器
——脉冲信号产生电路

3.9.1　实验目的

（1）掌握使用门电路构成脉冲信号产生电路的基本方法。

（2）掌握影响输出脉冲波形参数的定时元件数值的计算方法。

（3）学习石英晶体稳频原理和使用石英晶体构成振荡器的方法。

3.9.2 实验仪器

（1）+5 V 直流电源；

（2）双踪示波器；

（3）数字频率计；

（4）74LS00（或 CC4011）、晶振（32 768 Hz），电位器、电阻、电容若干。

3.9.3 实验原理

在数字电路中常使用矩形脉冲作为信号进行信息传递，或作为时钟信号用来控制和驱动电路，使各部分协调动作。本实验是自激多谐振荡器，它是不需要外加信号触发的矩形波发生器。

与非门作为一个开关倒相器件，可用来构成各种脉冲波形的产生电路，电路的基本工作原理是利用电容器的充放电，当输入电压达到与非门的阈值电压 U_T 时，门的输出状态即发生变化。因此，电路输出的脉冲波形参数直接取决于电路中阻容元件的数值。

1. 非对称型多谐振荡器

如图 3-9-1 所示，与非门 G_3 用于输出波形整形。非对称型多谐振荡器的输出波形是不对称的，当用 TTL 与非门组成时，输出脉冲宽度为：

$$t_{W1} = RC \qquad t_{W2} = 1.2RC \qquad T = 2.2RC$$

调节 R 和 C 值，可改变输出信号的振荡频率，通常用改变 C 实现输出频率的粗调，改变电位器 R 实现输出频率的细调。

2. 对称型多谐振荡器

如图 3-9-2 所示，由于电路完全对称，电容器的充放电时间常数相同，故输出为对称的方波。改变 R 和 C 的值，可以改变输出振荡频率。与非门 G_3 用于输出波形整形。

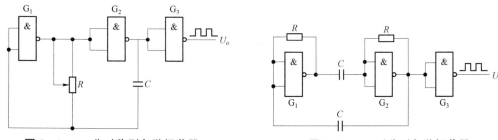

图 3-9-1　非对称型多谐振荡器　　　　图 3-9-2　对称型多谐振荡器

一般取 $R \leqslant 1$ kΩ，当 $R = 1$ kΩ，$C = 100$ pF～100 μF，$f =$ 几 Hz～几 MHz，脉冲宽度 $t_{W1} = t_{W2} = 0.7RC$，$T = 1.4RC$。

3. 带 RC 电路的环形振荡器

电路如图 3-9-3 所示。与非门 G_4 用于输出波形整形，R 为限流电阻，一般取 100 Ω，电位器 R_W 要求 $\leqslant 1$ kΩ。电路利用电容 C 的充放电过程，控制 D 点电压 U_D，从而控制与非门的自动启闭，形成多谐振荡，电容 C 的充电时间 t_{W1}、放电时间 t_{W2} 和总的振荡周期 T 分别为：

$$t_{W1} \approx 0.94 R_W C \qquad t_{W2} \approx 1.26 R_W C \qquad T \approx 2.2 R_W C$$

调节 R 和 C 的大小可改变电路输出的振荡频率。

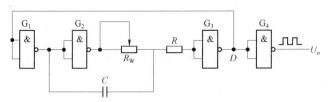

图 3-9-3 带 RC 电路的环形振荡器

以上这些电路的状态转换都发生在与非门输入电平达到门的阈值电平 U_T 的时刻。在 U_T 附近电容器的充放电速度缓慢，而且 U_T 本身也不够稳定，易受温度、电源电压变化以及干扰等因素的影响。因此，电路输出频率的稳定性较差。

4. 石英晶体稳频的多谐振荡器

当要求多谐振荡器的工作频率稳定性很高时，上述几种多谐振荡器的精度已不能满足要求。为此常用石英晶体作为信号频率的基准。用石英晶体与门电路构成的多谐振荡器常用来为微型计算机等提供时钟信号。

图 3-9-4 所示为常用的晶体稳频多谐振荡器。图 3-9-4（a）、（b）为 TTL 器件组成的晶体振荡电路；图 3-9-4（c）、（d）为 CMOS 器件组成的晶体振荡电路，一般用于电子表中，其中晶体的 $f_0 = 32\,768$ Hz。

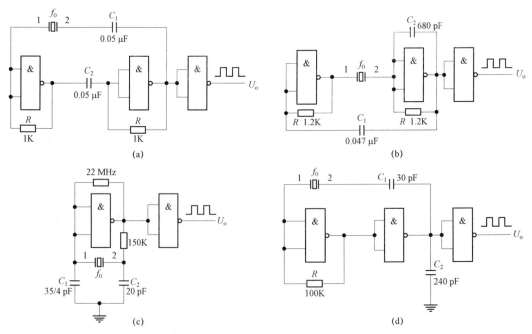

图 3-9-4 常用的晶体振荡电路

（a）U_o 频率为几 Mhz～几十 MHz；（b）U_o 频率为 5 kHz～30 MHz；（c）U_o 频率为 32 768 Hz；（d）U_o 频率为 32 768 Hz

3.9.4　实验过程

（1）用与非门 CD4011（或者 74LS00）按图 3-9-1 构成多谐振荡器，其 R 为 47 kΩ 电位器，C 为 0.1 μF。用示波器观察并记录输出 u_o 波形，记录 t_{W1}、t_{W2}、T 的值，记入表 3-9-1 中。

（2）用 CD4011（或者 74LS00）按图 3-9-2 接线，取 $R=1$ kΩ，C 分别等于 0.01 μF 和 0.1 μF，用示波器观察并记录输出 u_o 波形。记录 t_{W1}、t_{W2}、T 的值，记入表 3-9-2 中。

（3）用 CD4011（或者 74LS00）按图 3-9-3 接线，其中定时电阻 R_W 用一个 470 Ω 与一个 1 kΩ 的电位器串联，取 $R=100$ Ω，$C=0.1$ μF。用示波器观察并记录输出 u_o 波形。记录 t_{W1}、t_{W2}、T 的值，记入表 3-9-3 中。

（4）按图 3-9-4（a）接线，晶振选用电子表晶振 32 768 Hz，与非门选用 CC4011，$C_1=0.01$ μF，$C_2=0.1$ μF，用示波器观察并记录输出 u_o 波形。记录 t_{W1}、t_{W2}、T 的值，记入表 3-9-4 中。

3.9.5　原始记录

表 3-9-1　非对称型多谐振荡器

参数	t_{W1}	t_{W2}	T
实测值			
理论值			

表 3-9-2　对称多谐振荡器

参数	t_{W1}	t_{W2}	T
实测值			
理论值			

表 3-9-3　带 RC 电路的环形振荡器

参数	t_{W1}	t_{W2}	T
实测值			
理论值			

表 3-9-4　石英晶体稳频的多谐振荡器

参数	t_{W1}	t_{W2}	T
实测值			
理论值			

3.9.6　数据处理

整理实验数据，并与理论值进行比较。

3.9.7 结果分析

对实验结果进行分析，总结误差原因。

3.9.8 问题讨论

自激多谐振荡器的工作原理。

3.10 实验十：单稳态触发器与施密特触发器
——脉冲延时整形电路

3.10.1 实验目的

（1）掌握使用集成门电路构成单稳态触发器的基本方法。
（2）熟悉集成单稳态触发器的逻辑功能及其使用方法。
（3）熟悉集成施密特触发器的性能及其应用。

3.10.2 实验仪器

（1）+5 V 直流电源；
（2）双踪示波器；
（3）连续脉冲源；
（4）数字频率计；
（5）CC4011、CC14528、CC40106、2CK15，电位器、电阻、电容若干。

3.10.3 实验原理

本实验中的两种电路是他激多谐振荡器，一种是单稳态触发器，它需要在外加触发信号的作用下输出具有一定宽度的矩形脉冲波；另一种是施密特触发器（整形电路），它对外加输入的正弦波等波形进行整形，使电路输出形状较标准的矩形脉冲波。

1. 用与非门组成单稳态触发器

利用与非门作开关，依靠定时元件 RC 电路的充放电来控制与非门的启闭。单稳态电路有微分型与积分型两大类，这两类触发器对触发脉冲的极性与宽度有不同的要求。

1）微分型单稳态触发器

如图 3-10-1 所示。该电路为负脉冲触发。其中 R_P、C_P 构成输入端微分隔直电路。R、C 构成微分型定时电路，定时元件 R、C 的取值不同，输出脉宽 t_W 也不同。$t_W \approx (0.7 \sim 1.3) RC$。与非门 G_3 起整形、倒相作用。

图 3-10-2 为微分型单稳态触发器各点波形图，下面结合波形图说明其工作原理。

（1）无外介触发脉冲时电路初始稳态（$t < t_1$ 前状态）。

稳态时 u_i 为高电平。适当选择电阻 R 的阻值，使与非门 G_2 输入电压 U_B 小于门的关门电平（$U_B < U_{off}$），则门 G_2 关闭，输出 U_D 为高电平。适当选择电阻 R_P 的阻值，使与非门

G_1 的输入电压 U_P 大于门的开门电平（$U_P > U_{on}$），于是 G_1 的两个输入端全为高电平，则 G_1 开启，输出 U_A 为低电平（为方便计，取 $U_{off} = U_{on} = U_T$）。

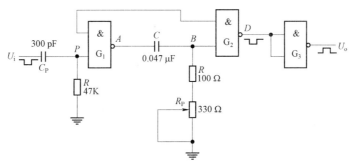

图 3-10-1　微分型单稳态触发器

（2）触发翻转（$t = t_1$ 时刻）。

u_i 负跳变，u_P 也负跳变，门 G_1 输出的 u_A 升高，经电容 C 耦合，u_B 也升高，门 G_2 的输出 u_D 降低，正反馈到 G_1 的输入端，结果使 G_1 的输出 u_A 由低电平迅速上跳至高电平，G_1 迅速关闭；u_B 也上跳至高电平，G_2 的输出 u_D 则迅速下跳至低电平，G_2 迅速开通。

（3）暂稳状态（$t_1 < t < t_2$）。

$t \geq t_1$ 以后，G_1 输出高电平，对电容 C 充电，u_B 随之按指数规律下降，但只要 $u_B > u_i$，G_1 关、G_2 开的状态将维持不变，u_A、u_D 也维持不变。

（4）自动翻转（$t = t_2$）。

$t = t_2$ 时刻，u_B 下降至门的关门电平 U_T，G_2 的输出 u_D 升高，G_1 的输出 u_A 降低，正反馈使电路迅速翻转至 G_1 开启、G_2 关闭的初始稳态。

暂稳态时间的长短，决定于电容 C 充电时间常数 $t = RC$。

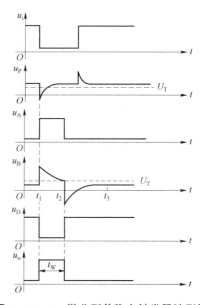

图 3-10-2　微分型单稳态触发器波形图

（5）恢复过程（$t_2 < t < t_3$）。

电路自动翻转到 G_1 开启，G_2 关闭后，u_B 不是立即回到初始稳态值，这是因为电容 C 要有一个放电过程。$t > t_3$ 以后，如果 u_i 再出现负跳变，则电路将重复上述过程。

如果输入脉冲宽度较小时，则输入端可省去 $R_P C_P$ 微分电路了。

2）积分型单稳态触发器

如图 3-10-3 所示。电路采用正脉冲触发，工作波形如图 3-10-4 所示。电路的稳定条件是 $R \leq 1\ \text{k}\Omega$，输出脉冲宽度 $t_W \approx 1.1RC$。

单稳态触发器的共同特点是：触发脉冲未加入前，电路处于稳态。此时，可以测得各门的输入和输出电位。触发脉冲加入后，电路立刻进入暂稳态，暂稳态的时间，即输出脉冲的宽度 t_W 只取决于 RC 数值的大小，与触发脉冲无关。

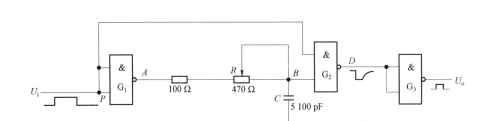

图 3 – 10 – 3　积分型单稳态触发器

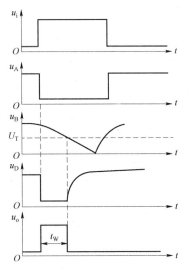

图 3 – 10 – 4 积分型单稳态触发器波形图

2. 用与非门组成施密特触发器

施密特触发器能对正弦波、三角波等信号进行整形，并输出矩形波，图 3 – 10 – 5（a）、（b）是两种典型的电路。图 3 – 10 – 5（a）中，门 G_1、G_2 是基本 RS 触发器，门 G_3 是反相器，二极管 D 起电平偏移作用，以产生回差电压，其工作情况如下：设 $u_i = 0$，G_3 截止，$R = 1$、$S = 0$、$Q = 1$、$\bar{Q} = 0$，电路处于原态。u_i 由 0 V 上升到电路的接通电位 U_T 时，G_3 导通，$R = 0$，$S = 1$，触发器翻转为 $Q = 0$，$\bar{Q} = 1$ 的新状态。此后 u_i 继续上升，电路状态不变。当 u_i 由最大值下降到 U_T 值的时间内，R 仍等于 0，$S = 1$，电路状态也不变。当 $u_i \leqslant U_T$ 时，G_3 由导通变为截止，而 $u_S = U_T + U_D$ 为高电平，因而 $R = 1$，$S = 1$，触发器状态仍保持。只有 u_i 降至使 $u_S = U_T$ 时，电路才翻回到 $Q = 1$、$\bar{Q} = 0$ 的原态。电路的回差 $\Delta U = u_D$。

图 3 – 10 – 5（b）是由电阻 R_1、R_2 产生回差的电路。

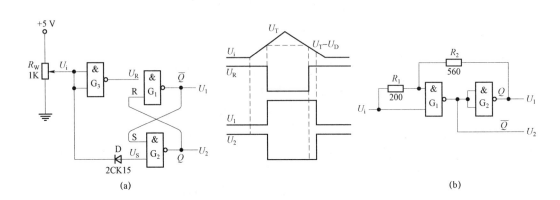

（a）　　　　　　　　　　　　　　　　　　　　　　　　（b）

图 3 – 10 – 5　与非门组成施密特触发器

（a）由二极管 D 产生回差的电路；（b）由电阻 R_1、R_2 产生回差的电路

3. 集成双单稳态触发器 CC14528（CC4098）

1）CC14528（CC4098）的逻辑符号及功能表

图 3-10-6 为 CC14528（CC4098）的逻辑符号及功能表，该器件能提供稳定的单脉冲，脉宽由外部电阻 R_X 和外部电容 C_X 决定，调整 R_X 和 C_X 可使 Q 端和 $\bar{Q}$ 端输出脉冲宽度有一个较宽的范围。本器件可采用上升沿触发（$+TR$）也可用下降沿触发（$-TR$），为使用带来很大的方便。在正常工作时，电路应由每一个新脉冲去触发。当采用上升沿触发时，为防止重复触发，$\bar{Q}$ 必须连到（$-TR$）端。同样，在使用下降沿触发时，Q 端必须连到（$+TR$）端。该单稳态触发器的时间周期约为 $T_X = R_X C_X$。

所有的输出级都有缓冲级，以提供较大的驱动电流。

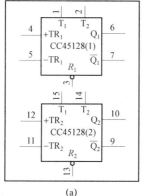

图 3-10-6　CC14528 的逻辑符号及功能表

（a）逻辑符号；（b）功能表

2）应用举例

（1）实现脉冲延迟，如图 3-10-7 所示。

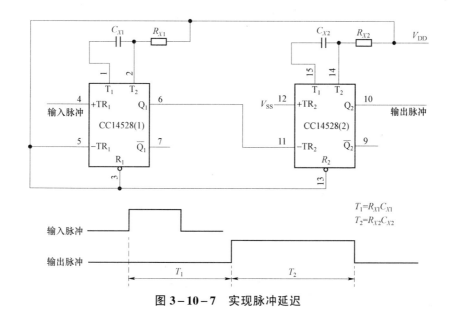

图 3-10-7　实现脉冲延迟

（2）实现多谐振荡器，如图 3-10-8 所示。

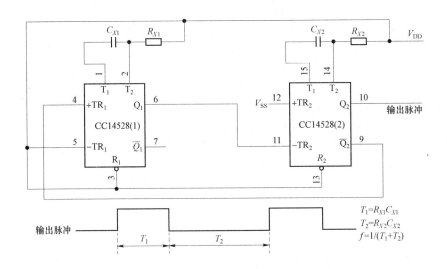

图 3-10-8   实现多谐振荡

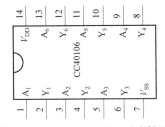

图 3-10-9   CC40106 引脚排列

4. 集成六施密特触发器 CC40106

如图 3-10-9 为其逻辑符号及引脚功能，它可用于波形的整形，也可作反相器或构成单稳态触发器和多谐振荡器。

（1）将正弦波转换为方波，如图 3-10-10 所示。

（2）构成多谐振荡器，如图 3-10-11 所示。

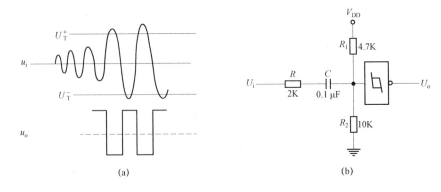

（a）   （b）

图 3-10-10   正弦波转换为方波

（a）波形图；（b）电路图

（3）构成单稳态触发器。图 3-10-12（a）为下降沿触发；图 3-10-12（b）为上升沿触发。

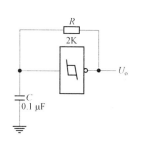

图 3－10－11　多谐振荡器

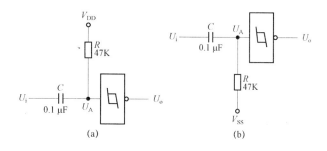

图 3－10－12　单稳态触发器

（a）下降沿触发；（b）上升沿触发

3.10.4　实验过程

（1）按 3－10－1 接线，输入 1 kHz 连续脉冲，用双踪示波器观测并记录 u_i、u_p、u_A、u_B、u_D 及 u_o 的波形。将数据记入表 3－10－1 中。

（2）改变 C 或 R 的值，重复实验步骤（1）的内容。

（3）按图 3－10－3 接线，重复（1）的实验内容。将数据记入表 3－10－2 中。

（4）按图 3－10－5（a）接线，令 u_i 由 0→5 V 变化，测量 u_1、u_2 之值。将数据记入表 3－10－3 中。

（5）按图 3－10－7 接线，输入 1 kHz 连续脉冲，用双踪示波器观测输入、输出波形，测定 T_1 与 T_2 的值。将数据记入表 3－10－4 中。

（6）按图 3－10－8 接线，用示波器观测输出波形，测定振荡频率。将数据记入表 3－10－5 中。

（7）按图 3－10－11 接线，用示波器观测输出波形，测定振荡频率。将数据记入表 3－10－6 中。

（8）按图 3－10－10 接线，构成整形电路，被整形信号可由音频信号源提供，图中串联的 2 kΩ电阻起限流保护作用。将正弦信号频率设置为 1 kHz，调节信号电压由低到高时观测输出波形的变化。记录输入信号为 0 V、0.25 V、0.5 V、1.0 V、1.5 V、2.0 V 时的输出波形。将数据记入表 3－10－7 中。

（9）分别按 3－10－12（a）、（b）接线，进行实验。

3.10.5　原始记录

表 3－10－1　微分型单稳态触发器

u_i 的波形	u_p 的波形	u_A 的波形	u_B 的波形	u_D 的波形	u_o 的波形

表 3 – 10 – 2　积分型单稳态触发器

u_i 的波形	u_P 的波形	u_A 的波形	u_B 的波形	u_D 的波形	u_o 的波形

表 3 – 10 – 3　与非门组成施密特触发器（u_i 由 0→5 V 变化）

u_1 值/V	u_2 值/V

表 3 – 10 – 4　实现脉冲延迟输入（1 kHz 连续脉冲）

T_1 的值	T_2 的值

表 3 – 10 – 5　实现多谐振荡

振荡频率/Hz	

表 3 – 10 – 6　多谐振荡器

振荡频率/Hz	

表 3 – 10 – 7　整形电路

输入信号/V	0	0.25	0.5	1.0	1.5	2.0
输出波形						

3.10.6　数据处理

根据相关测试结果，用方格纸绘制波形。

3.10.7　结果分析

分析各次实验结果的波形，验证有关的理论。

3.10.8　问题讨论

总结单稳态触发器及施密特触发器的特点及其应用。

3.11　实验十一：555 定时器功能及应用

3.11.1　实验目的

（1）熟悉 555 型集成时基电路的结构、工作原理及其特点。

（2）掌握 555 型集成时基电路的基本应用。

3.11.2　实验仪器

（1）+5 V 直流电源；
（2）双踪示波器；
（3）连续脉冲源；
（4）单次脉冲源；
（5）音频信号源；
（6）数字频率计；
（7）逻辑电平显示器；
（8）555×2、2CK13×2，电位器、电阻、电容若干。

3.11.3　实验原理

集成时基电路又称为集成定时器或 555 电路，是一种数字、模拟混合型的中规模集成电路，应用十分广泛。它是一种产生时间延迟和多种脉冲信号的电路，由于内部电压标准使用了三个 5 kΩ电阻，故取名 555 电路。其电路类型有双极型和 CMOS 型两大类，二者的结构与工作原理类似。几乎所有的双极型产品型号最后的三位数码都是 555 或 556；所有的 CMOS 产品型号最后四位数码都是 7555 或 7556，二者的逻辑功能和引脚排列完全相同，易于互换。555 和 7555 是单定时器；556 和 7556 是双定时器。双极型的电源电压 $V_{CC} = +5 \sim +15$ V，输出的最大电流可达 200 mA，CMOS 型的电源电压为 +3～ +18 V。

1. 555 电路的工作原理

555 电路的内部电路方框图如图 3 – 11 – 1 所示。它含有两个电压比较器，一个基本 RS 触发器，一个放电开关管 T，比较器的参考电压由三只 5 kΩ的电阻器构成的分压器提供。它们分别使高电平比较器 A_1 的同相输入端和低电平比较器 A_2 的反相输入端的参考电平为 $\frac{2}{3} V_{CC}$ 和 $\frac{1}{3} V_{CC}$。A_1 与 A_2 的输出端控制 RS 触发器的状态和放电管的开关状态。当输入信号自 555 的 6 脚，即高电平触发输入并超过参考电平 $\frac{2}{3} V_{CC}$ 时，触发器复位，555 的输出端 3 脚输出低电平，同时放电开关管导通；当输入信号自 2 脚输入并低于 $\frac{1}{3} V_{CC}$ 时，触发器置位，555 的 3 脚输出高电平，同时放电开关管截止。

$\overline{R}_D$ 是复位端（4 脚），当 $\overline{R}_D = 0$ 时，555 输出低电平。平时 $\overline{R}_D$ 端开路或接 V_{CC}。

V_C 是控制电压端（5 脚），平时输出 $\frac{2}{3} V_{CC}$ 作为比较器 A_1 的参考电平，当 5 脚外接一个输入电压，即改变了比较器的参考电平，从而实现对输出的另一种控制。在不接外加电压时，通常接一个 0.01 μF 的电容器到地，起滤波作用，以消除外来的干扰，确保参考电平的稳定。

T 为放电管，当 T 导通时，将给接于 7 脚的电容器提供低阻放电通路。

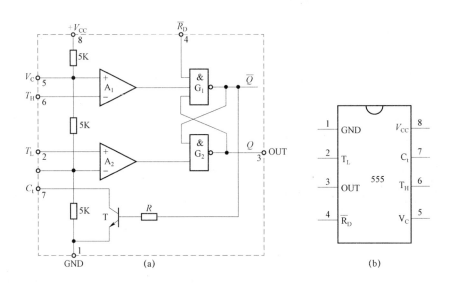

图 3 – 11 – 1 555 定时器内部框图及引脚排列

（a）555 定时器内部框图；（b）555 定时器引脚排列

555 定时器主要是与电阻、电容构成充放电电路，并由两个比较器来检测电容器上的电压，以确定输出电平的高低和放电开关管的通断。这就很方便地构成从微秒到数十分钟的延时电路，可方便地构成单稳态触发器、多谐振荡器、施密特触发器等脉冲产生或波形变换电路。

2. 555 定时器的典型应用

1）构成单稳态触发器

图 3 – 11 – 2（a）为由 555 定时器和外接定时元件 R、C 构成的单稳态触发器。触发电路由 C_1、R_1、D 构成，其中 D 为钳位二极管，稳态时 555 电路输入端处于电源电平，内部放电开关管 T 导通，输出端输出低电平，当有一个外部负脉冲触发信号经 C_1 加到 2 端，并使 2 端电位瞬时低于 $\frac{1}{3}V_{CC}$，低电平比较器动作，单稳态电路即开始一个暂态过程，电容 C 开始充电，u_C 按指数规律增长。当 u_C 充电到 $\frac{2}{3}V_{CC}$ 时，高电平比较器动作，比较器 A_1 翻转，输出 u_o 从高电平返回低电平，放电开关管 T 重新导通，电容 C 上的电荷很快经放电开关管放电，暂态结束，恢复稳态，为下个触发脉冲的到来做好准备。其波形图如图 3 – 11 – 2（b）所示。

暂稳态的持续时间 t_W（即延时时间）决定于外接元件 R、C 值的大小：

$$t_W = 1.1RC \tag{3 – 11 – 1}$$

通过改变 R、C 的大小，可使延时时间在几个微秒到几十分钟之间变化。当这种单稳态电路作为计时器时，可直接驱动小型继电器，并可以使用复位端（4 脚）接地的方法来中止暂态，重新计时。此外尚需用一个续流二极管与继电器线圈并接，以防继电器线圈反电势损坏内部功率管。

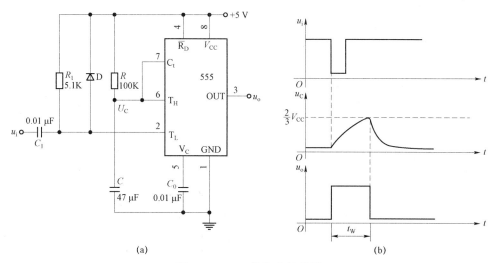

图 3-11-2　单稳态触发器

（a）电路；（b）波形

2）构成多谐振荡器

如图 3-11-3（a），由 555 定时器和外接元件 R_1、R_2、C 构成多谐振荡器，2 脚与 6 脚直接相连。电路没有稳态，仅存在两个暂稳态，电路亦不需要外加触发信号，利用电源通过 R_1、R_2 向 C 充电，以及 C 通过 R_2 向放电端 C_t 放电，使电路产生振荡。电容 C 在 1/3 V_{CC} 和 2/3 V_{CC} 之间充电和放电，其波形如图 3-11-3（b）所示。输出信号的时间参数是：

$$T = t_{W1} + t_{W2}, \quad t_{W1} = 0.7(R_1 + R_2)C, \quad t_{W2} = 0.7R_2C$$

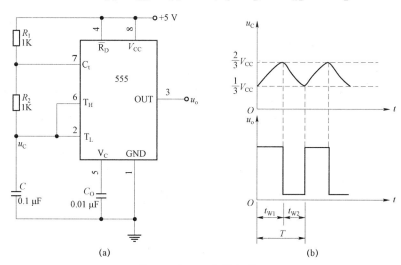

图 3-11-3　多谐振荡器

（a）电路；（b）波形

555 电路要求 R_1 与 R_2 均应大于或等于 1 kΩ，但 $R_1 + R_2$ 应小于或等于 3.3 MΩ。

外部元件的稳定性决定了多谐振荡器的稳定性，555 定时器配以少量的元件即可获得较高精度的振荡频率和具有较强的功率输出能力。因此这种形式的多谐振荡器应用很广。

3）组成占空比可调的多谐振荡器

电路如图 3-11-4 所示，它比图 3-11-3 所示电路增加了一个电位器和两个导引二极管 D_1 和 D_2。D_1、D_2 用来决定电容充、放电电流流经电阻的途径（充电时 D_1 导通，D_2 截止；放电时 D_2 导通，D_1 截止）。

$$T = t_{W1} + t_{W2}, \quad t_{W1} = 0.7R_A C, \quad t_{W2} = 0.7R_B C$$

占空比：$P = \dfrac{t_{W1}}{t_{W1} + t_{W2}} \approx \dfrac{0.7R_A C}{0.7C(R_A + R_B)} = \dfrac{R_A}{R_A + R_B}$

可见，若取 $R_A = R_B$ 电路即可输出占空比为 50% 的方波信号。

4）组成占空比连续可调并能调节振荡频率的多谐振荡器

电路如图 3-11-5 所示。对 C 充电时，充电电流通过 R_1、D_1、R_{W2} 和 R_{W1}；放电时通过 R_{W1}、R_{W2}、D_2、R_2。当 $R_1 = R_2$、R_{W2} 调至中心点，因充放电时间基本相等，其占空比约为 50%，此时调节 R_{W1} 仅改变频率，占空比不变。如 R_{W2} 调至偏离中心点，再调节 R_{W1}，不仅振荡频率改变，而且对占空比也有影响。R_{W1} 不变，调节 R_{W2}，仅改变占空比，对频率无影响。因此，当接通电源后，应首先调节 R_{W1} 使频率至规定值，再调节 R_{W2}，以获得需要的占空比。若频率调节的范围比较大，还可以用波段开关改变 C 的值。

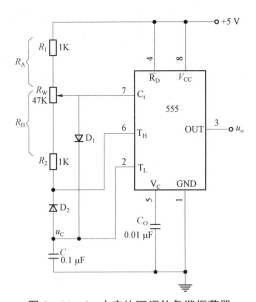

图 3-11-4　占空比可调的多谐振荡器

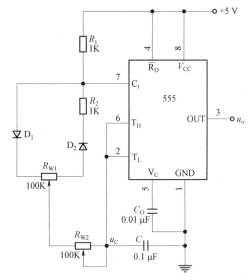

图 3-11-5　占空比与频率均可调的多谐振荡器

5）组成施密特触发器

电路如图 3-11-6 所示，只要将脚 2、6 连在一起作为信号输入端，即得到施密特触发器。图 3-11-7 示出了 u_s、u_i 和 u_o 的波形图。

设被整形变换的电压为正弦波 u_s，其正半波通过二极管 D 同时加到 555 定时器的 2 脚和 6 脚，得 u_i 为半波整流波形。当 u_i 上升到 $2/3V_{CC}$ 时，u_o 从高电平翻转为低电平；当 u_i 下降到 $1/3V_{CC}$ 时，u_o 又从低电平翻转为高电平。电路的电压传输特性曲线如图 3-11-8 所示。

回差电压：

$$\Delta U = \frac{2}{3}V_{CC} - \frac{1}{3}V_{CC} = \frac{1}{3}V_{CC}$$

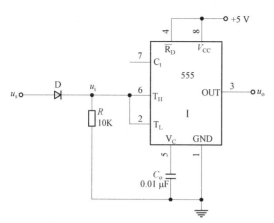

图 3 – 11 – 6　施密特触发器

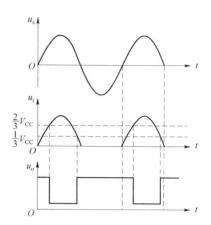

图 3 – 11 – 7　波形变换图

3.11.4　实验过程

1. 单稳态触发器

（1）按图 3 – 11 – 2 连线，取 $R = 100 \text{ k}\Omega$，$C = 47 \text{ μF}$，输入信号 u_i 由单次脉冲源提供，用双踪示波器观测 u_i、u_C、u_o 的波形，测定幅度与暂稳时间。将数据记入表 3 – 11 – 1 中。

（2）将 R 改为 $1 \text{ k}\Omega$，C 改为 0.1 μF，输入端加 1 kHz 的连续脉冲，观测 u_i、u_C、u_o 波形，测定幅度及暂稳时间。将数据记入表 3 – 11 – 1 中。

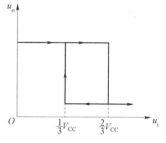

图 3 – 11 – 8　电压传输特性

2. 多谐振荡器

（1）按图 3 – 11 – 3 接线，选取 $R_1 = R_2 = 1 \text{ k}\Omega$，电容 $C = 0.1 \text{ μF}$。用双踪示波器观测 u_C 与 u_o 的波形，测定 t_{W1}、t_{W2} 及周期 T。将数据记入表 3 – 11 – 2 中。

（2）按图 3 – 11 – 4 接线，组成占空比为 50% 的方波信号发生器。选取 $R_1 = R_2 = 1 \text{ k}\Omega$，$R_W$ 选用 47 kΩ 电位器，电容 $C = 0.1 \text{ μF}$。观测 u_C、u_o 波形，测定 t_{W1}、t_{W2} 及周期 T。将数据记入表 3 – 11 – 2 中。

（3）按图 3 – 11 – 5 接线，选取 $R_1 = R_2 = 1 \text{ k}\Omega$，$R_{W1}$ 和 R_{W2} 均选用 100 kΩ 电位器，电容 $C = 0.1 \text{ μF}$。通过调节 R_{W1} 和 R_{W2} 来观测输出波形，测定 t_{W1}、t_{W2} 及周期 T。将数据记入表 3 – 11 – 2 中。

3. 施密特触发器

按图 3 – 11 – 6 接线，输入信号由音频信号源提供，预先调好 u_s 的频率为 1 kHz。接通电源，逐渐加大 u_s 的幅度，观测输出波形，绘制电压传输特性，算出回差电压 ΔU。将数据记入表 3 – 11 – 3 中。

4. 模拟声响电路

按图 3 – 11 – 9 接线，组成两个多谐振荡器，调节定时元件，使 Ⅰ 输出较低频率，Ⅱ 输出较高频率。连好线，接通电源，试听音响效果。调换外接阻容元件，再试听音响效果。

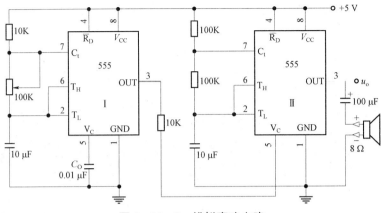

图 3-11-9 模拟声响电路

3.11.5 原始记录

表 3-11-1 单稳态触发器

$R=100 \text{ k}\Omega$，$C=47 \text{ μF}$，输入信号 u_i 由单次脉冲源提供	u_i 波形	u_C 波形	u_o 波形	幅度	暂稳时间
$R=1 \text{ k}\Omega$，$C=0.1 \text{ μF}$，输入端加 1 kHz 的连续脉冲	u_i 波形	u_C 波形	u_o 波形	幅度	暂稳时间

表 3-11-2 多谐振荡器

按图 3-11-3 接线	u_C 波形	u_o 波形	t_{W1}	t_{W2}	T
按图 3-11-4 接线	u_C 波形	u_o 波形	t_{W1}	t_{W2}	T
按图 3-11-5 接线	u_C 波形	u_o 波形	t_{W1}	t_{W2}	T

表 3-11-3 施密特触发器

u_s 的幅度/V	0	0.2	0.4	0.6	0.8	1.0	1.2	…
u_o 的幅度/V								
回差电压 ΔU								

3.11.6 数据处理

根据相关测试结果，定量绘出观测到的波形。

3.11.7 结果分析

对实验结果进行分析，判断实际测试结果与预期目标是否相符。

3.11.8 问题讨论

如何用示波器测定施密特触发器的电压传输特性曲线？

3.12 实验十二：D/A、A/D 转换器

3.12.1 实验目的

（1）了解 D/A 和 A/D 转换器的基本工作原理和基本结构。
（2）掌握大规模集成 D/A 和 A/D 转换器的功能及其典型应用。

3.12.2 实验仪器

（1）+5 V、±15 V 直流电源；
（2）双踪示波器；
（3）计数脉冲源；
（4）逻辑电平开关；
（5）逻辑电平显示器；
（6）直流数字电压表；
（7）DAC0832、ADC0809、μA741，电位器、电阻、电容若干。

3.12.3 实验原理

在数字电子技术的很多应用场合往往需要把模拟量转换为数字量，称为模/数转换器（A/D 转换器，简称 ADC）；或把数字量转换成模拟量，称为数/模转换器（D/A 转换器，简称 DAC）。完成这种转换的电路有多种，特别是单片大规模集成 A/D、D/A 转换器问世，为实现上述的转换提供了极大的方便。使用者可借助于手册提供的器件性能指标及典型应用电路，即可正确使用这些器件。本实验将采用大规模集成电路 DAC0832 实现 D/A 转换，ADC0809 实现 A/D 转换。

1. D/A 转换器 DAC0832

DAC0832 是采用 CMOS 工艺的单芯片电流输出型 8 位 D/A 转换器，图 3-12-1 是 DAC0832 的逻辑框图及引脚排列。

器件的核心部分采用倒 T 形电阻网络的 8 位 D/A 转换器，如图 3-12-2 所示。它是由倒 T 形 $R-2R$ 电阻网络、模拟开关、运算放大器和参考电压 V_{REF} 四部分组成的。

运放的输出电压为：

$$u_{\text{o}} = \frac{V_{\text{REF}} R_{\text{L}}}{2^n R}(D_{n-1} \cdot 2^{n-1} + D_{n-2} \cdot 2^{n-2} + \cdots + D_0 \cdot 2^0) \qquad (3-12-1)$$

由上式可见，输出电压 u_{o} 与输入的数字量成正比，这就实现了从数字量到模拟量的转换。

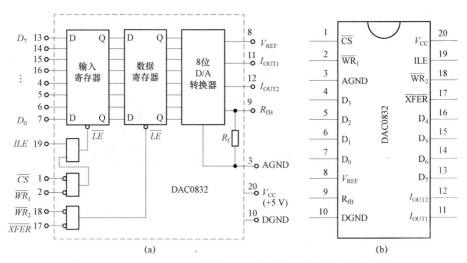

图 3－12－1　DAC0832 单片 D/A 转换器逻辑框图和引脚排列

（a）逻辑框图；（b）引脚排列

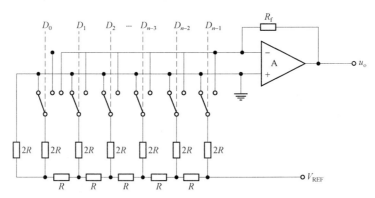

图 3－12－2　倒 T 形电阻网络 D/A 转换电路

一个 8 位的 D/A 转换器有 8 个输入端，每个输入端是 8 位二进制数的一位，有一个模拟输出端。输入可有 $2^8 = 256$ 个不同的二进制组态，输出为 256 个电压之一，即输出电压不是整个电压范围内任意值，而只能是 256 个可能值。

DAC0832 的引脚功能说明如下：

$D_0 \sim D_7$：数字信号输入端；

ILE：输入寄存器允许信号，高电平有效；

$\overline{CS}$：片选信号，低电平有效；

$\overline{WR}_1$：写信号 1，低电平有效；

$\overline{XFER}$：传送控制信号，低电平有效；

$\overline{WR}_2$：写信号 2，低电平有效；

I_{OUT1}、I_{OUT2}：DAC 电流输出端；

R_{fB}：反馈电阻，是集成在片内的外接运放的反馈电阻；

V_{REF}：基准电压（$-10 \sim +10$）V；

V_{CC}：电源电压（$+5 \sim +15$）V；

AGND：模拟地；

DGND：数字地（可与模拟地接在一起使用）。

DAC0832 输出的是电流，要转换为电压，还必须经过一个外接的运算放大器，实验电路如图 3－12－3 所示。

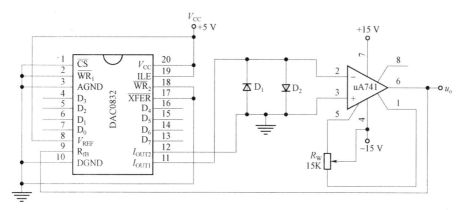

图 3－12－3　D/A 转换器实验电路

2. A/D 转换器 ADC0809

ADC0809 是采用 CMOS 工艺制成的单芯片 8 位 8 通道逐次渐近型 A/D 转换器，其逻辑框图及引脚排列如图 3－12－4 所示。器件的核心部分是 8 位 A/D 转换器，它由比较器、逐次逼近寄存器、D/A 转换器及控制和定时五部分组成。

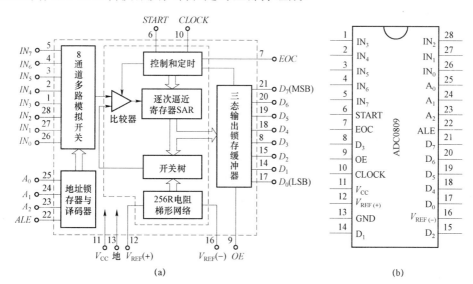

(a)　　　　　　　　　　　　　　　　　　　　(b)

图 3－12－4　ADC0809 转换器逻辑框图及引脚排列

（a）逻辑框图；（b）引脚排列

ADC0809 的引脚功能说明如下：

$IN_0 \sim IN_7$：8 路模拟信号输入端；

A_2、A_1、A_0：地址输入端；

ALE：地址锁存允许输入信号，在此脚施加正脉冲，上升沿有效，此时锁存地址码，从而选通相应的模拟信号通道，以便进行 A/D 转换；

START：启动信号输入端，应在此脚施加正脉冲，当上升沿到达时，内部逐次逼近寄存器复位，在下降沿到达后，开始 A/D 转换过程；

EOC：转换结束输出信号（转换结束标志），高电平有效；

OE：输入允许信号，高电平有效；

CLOCK（*CP*）：时钟信号输入端，外接时钟频率一般为 640 kHz；

V_{CC}：+5 V 单电源供电；

V_{REF}（+）、V_{REF}（−）：基准电压的正极、负极，一般 V_{REF}（+）接 +5 V 电源，V_{REF}（−）接地；

$D_7 \sim D_0$：数字信号输出端。

1）模拟输入通道选择

8 路模拟开关由 A_2、A_1、A_0 三个地址输入端选通 8 路模拟信号中的任何一路进行 A/D 转换，地址译码与模拟输入通道的选通关系如表 3−12−1 所示。

表 3−12−1 地址译码与模拟输入通道的选通关系

被选模拟通道		IN_0	IN_1	IN_2	IN_3	IN_4	IN_5	IN_6	IN_7
地址	A_2	0	0	0	0	1	1	1	1
	A_1	0	0	1	1	0	0	1	1
	A_0	0	1	0	1	0	1	0	1

2）D/A 转换过程

在启动端（*START*）加启动脉冲（正脉冲），D/A 转换即开始。如将启动端（*START*）与转换结束端（*EOC*）直接相连，转换将是连续的，在用这种转换方式时，开始应在外部加启动脉冲。

3.12.4 实验过程

1. D/A 转换器 DAC0832

（1）按图 3−12−3 连线，电路接成直通方式。即 $\overline{CS}$、$\overline{WR_1}$、$\overline{WR_2}$、$\overline{XFER}$ 接地；*ALE*、V_{CC}、V_{REF} 接 +5 V 电源；运放电源接 ±15 V；$D_0 \sim D_7$ 接逻辑电平开关的输出插口，输出端 u_o 接直流数字电压表。

（2）调零。令 $D_0 \sim D_7$ 全置 "0"，调节运放的电位器使 μA741 输出为 "0"。

（3）按表 3−12−2 所示的输入数字信号，用数字电压表测量运放的输出电压 u_o，将测量结果填入表中，并与理论值进行比较。

2. A/D 转换器 ADC0809

按图 3−12−5 接线。

（1）输入 8 路模拟信号 1～4.5 V，由 +5 V 电源经电阻 R 分压组成；变换结果 $D_0 \sim D_7$ 接逻辑电平显示器输入插口，*CP* 时钟脉冲由计数脉冲源提供，取 $f = 100$ kHz；$A_0 \sim A_2$ 地址端接逻辑电平输出插口。

（2）接通电源后，在启动端（*START*）加一正单次脉冲，下降沿一到即开始 A/D 转换。

（3）按表 3−12−3 的要求观察，记录 $IN_0 \sim IN_7$ 8 路模拟信号的转换结果，并将转换结果换算成十进制数表示的电压值，并与数字电压表实测的各路输入电压值进行比较，分析误差原因。

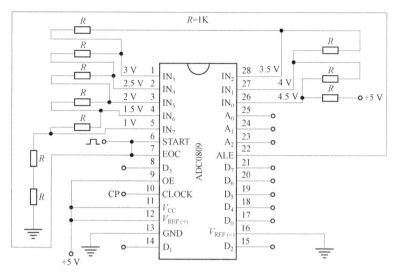

图 3 - 12 - 5 　 ADC0809 实验电路

3.12.5 　 原始记录

表 3 - 12 - 2 　 D/A 转换器 DAC0832 的功能测试

输入数字量								输出模拟量 u_o/V
D_7	D_6	D_5	D_4	D_3	D_2	D_1	D_0	$V_{CC} = +5$ V
0	0	0	0	0	0	0	0	
0	0	0	0	0	0	0	1	
0	0	0	0	0	0	1	0	
0	0	0	0	0	1	0	0	
0	0	0	0	1	0	0	0	
0	0	0	1	0	0	0	0	
0	0	1	0	0	0	0	0	
0	1	0	0	0	0	0	0	
1	0	0	0	0	0	0	0	
1	1	1	1	1	1	1	1	

表 3 - 12 - 3 　 A/D 转换器 ADC0809 的功能测试

被选模拟通道	输入模拟量	地址			输出 数 字 量								
IN	u_i/V	A_2	A_1	A_0	D_7	D_6	D_5	D_4	D_3	D_2	D_1	D_0	十进制
IN_0	4.5	0	0	0									
IN_1	4.0	0	0	1									

被选模拟通道	输入模拟量	地址			输 出 数 字 量								
IN	u_i/V	A_2	A_1	A_0	D_7	D_6	D_5	D_4	D_3	D_2	D_1	D_0	十进制
IN_2	3.5	0	1	0									
IN_3	3.0	0	1	1									
IN_4	2.5	1	0	0									
IN_5	2.0	1	0	1									
IN_6	1.5	1	1	0									
IN_7	1.0	1	1	1									

3.12.6 数据处理

（1）根据表 3－12－2 的测量结果，与理论值进行比较。

（2）根据表 3－12－3 的测量结果，将测量结果换算成十进制数表示的电压值，并与数字电压表实测的各路输入电压值进行比较。

3.12.7 结果分析

对实验结果进行分析，判断实际测试结果与预期目标是否相符，并分析误差原因。

3.12.8 问题讨论

A/D、D/A 转换的工作原理是什么？

3.13 实验十三：数字秒表设计

3.13.1 实验目的

（1）学习数字电路中基本 RS 触发器、单稳态触发器、时钟发生器及计数、译码显示器等单元电路的综合应用。

（2）学习电子秒表的调试方法。

3.13.2 实验任务

（1）利用逻辑电路设计两位电子秒表，实现 9.9 秒计时。

（2）利用 555 定时器制作一个频率为 50 Hz 的时钟发生装置。

（3）利用二、五、十进制计数器制作时钟分频电路，输出 0.1 秒到 9.9 秒的计数脉冲。

（4）通过分频电路，输出周期为 0.1 s 的计数脉冲。

（5）利用 74LS48 和数码显示器接收分频电路输出的计数脉冲，并显示出来。

（6）使用基本 RS 触发器制作电子秒表的控制开关，实现开始计数、停止并保持计数和清零重新开始计数的功能。

3.13.3　实验仪器

（1）＋5 V 直流电源；

（2）双踪示波器；

（3）直流数字电压表；

（4）数字频率计；

（5）单次脉冲源；

（6）连续脉冲源；

（7）逻辑电平开关；

（8）逻辑电平显示器；

（9）译码显示器；

（10）74LS00 ×2、555 ×1、74LS90 ×3，电位器、电阻、电容若干。

3.13.4　实验原理

本实验设计的电子秒表电路的基本框图如图 3-13-1 所示，它主要由基本 RS 触发器、单稳态触发器、多谐振荡器、计数器和译码显示器五个部分组成。

1. 基本 RS 触发器

基本 RS 触发器用集成与非门构成，如图 3-13-2 所示。属低电平直接触发的触发器，有直接置位、复位的功能。它的一路输出 $\bar{Q}$ 作为单稳态触发器的输入，另一路输出 Q 作为与非门 5 的输入控制信号。

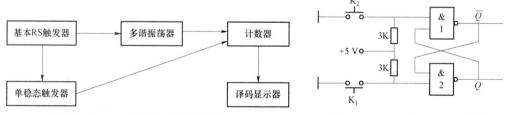

图 3-13-1　数字秒表原理框图　　　　图 3-13-2　基本 RS 触发器

按动按钮开关 K_2（接地），则门 1 输出 =1；门 2 输出 $Q=0$，K_2 复位后 Q、$\bar{Q}$ 状态保持不变。再按动按钮开关 K_1，则 Q 由 0 变为 1，门 5 开启，为计数器启动做好准备；$\bar{Q}$ 由 1 变 0，送出负脉冲，启动单稳态触发器工作。

基本 RS 触发器在电子秒表中的作用是启动和停止秒表。

2. 单稳态触发器

微分型单稳态触发器用集成与非门构成，如图 3-13-3 所示。

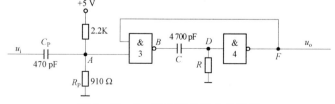

图 3-13-3　微分型单稳态触发器

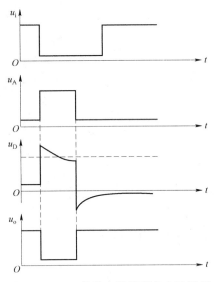

图 3 – 13 – 4　单稳态触发器各点波形图

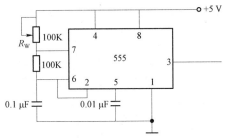

图 3 – 13 – 5　多谐振荡器

图 3 – 13 – 4 为各点波形图。

单稳态触发器的输入触发负脉冲信号 u_i 由基本 RS 触发器 $\bar{Q}$ 端提供，输出负脉冲 u_o 通过非门加到计数器的清零端 R。

静态时，门 4 应处于截止状态，故电阻 R 必须小于门的关门电阻 R_{off}。定时元件 RC 取值不同，输出脉冲宽度也不同。当触发脉冲宽度小于输出脉冲宽度时，可以省去输入微分电路的 R_p 和 C_p。

单稳态触发器在电子秒表中的作用是为计数器提供清零信号。

3. 时钟发生器

时钟发生器为用 555 定时器构成的多谐振荡器，是一种性能较好的时钟源。电路如图 3 – 13 – 5 所示。

调节电位器 R_W，使在输出端 3 获得频率为 50 Hz 的矩形波信号，当基本 RS 触发器的 $Q=1$ 时，门 5 开启，此时 50 Hz 脉冲信号通过门 5 作为计数脉冲加于计数器（1）的计数输入端 CP_2。

4. 计数及译码显示

二 – 五 – 十进制加法计数器 74LS90 构成电子秒表的计数单元，连接方式如图 3 – 13 – 6 所示。其中计数器（1）接成五进制形式，对频率为 50 Hz 的时钟脉冲进行五分频，在输出端 Q_D 取得周期为 0.1 s 的矩形脉冲，作为计数器（2）的时钟输入。计数器（2）及计数器（3）接成 8421 码十进制形式，其输出端与实验装置上译码显示单元的相应输入端连接，可显示 0.1～0.9 秒、1～9 秒计时。

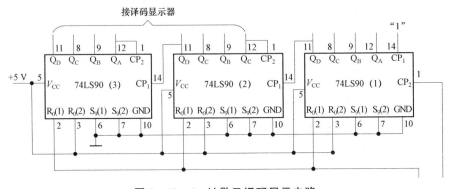

图 3 – 13 – 6　计数及译码显示电路

5. 集成异步计数器 74LS90

74LS90 是异步二 – 五 – 十进制加法计数器，它既可以作二进制加法计数器，又可以作五进制和十进制加法计数器。74LS90 引脚排列如图 3-13-7 所示，功能表如表 3-13-1 所示。

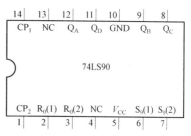

图 3-13-7 74LS90 引脚排列图

通过不同的连接方式，74LS90 可以实现四种不同的逻辑功能；而且还可借助 $R_0(1)$、$R_0(2)$ 对计数器清零，借助 $S_9(1)$、$S_9(2)$ 将计数器置 9。其具体功能详述如下：

（1）计数脉冲从 CP_1 输入，Q_A 作为输出端，为二进制计数器。

（2）计数脉冲从 CP_2 输入，$Q_D Q_C Q_B$ 作为输出端，为异步五进制加法计数器。

（3）若将 CP_2 和 Q_A 相连，计数脉冲由 CP_1 输入，Q_D、Q_C、Q_B、Q_A 作为输出端，则构成异步 8421 码十进制加法计数器。

（4）若将 CP_1 与 Q_D 相连，计数脉冲由 CP_2 输入，Q_A、Q_D、Q_C、Q_B 作为输出端，则构成异步 5421 码十进制加法计数器。

（5）清零、置 9 功能。

① 异步清零功能。

当 $R_0(1)$、$R_0(2)$ 均为"1"，$S_9(1)$、$S_9(2)$ 中有"0"时，实现异步清零功能，即 $Q_D Q_C Q_B Q_A = 0000$。

② 置 9 功能。

当 $S_9(1)$、$S_9(2)$ 均为"1"，$R_0(1)$、$R_0(2)$ 中有"0"时，实现置 9 功能，即 $Q_D Q_C Q_B Q_A = 1001$。

表 3-13-1 74LS90 功能表

输入						输出				功能
清零		置"9"		时 钟						
$R_0(1)$、$R_0(2)$		$S_9(1)$、$S_9(2)$		CP_1	CP_2	Q_D	Q_C	Q_B	Q_A	
1	1	0	×	×	×	0	0	0	0	清零
		×	0							
0	×	1	1	×	×	1	0	0	1	置9
×	0									
0	×	0	×	↓	1	Q_A 输出				二进制计数
×	0	×	0	1	↓	$Q_D Q_C Q_B$ 输出				五进制计数
				↓	Q_A	$Q_D Q_C Q_B Q_A$ 输出 8421BCD 码				十进制计数
				Q_D	↓	$Q_A Q_D Q_C Q_B$ 输出 5421BCD 码				十进制计数
				1	1	不 变				保 持

3.13.5 实验过程

由于实验电路中使用器件较多，实验前必须合理安排各器件在实验装置上的位置，使电路逻辑清楚，接线较短。

实验时，应按照实验任务的次序，将各单元电路逐个进行接线和调试，即分别测试基本 RS 触发器、单稳态触发器、时钟发生器及计数器的逻辑功能，待各单元电路工作正常后，再将有关电路逐级连接起来进行测试……，直到测试电子秒表整个电路的功能。

这样的测试方法有利于检查和排除故障，保证实验顺利进行。电子秒表整体电路如图 3-13-8 所示。

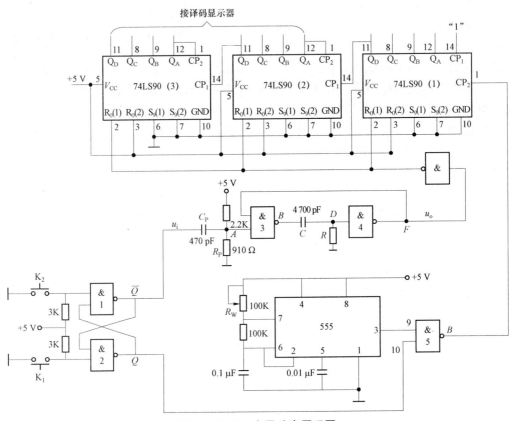

图 3-13-8　电子秒表原理图

1. 基本 RS 触发器的测试

将图 3-13-2 的两个输出端接逻辑电平显示器，按动按钮开关 K_2（接地），记下 Q 和 $\overline{Q}$ 的值，按动按钮开关 K_1，记下 Q 和 $\overline{Q}$ 的值。

2. 单稳态触发器的测试

1）静态测试

用直流数字电压表测量图 3-13-3 中 A、B、D、F 各点电位值，记录之。

2）动态测试

输入端接 1 kHz 连续脉冲源，用示波器观察并描绘 D 点（u_D）、F 点（u_o）波形，如果单稳输出脉冲持续时间太短，难以观察，可适当加大微分电容 C（如改为 0.1 μF），待测试完毕，再恢复 4 700 pF。

3. 时钟发生器的测试

用示波器观察图 3-13-5 中输出电压波形并测量其频率，调节 R_W，使输出矩形波频率为 50 Hz。

4. 计数器的测试

（1）计数器（1）接成五进制形式，R_0（1）、R_0（2）、S_9（1）、S_9（2）接逻辑电平开关输出插口，CP_2 接单次脉冲源，CP_1 接高电平 "1"，$Q_D \sim Q_A$ 接实验设备上译码显示输入端 D、C、B、A，如图 3-13-9 所示，按表 3-13-1 测试其逻辑功能，记录之。

（2）计数器（2）及计数器（3）接成 8421BCD 码十进制形式，同内容（1）一样进行逻辑功能测试。记录之。

（3）将计数器（1）、（2）、（3）级联，进行逻辑功能测试。记录之。

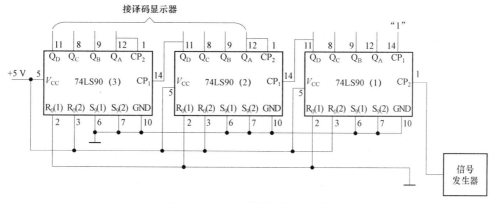

图 3-13-9　计数器测试原理图

5. 电子秒表的整体测试

各单元电路测试正常后，按图 3-13-8 把几个单元电路连接起来，进行电子秒表的总体测试。

先按一下按钮开关 K_2，此时电子秒表不工作，再按一下按钮开关 K_1，则计数器清零后便开始计时，观察数码管显示计数情况是否正常，如不需要计时或暂停计时，按一下开关 K_2，计时立即停止，但数码管保留所计时之值。

6. 电子秒表准确度的测试

利用电子钟或手表的秒计时对电子秒表进行校准。

3.13.6　实验报告

（1）总结电子秒表的整个调试过程。

（2）分析调试中发现的问题及故障排除方法。

3.13.7　实验预习

（1）复习数字电路中 RS 触发器、单稳态触发器、时钟发生器及计数器等部分内容。

（2）除了本实验中采用的时钟源外，选用另外两种不同类型的时钟源，可供本实验用。画出电路图，选取元器件。

（3）列出电子秒表单元电路的测试表格。

（4）列出调试电子秒表的步骤。

3.14 实验十四：病房呼叫系统设计

3.14.1 实验目的

（1）掌握电子系统设计的基本流程。

（2）掌握多种电子元器件的种类、性能与使用方法。

（3）掌握电路和系统的设计制作方法和调试方法。

3.14.2 实验任务

设计制作一个医院病房呼叫系统，其主要功能如下。

（1）呼叫功能：能实现 8 个病床对护士站的呼叫，病人有情况时，按一下自己床位边的呼叫按键，就能呼叫护士。

（2）显示功能：有病床呼叫时，护士站的数码管显示器上会显示相应的床位号；无呼叫时显示器上无显示。

（3）报警功能：有病床呼叫时，护士站的喇叭会发出一响一停的报警声，同时，数码管显示器上显示的床位号会与报警声同步闪烁。

（4）呼叫保持功能：有呼叫键按下后，即使按键松开了，呼叫显示和报警声也能保持，直到护士响应呼叫。

（5）清除功能：护士响应呼叫后，按下清除键即可清除呼叫报警声及显示。

3.14.3 实验仪器

（1）+5 V 直流电源；

（2）双踪示波器；

（3）直流数字电压表；

（4）数字频率计；

（5）单次脉冲源；

（6）连续脉冲源；

（7）逻辑电平开关；

（8）逻辑电平显示器；

（9）译码显示器；

（10）74LS148、555 ×2、74HC573、74LS48、L7805、LED 数码管、整流桥、扬声器、按键×9，电阻、电容若干。

3.14.4 实验原理

该系统采用 8 个按键开关来模拟各病房里的呼叫按钮。为了将不同的按键信号转换成能显示的床位号（0～7），首先应该用一片 8-3 编码器芯片将位呼叫信号转换成 000～111 的三位二进制编码；加按键锁存电路将该按键呼叫锁存保持住；三位二进制编码信号再经过一片 BCD-七段码译码器芯片，转换成七段码，再接到一个共阴极的 LED 数码管上供显示。报警闪烁和报警声分别用 2 个 555 电路产生的方波驱动实现。用锁存住的呼叫信号

同时触发这 2 个 555 方波发生电路,其中报警闪烁方波频率可设为 1 Hz(可用电位器调整),
报警声音频方波频率可设为 128 Hz(可用电位器调整)。报警闪烁方波信号接到数码管的
COM 端(阴极)控制数码管的闪烁;报警声音频方波经放大后接到蜂鸣器上。当清除键
按下时,呼叫信号被清除,2 个 555 均停止工作。系统的原理框图如图 3-14-1 所示。

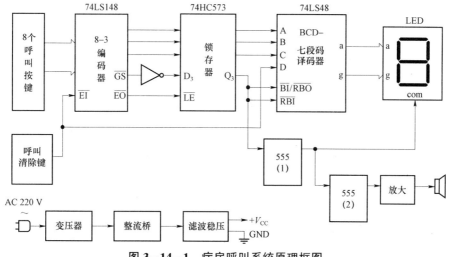

图 3-14-1　病房呼叫系统原理框图

1. 按键电路

按键选用 8 个独立按键,选用 74LS148 编码芯片对按键进行编码,电路如图 3-14-2
所示。74LS148 为 8-3 线优先编码器,共有 54/74148 和 54/74LS148 两种线路结构形式,
将 8 条数据线(0~7)进行 3 线(4-2-1)二进制(八进制)优先编码,即对最高位数据
线进行译码。利用选通端(EI)和输出选通端(EO)可进行八进制扩展。74LS148 引脚
如图 3-14-3 所示。

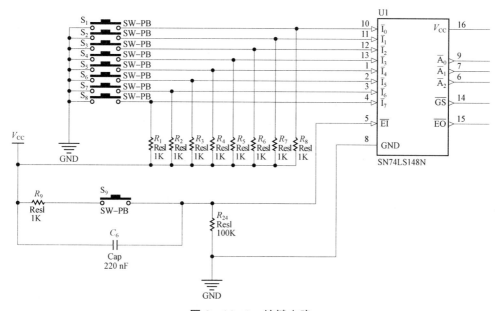

图 3-14-2　按键电路

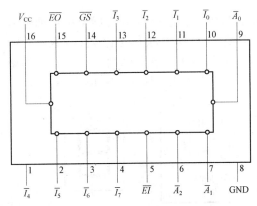

图 3-14-3　74LS148 引脚排列图

引脚功能说明：

$\overline{I_0} \sim \overline{I_7}$：编码输入端，低电平有效；

$\overline{EI}$：选通输入端，低电平有效；

$\overline{A_0}$、$\overline{A_1}$、$\overline{A_2}$：三位二进制编码输出信号，即编码输出端，低电平有效；

$\overline{GS}$：片优先编码输出端，即宽展端，低电平有效；

$\overline{EO}$：选通输出端，即使能输出端。

74LS148 逻辑功能如表 3-14-1 所示。

2. 锁存电路

锁存电路选用 74HC573 芯片进行按键信息的锁存。当第 1 个按键按下时，锁存端将 74LS148 的编码锁存，然后送往七段数码管译码器显示按键编号。74HC573 的引脚排列如图 3-14-4 所示。引脚定义及真值表分别如表 3-14-2 和表 3-14-3 所示。

表 3-14-1　74LS148 逻辑功能表

输入									输出				
$\overline{EI}$	$\overline{I_0}$	$\overline{I_1}$	$\overline{I_2}$	$\overline{I_3}$	$\overline{I_4}$	$\overline{I_5}$	$\overline{I_6}$	$\overline{I_7}$	$\overline{A_2}$	$\overline{A_1}$	$\overline{A_0}$	$\overline{GS}$	$\overline{EO}$
H	×	×	×	×	×	×	×	×	H	H	H	H	H
L	H	H	H	H	H	H	H	H	H	H	H	H	L
L	×	×	×	×	×	×	×	L	L	L	L	L	H
L	×	×	×	×	×	×	L	H	L	L	H	L	H
L	×	×	×	×	×	L	H	H	L	H	L	L	H
L	×	×	×	×	L	H	H	H	L	H	H	L	H
L	×	×	×	L	H	H	H	H	H	L	L	L	H
L	×	×	L	H	H	H	H	H	H	L	H	L	H
L	×	L	H	H	H	H	H	H	H	H	L	L	H
L	L	H	H	H	H	H	H	H	H	H	H	L	H

其中：H—高电平；L—低电平；×—任意。

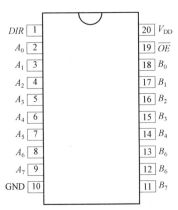

图 3-14-4　74HC573 引脚排列

表 3 – 14 – 2　74LS148 引脚定义

符号	引脚名称	引脚号	说明
$A_0 \sim A_7$	数据输入/输出	2～9	
$B_0 \sim B_7$	数据输入/输出	18～11	
$\overline{OE}$	输出使能	19	
DIR	方向控制	1	$DIR = 1，A \rightarrow B；$ $DIR = 0，B \rightarrow A$
GND	逻辑地	10	逻辑地
V_{DD}	逻辑电源	20	电源端

表 3 – 14 – 3　74LS148 真值表

输出使能	输出控制	工作状态
$\overline{OE}$	DIR	
L	L	B_n 输入，A_n 输出
L	H	A_n 输入，B_n 输出
H	×	高阻态

3. 显示电路

显示电路如图 3 – 14 – 5 所示。

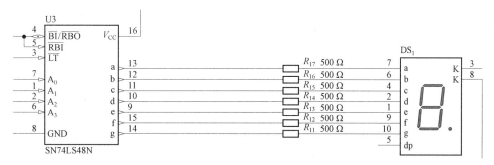

图 3 – 14 – 5　显示电路

数码的显示方式一般有三种：第一种是字形重叠式，它是将不同字符的电极重叠起来，要显示某字符，只需使相应的电极发亮即可，如辉光放电管、边光显示管等。第二种是分段式，数码是由分布在同一平面上若干段发光的笔画组成，如荧光数码管等。第三种是点阵式，它由一些按一定规律排列的可发光的点阵所组成，利用光点的不同组合便可显示不同的数码。

数字显示方式目前以分段式应用最普遍，七段式数字显示器利用不同发光段组合方式，显示 0～15 等阿拉伯数字。在实际应用中，10～15 并不采用，而是用 2 位数字显示器进行显示。其七段数字显示器发光组合图如图 3 – 14 – 6 所示。它是通过 74LS48 对其 $a \sim g$ 段二极管的明暗进行控制，最后使得其显示出一定的数字模式。

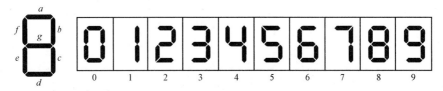

图 3-14-6　七段数字显示器显示数字

在本设计中用的是 74LS48 来对数码管进行控制。74LS48 的引脚排列如图 3-14-7 所示，功能真值表如表 3-14-4 所示。

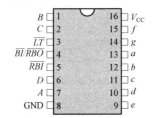

图 3-14-7　74LS48 引脚排列图

表 3-14-4　74LS48 功能真值表

十进制数或功能	输入			$\overline{BI}/\overline{RBO}$	输出						
	$\overline{LT}$	$\overline{RBI}$	$DCBA$		a	b	c	d	e	f	g
0	H	H	0000	H	1	1	1	1	1	1	0
1	H	×	0001	H	0	1	1	0	0	0	0
2	H	×	0010	H	1	1	0	1	1	0	1
3	H	×	0011	H	1	1	1	1	0	0	1
4	H	×	0100	H	0	1	1	0	0	1	1
5	H	×	0101	H	1	0	1	1	0	1	1
6	H	×	0110	H	0	0	1	1	1	1	1
7	H	×	0111	H	1	1	1	0	0	0	0

4. 报警电路

报警电路如图 3-14-8 所示。报警闪烁和报警声分别用 2 个 555 电路产生的方波驱动实现。具体接法如下：

8 脚接电源、1 脚接地、3 脚接输出、5 脚串电容、4 脚串电阻、7 脚连一只电位器，2、6 脚共接容阻间。

第一个 555 组成的多谐振荡器中产生的方波频率：

$$f = 1.44/[(R_1 + 2 \times R_2)C]$$

其中，$R_1 = 5.1\ \text{k}\Omega$，$R_2 = 4.6\ \text{k}\Omega$，$C = 0.1\ \mu\text{F}$，则

$$f = 1.44/[(5\ 100 + 2 \times 4\ 600) \times 0.000\ 1] = 1\ (\text{Hz})$$

第二个 555 组成的多谐振荡器中产生的方波频率:

$$f = 1/(1.1RC)$$

其中，$R = 5.1$ kΩ，$C = 0.1$ μF；则

$$f = 128 \text{ Hz}$$

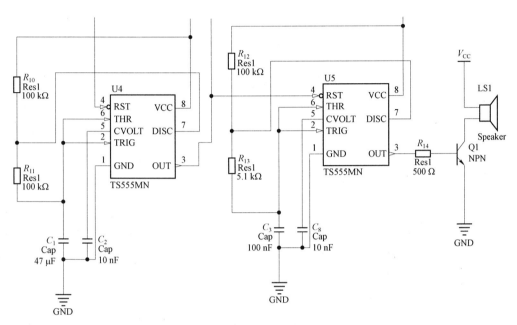

图 3-14-8　报警电路

5. 电源电路

稳压芯片选用 L7805 芯片。L7805 可调电压输出版本能提供的输出电压范围为 4.65～5.35 V。考虑到使用上的稳定和方便，所以选择 5 V 固定电压输出版本的 L7805 芯片。采用典型电路接法产生较稳定的电压 V_{CC}，使用的电容为 2 200 μF 和 1 000 μF 电解电容，起滤波的作用。

电源电路如图 3-14-9 所示。

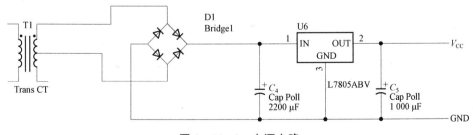

图 3-14-9　电源电路

6. 复位电路

当病人呼叫成功后医护人员解决完后需要重新启动呼叫电路，这是需要复位电路清除呼叫来实现。

复位电路图如图3-14-2所示,当按下S_9按键时,产生高电平送往74LS148译码器$\overline{EI}$端,使其清零。释放按键后电路恢复原样,可以继续下一次呼叫。

3.14.5 实验过程

由于实验电路中使用器件较多,实验前必须合理安排各器件在实验装置上的位置,使电路逻辑清楚,接线较短。

实验时,应按照实验任务的次序,将各单元电路逐个进行接线和调试,即分别测试按键电路、锁存电路、显示电路、报警电路、电源电路及复位电路的逻辑功能,待各单元电路工作正常后,再将有关电路逐级连接起来进行测试……,直到测试整个电路的功能。

这样的测试方法有利于检查和排除故障,保证实验顺利进行。病房呼叫系统整体电路如图3-14-10所示。具体测试步骤如下:

(1)领取元器件(注意:不要散落丢失)。

(2)根据系统原理设计实际电路(画出详细电路原理图),并计算两个555定时电路的元件参数。

(3)按电路图将元器件安装到实验台上(注意:元件在实验台上布局要合理、美观;DIP封装的集成电路安装到芯片插座,其他元件安装到元器件插接孔上)。

(4)用导线连接电路连线(注意:细导线要平直,不要破皮短路)。

(5)在不插装芯片的情况下,用万用表测量电源和地是否短路;各地线是否连通。

(6)在不插装芯片的情况下,给系统接上电源,用万用表测量各电源点电压是否正常。

(7)在断电情况下,插上芯片,再通电,按各按键,观察系统是否正常工作。如闻到有热煳味或芯片发烫,应立即断电检查。

3.14.6 实验报告

(1)总结病房呼叫系统的整个调试过程。

(2)分析调试中发现的问题及故障排除方法。

3.14.7 实验预习

(1)复习数字电路中编码器、译码器、锁存器、时钟发生器及计数器等部分内容。

(2)除了本实验中采用的时钟源外,选用另外两种不同类型的时钟源,可供本实验用。画出电路图,选取元器件。

(3)列出病房呼叫系统单元电路的测试表格。

(4)列出调试病房呼叫系统的步骤。

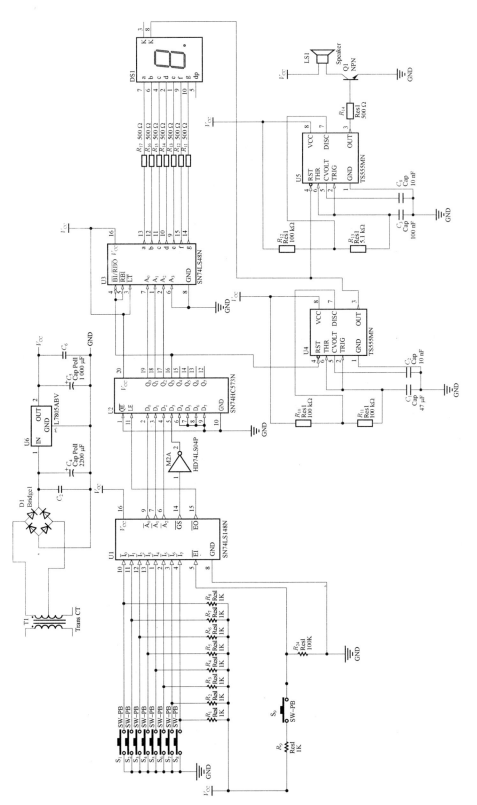

图 3-14-10 病房呼叫系统原理图

第4章

电子技术课程设计

4.1　电子电路设计的方法与步骤

电子电路设计方法一般有两种：人工设计，电路结构的确定、元器件参数的选取、电路的各项指标的计算等各个设计环节均由设计人员完成；计算机辅助设计（CAD），电路的各项指标的计算由计算机完成。由于技术进步，现代电子设计基本都是采用第二种，常用的软件有 Multisim、Protues、Altium Designer 等。Multisim 具有使用方便、用户量大，便于交流等优点，因此本教材选用 Multisim 软件。

电子电路设计的结果大多是一个系统，因此这里我们就以系统替代电子电路。电子系统的设计步骤一般采用自顶向下与自底向上相结合的方式，所谓顶就是系统的功能，所谓底就是最基本的元器件，甚至是 PCB 版图。如图 4-1-1 所示。

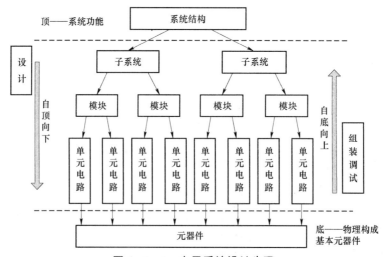

图 4-1-1　电子系统设计步骤

一个电子系统可以按照功能划分为若干个子系统，子系统又是由若干功能模块构成，功能模块又是由若干单元电路构成，而单元电路是由元器件构成的，最终元器件需要由一块 PCB 承载。按照系统级设计→子系统设计→功能模块设计→单元电路设计→元器件选型→PCB 设计，这样自顶向下的过程可以实现系统电路设计。但是设计好系统是否能够正常工作，还要依赖于调试。调试的步骤和设计的步骤正好相反，按照元器件筛选→单元电路调试→功能模块调试→子系统调试→系统调试这样自底向上的过程可以实现系统的调试。当然一个这样的循环不足以设计出最终性能指标合格的产品，通常需要若干往复循环过程，最终使设计出的系统的性能指标达到预期。

在这个设计过程中，对于规模小、功能不复杂的系统，子系统设计、功能模块设计和单元电路设计可以合并、简化，另外元器件选型以后通常加入仿真环节，可以用软件对所设计电路进行仿真，从中发现问题并对设计结果进行修正，为最后的安装调试做充分的准备。下面将详细讨论各个设计步骤。

4.1.1　系统、子系统级设计

系统、子系统级的设计得到的是系统总体方案，是将系统的总要求不断分解细化的过程。

在全面分析电子系统任务书所下达的系统功能、技术指标后，根据已掌握的知识和资料，将总体系统功能合理地分解成若干个子系统，子系统再划分成若干功能模块，功能模块再划分成若干单元电路。最终画出各个单元电路框图相互连接关系而形成的系统原理框图，同时给出各个单元电路的性能指标。这也是系统总体方案的设计过程。这个过程通常可以采用以下步骤：

（1）系统指标可行性分析：包括指标合理性、难易程度、先进性、主客观条件、元器件的货源情况、可否按时完成、成本和市场前景。

（2）信号处理的流程分析。

（3）拟定信号处理流程中所设定的处理环节和处理要求，设置可完成各种相对独立的功能模块，通常用框图完成设计的表达。

（4）拟定框图中模块的指标。

（5）确定单元电路的技术指标。

（6）系统设计的优化。

系统总体方案的选择，直接决定电子系统设计的质量。在进行总体方案设计时，要多思考、多分析、多比较。要从性能稳定、工作可靠、电路简单、成本低、功耗小、调试维修方便等方面，选择出最佳方案。

4.1.2　单元电路级设计

根据系统级设计时所制定的各个单元电路的指标，选定合理的电路结构、电路参数和器件，使之达到指标的要求，实现各个单元电路的功能。

在进行单元电路设计时，必须明确对各单元电路的具体要求，详细拟定出单元电路的性能指标，认真考虑各单元之间的相互联系，注意前后级单元之间信号的传递方式和匹配，并考虑到各单元电路的供电电源尽可能统一，以便使整个电子系统简单可靠。另外，尽量选择现有的、成熟的电路来实现单元电路的功能。有时找不到完全满足要求的现成电路，可在与设计要求比较接近的某电路基础上适当改进，或自己进行创造性设计。为了使电子系统的体积小，可靠性高，电路单元尽可能用集成电路组成。

4.1.3　元件参数计算与选型

在进行电子电路设计时，应根据电路的性能指标要求决定电路元器件的参数。例如根据电压放大倍数的大小，可决定反馈电阻的取值；根据振荡器要求的振荡频率，利用公式，可计算出决定振荡频率的电阻和电容之值等。但一般满足电路性能指标要求的理论参数值不是唯一的，设计者应根据元器件性能、价格、体积、通用性和货源等方面灵活选择。计算电路参数时应注意以下几点：

（1）在计算元器件工作电流、电压和功率等参数时，应考虑工作条件最不利的情况，并留有适当的裕量。

（2）对于元器件的极限参数必须留有足够的裕量，一般取 1.5～2 倍的额定值。

（3）对于电阻、电容参数的取值，应选计算值附近的标称值。电阻值一般在 1 MΩ内选择；非电解电容器（无极性）一般在 100 pF～0.47 μF 选择；电解电容一般在 1～2 200 μF 范围内选用。

（4）在保证电路达到功能指标要求的前提下，尽量减少元器件的品种、价格、体积等。

参数计算后还要根据计算结果选择合适型号的元器件，选择电子元件时，应根据电路处理信号的频率范围、环境温度、空间大小、成本高低等诸多因素全面考虑。具体表现为：

① 电阻器和电容器是两种最常用的元器件，它们的种类很多，性能相差也比较大，应用的场合也不同。因此，对于设计者来说，应该熟悉各种电阻器和电容器的主要性能指标和特点，以便根据电路要求，对元件做出正确的选择。

② 分立半导体元件的选择。首先要熟悉它们的功能，掌握它们的应用范围；根据电路的功能要求和元器件在电路中的工作条件，如通过的最大电流、最大反向工作电压、最高工作频率、最大消耗的功率等，确定元器件型号。

4.1.4　计算机模拟仿真

EDA（电子设计自动化）技术已成为现代电子系统设计的必要手段。在计算机工作平台上，利用 EDA 软件，可对各种电子电路进行调试、测量、修改，大大提高了电子设计的效率和精确度，同时节约了设计费用。这一步可以和第二步、第三步结合，即电路设计、参数选型与结果仿真验证同步进行，可以进一步提高工作效率。这是一个反复凑试、反复核算、反复修改（仿真验证）的过程，不可能一次完成，通过多次修改电路拓扑结构、元件参数、再仿真的过程，才能获得参数合适的电路。软件 Multisim 的使用方法请参考其他资料。

4.1.5　电路组装

根据仿真验证的结果，得到最终的电路图，再根据电路图汇总出元件清单，配齐元器件后就可以进入安装调试阶段了。安装过程的基本步骤和主要注意事项如下。

1）整体布局

按照信号流，规划每一个单元电路在万能实验板内区域。为了方便查找电路，可以按照原理图的位置进行布局，但也要充分考虑信号间的干扰，小信号电路和大功率电路、高压电路、发射电路要留有足够的距离。布局后各个单元电路的位置要在实验板上用记号笔做好标记，另外信号输入端、输出端、电源端等也要有明显的标记，尤其是带极性的端口（如电源输入端的"＋""－"极）更要谨慎。

2）局部布局与布线

通过整体布局确定好每一个单元电路的区域以后，就可以在这个区域将元器件安装在适当的位置（布局），并进行连线（布线）。布局时元件摆放的位置要合理、美观、整齐，一方面简化下一步布线，另一方面为下一步的调试预留充分的空间，关键电路要预留电流测量断口（可以用 2 脚单排针串入三极管集电极电流通路、整机电源入口的电流通路、各个单元电路电流通路等实现）。布线时要充分利用元器件的引脚进行电路连接，要横平竖直，减少飞线的使用。这一过程比较容易出错，一定要以节点为单位进行元件的安装连接，即把一个节点的元件都安装完毕后再安装下一个节点。这样可以有效地避免元件错装、漏装。如果不能利用元件的引脚进行连接，可以使用飞线，但飞线不允许跨接在集成电路和一些可能需要调整参数的元件上（比如有些基极偏置电阻可能需要根据调试结果进行更换）。另外，要根据线路中的电流大小选择合适粗细的导线。

4.1.6　电路调试

调试是保证电路性能指标达到预期结果的重要途径和保证，由于模拟元件的离散性，设计、仿真的结果和实际电路会有所出入。通过调试能对电路参数做进一步的修正，使系统的性能指标达到预期。

整个调试过程应分层次进行，先单元电路，再模块电路，最后系统联调。按照分配的指标、分解的模块，一部分一部分调试，然后将各模块连接起来统调。

这一阶段，要充分利用电子仪器来观察波形，测量数据，发现问题，解决问题，以达到最终的目标。

电路调试的基本步骤如下。

1）通电前检查

检查连接是否错误，通过目测和万用表测量，排除连接错误，尤其是电源短路、有极性元器件的极性接错等严重错误，避免造成不必要的损失。要重点检查的元器件通常有：电解电容、二极管、三极管、集成电路电源和地引脚。

2）通电检查

加入正常电压，观察电路情况有无异常。这一步骤最关键的是确保各个单元电流在允许范围内。如电路组装要求，要在电源输入端口留有整机电流测量断口，将万用表切换到较大的电流挡位，万用表的表笔短时碰触端口的两点，测量整机电流，如果在预期范围内，就可以将断口用导线暂时连通，否则要仔细检查故障原因，直至电流在正常范围内。

3）单元电路调试

利用信号源、万用表、示波器等其他实验仪器判断各单元电路的工作状态，测量各个单元电路的性能指标是否在预期值，否则需要调整该单元电路的参数，直至性能指标符合要求。

4）整机联调

从最前端到末级进行统调，检查各级动态信号工作情况，分析是否满足设计要求。如果技术指标不符合设计要求，就需要反复实验、反复调整，直至符合要求。

4.2　模拟电子技术课程设计实例

模拟电子系统的主要功能是对模拟信号进行放大、处理、变换和产生。模拟信号的特点是，在时间上和幅值上均是连续的，在一定的动态范围内可以任意取值。这些信号可以是电量（如电压、电流等），也可以是来自传感器的非电量（如应变、温度、压力、流量等）。组成模拟电子系统的主要单元电路有放大电路、滤波电路、信号变换电路、驱动电路等。

模拟电路具有如下特点：

（1）器件模型的精度有限、离散性比较大。

（2）模拟电路的种类较多。

（3）电路的技术指标众多。

（4）模拟器件种类繁多。

（5）分布参数和干扰对模拟电路的影响较大。

因此对于模拟电路的设计，除要充分考虑这些因素之外还要注意以下特点：

（1）注意技术指标的精度及稳定性，考虑元器件的温度特性、电源电压波动、负载变化及干扰因素的影响。

（2）重视级间阻抗匹配问题。（反射）

（3）选择元器件时应注意参数的分散性及温度的影响。（发散与收敛、温漂）

（4）调试中应遵循先单元后系统、先静态后动态、先粗调后细调的原则。（调零、温度补偿等）

模拟电路设计是一个从无到有、从文字描述的技术指标到实际电路的复杂过程，下面通过设计一个函数信号发生器的课程设计看一下整个过程。

4.2.1 系统、子系统级设计

1. 技术指标及其分析

函数信号发生器技术指标主要有：输出波形频率范围为 2 Hz～10 kHz 且连续可调；正弦波幅值为 ±2 V；方波幅值为 ±4 V；三角波幅值为 ±2 V；锯齿波幅值为 2 V；设计电路所需的直流电源可用实验室电源。由这些技术指标可以得出以下信息：

该信号发生器需要实现正弦波、方波、三角波的输出，且频率可调。这三个信号应该有一个是由振荡器产生，另两个是由波形变换得到。哪个信号由振荡器产生需要对波形变换过程进行详细分析后确定。

正弦波为双极型，方波和三角波幅度固定，因此需要考虑稳幅措施。

电源用实验室的直流电源，因此不需要再设计电源稳压电路，但需确定合适的电源电压。

2. 信号处理的流程分析与选择

由前面分析和模拟电路的知识可知，要实现所要求的信号发生器的信号处理流程可以有两种：第一种是正弦波振荡器（输出正弦波）→过零比较器（输出方波）→积分器（输出三角波）；第二种是方波振荡器（输出方波和三角波）→差分乘法器（输出正弦波）。

第一种的最大优点是正弦波由振荡器直接产生，线性度好，波形失真小。这个方案中，获得三角波信号需要对正弦波信号过零比较后获得的方波信号进行积分，但系统指标要求频率可调，而积分器的时间常数难以跟随方波的频率变化而变化，因此获得的三角波的幅度会随着矩形波的频率变化而变化，难以获得幅度稳定的三角波。

第二种方案采用积分型方波振荡器，可以同时获得频率可变的方波和三角波，且幅度稳定，但是由三角波变换得到正弦波的方法比较复杂，可是技术指标能够获得保障。因此，本次课程采用第二种方案。

第二种方案需要将三角波或方波变换成正弦波。根据模拟电路中所学到的知识，这个变换有两种，一种是滤波法，三角波和方波用傅立叶级数展开，除基波外，还含有 3 次、5 次……谐波，因此采用滤波器可以将基波选择出来，而把高次谐波滤除，就可以得到正弦波，这种方法适用于频率变化不大的情况，我们的设计目标频率范围是 2 Hz～10 kHz，达到了 5K 倍频程，因此滤波器的截止频率必须跟随方波或三角波的频率变化，技术难度比较大。因此这种方法不太合适。另一种方法是对三角波采用非线性（折线）变换，获得近似的正弦波，这种方法不依赖于滤波，频率高低都能适应，因此可以采用这个方法获得正弦波。

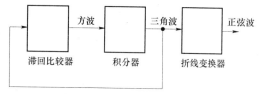

图 4-2-1 系统初步框图

所以可得到系统初步框图如图 4-2-1 所示。

根据设计目标的要求，正弦波幅值为 ±2 V；方波幅值为 ±4 V，占空比可调；三角波幅值为 ±2 V；锯齿波幅值为 ±2 V。从上面框图和所学习的知识可知，滞回比较器输出的方波的幅度主要由电源电压和稳压二极管限幅电路决定，如果要使滞回比较器的输出达到 ±4 V，则运算放大器的电源电压要达到 ±6 V 以上，此时运放的输出幅度可达 ±4 V，但考虑到限幅电路的损耗，电源电压还要有所提高，一般实验台提供的有 ±5 V、±10 V、±15 V 的电源，因此，这里的设计选择 ±10 V 的工作电压。

三角波的幅度由滞回比较器的门限电压决定，因此滞回比较器的门限电压应该设置为 ±2 V。

正弦波的幅度也是 ±2 V，经过折线变换以后幅度肯定会低于 ±2 V，因此上述框图需要增加一个放大环节，而且该放大环节的放大倍数可调，最终使折线变换器输出的幅度为 ±2 V。因此放大器的放大倍数调节范围需要根据折线变换器的设计结果进行推算。

于是得到最终系统框图如图 4-2-2 所示。

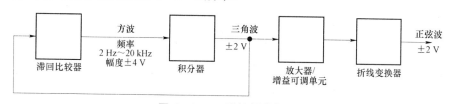

图 4-2-2 系统最终框图

4.2.2　单元电路级设计、参数计算与仿真

根据系统框图 4-2-2，进行单元电路的设计，首先设计滞回比较器和积分器，把它们组合成一个单元电路一起设计；然后进行折线变换器设计；最后设计放大器。

1. 滞回比较器和积分器的设计与仿真

图 4-2-3 是滞回比较器和积分器电路，R_1 用于调节占空比，R_3、C 用于调整频率。根据前面的分析，D_Z 的稳压值 U_Z 应该是 4 V，

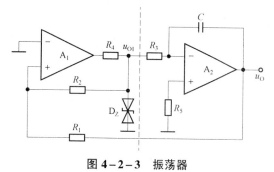

图 4-2-3 振荡器

滞回比较器的门限电压是 ±2 V。因此，

$$u_{P1} = \frac{R_1}{R_1 + R_2} \cdot u_{O1} + \frac{R_2}{R_1 + R_2} \cdot u_O \qquad (4-2-1)$$

令 $u_{P1} = u_{N1} = 0$，将 $u_{O1} = \pm 4$ V，$u_O = \pm 2$ V 代入，得出 $R_2 = 2R_1$。

R_1 取值 10 kΩ，可得 R_2 取值应该是 20 kΩ。R_4 作为限流电阻，和 D_z 配合实现限幅，R_4 的取值按 1 kΩ。

如前所述，输出频率为 2 Hz～10 kHz，振荡器的频率计算公式为：

$$f = \frac{R_2}{4R_1 R_3 C} \qquad (4-2-2)$$

R_1、R_2 的取值已知，R_3 和 C 的取值需要确定，由于需要调整频率，所以 C 的取值固定，而 R_3 的取值应该是可调的，用来调整频率。因为 R_3 取值是变化的，因此，不能把频率值代入上式获得方程组来求解 R_3、C。这里不能通过解方程计算参数，必须假设一个元件的参数，然后才能确定其他参数。由于电容的取值可选余地比较小，因此先确定电容的参数，然后再考虑电阻的取值。在这个电路中，电容 C 流过的电流是双向的，所以必须选择无极性电容，通过前文的叙述可知，无极性电容的取值范围是 100 pF～0.47 μF，考虑到电路振荡频率最低为 2 Hz，所以电容的取值要稍微大一点，因此先选择 0.47 μF 的电容试试。代入式（4-2-2），可以计算出 R_3 的取值范围。

$$2 = \frac{20 \times 10^3}{4 \times 10 \times 10^3 \times R_{3max} \times 0.47 \times 10^{-6}} \qquad (4-2-3)$$

$$R_{3max} = \frac{20 \times 10^3}{2 \times 4 \times 10^3 \times 0.47 \times 10^{-6}} = 1 \times 10^6 \approx 0.5\,(\text{MΩ}) \qquad (4-2-4)$$

$$10\,000 = \frac{20 \times 10^3}{4 \times 10 \times 10^3 \times R_{3min} \times 0.47 \times 10^{-6}} \qquad (4-2-5)$$

$$R_{3min} = \frac{20 \times 10^3}{10\,000 \times 4 \times 10^3 \times 0.47 \times 10^{-6}} = 106\,(\text{Ω}) \qquad (4-2-6)$$

由此可见，$C = 0.47$ μF 时，R_3 的取值范围是 0.5 MΩ～106 Ω。为了对设计结果进行验证，可用 Multisim 软件仿真一下。这里选择通用型运放 TL084。仿真电路最高频率情况如图 4-2-4 所示。从图中可见，仿真结果和计算结果有些出入，仿真电路图中 R_3 和电位器 R_5 配合相当于计算电路中的 R_3，可见若将电位器 R_5 调到 0，R_3 值为 200 Ω，电容 C_1 为 0.22 μF 时，周期为 100 μs，频率为 10 kHz。

仿真电路最低频率情况如图 4-2-5 所示。从图中可见，仿真电路图中 R_3 和电位器 R_5 配合相当于计算电路中的 R_3，可见若将电位器 R_5 调到 1 MΩ，R_3 值为 200 Ω，电容 C_1 为 0.22 μF 时，周期为 441 ms，频率为 2.26 Hz。

2. 折线变换器设计

折线变换电路可以用二极管折线电路或者差分放大电路实现。二极管电路复杂，不易调试，因此选用差分放大器来实现。

差分放大器具有工作点稳定，输入阻抗高，抗干扰能力较强等优点。特别是作为直流放大器，可以有效地抑制零点漂移。可以利用其非线性放大区，将三角波变换成正弦波。分析表明，传输特性曲线的表达式为：

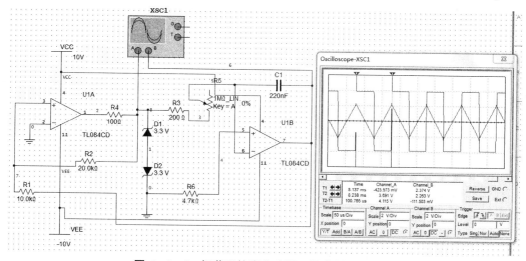

图 4-2-4　振荡器仿真电路图（最高频率情况）

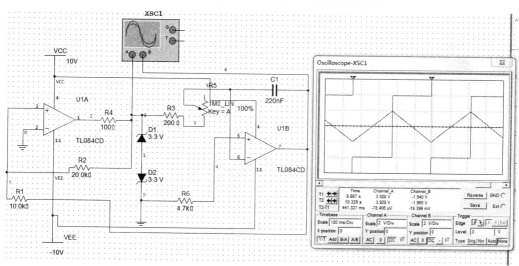

图 4-2-5　振荡器仿真电路图（最低频率情况）

$$I_{c2} = aI_{e2} = \frac{aI_0}{1+e^{U_{id}/U_T}} \qquad (4-2-7)$$

$$I_{c1} = aI_{e1} = \frac{aI_0}{1+e^{-U_{id}/U_T}} \qquad (4-2-8)$$

式中　$a = I_c / I_e \approx 1$；

　　I_0——差分放大器的恒定电流；

　　U_T——温度的电压当量，当室温为 25 ℃时，$U_T \approx 26$ mV。

如果 U_{id} 为三角波，则表达式为：

$$U_{id} = \begin{cases} \dfrac{4U_m}{T}\left(t - \dfrac{T}{4}\right), & 0 \leqslant t \leqslant \dfrac{T}{2} \\[3mm] \dfrac{-4U_m}{T}\left(t - \dfrac{3T}{4}\right), & \dfrac{T}{2} \leqslant t \leqslant T \end{cases} \qquad (4-2-9)$$

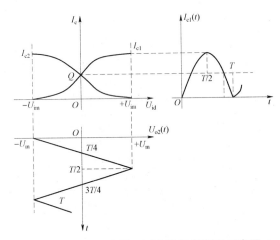

图 4-2-6 三角波-正弦波变换原理示意图

式中 U_m——三角波的幅度；

T——三角波的周期。

为使输出波形更接近正弦波，由图4-2-6可见：

传输特性曲线越对称，线性区越窄、越好；

三角波的幅度 U_m 应正好使晶体管接近饱和区或截止区。

图4-2-7为实现三角波-正弦波变换的电路。其中 R_7 调节三角波的幅度，图4-2-2中放大器增益可调单元就用 R_7 替代了。R_{11} 调整电路的对称性，其并联电阻 R_{10} 用来减小差分放大器的线性区。电容 C_1 为隔直电容，C_2 为滤波电容，以滤除谐波分量，改善输出波形。

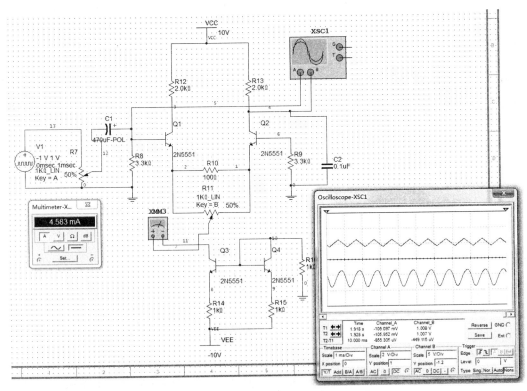

图 4-2-7 三角波-正弦波变换原理仿真图

4.2.3 整机电路仿真与元件清单列表

根据前面的设计，我们把两部分电路组合在一起，如图4-2-8所示，仿真波形和预期一致。

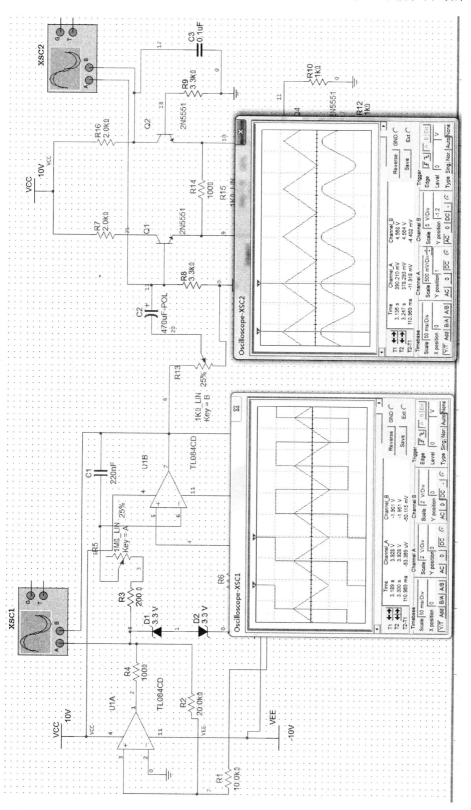

图 4-2-8　完整原理仿真图

说明设计思路、结果没有问题，然后就可以按照设计结果列出元器件清单，元器件清单如表 4-2-1 所示。另外，实际电路中需要增加 100 μF 电源滤波电容。

表 4-2-1　元器件清单

类别	型号	封装	数量
芯片	TL084	直插	1
三极管	2N5551	直插	4
二极管	稳压值 3.3 V	直插	2
电阻	10K	直插	1
	20K	直插	1
	100 Ω	直插	2
	4.7K	直插	1
	2K	直插	2
	1K	直插	3
电位器	1 MΩ	直插	1
	1K	直插	1
电容	100 μF	直插	2
	470 μF	直插	1
	0.1 μF	直插	3

4.2.4　整机电路安装

这一步骤就是要求把电路安装到万能实验板或者面包板上面。这一过程一定要耐心细致，一方面焊接质量要保证不虚焊，另一方面布局要便于测量，便于检查。可以按照原理图里面信号流的方向一个单元一个单元、每一个单元一个节点一个节点地安装，这样不容易出错。

4.2.5　整机电路调试

整机电路调试时要按照信号流，一个单元一个单元地测量、调试。对于这个电路，先测试 U_{1A}、U_{1B} 的输出，再测试 Q_2 集电极输出。对照设计、仿真时的波形判断各级电路工作是否正常。

4.2.6　总结报告撰写

总结报告是课程设计的重要环节，是对整个课程的总结，对巩固知识有重要的意义，课程设计报告格式严格按照相关要求进行撰写。

4.3　模拟电子技术课程设计推荐选题

前面章节讲述了模拟电路课程设计的方法、过程，本章将推荐 4 个选题，通过对这些选题的实现，使大家进一步了解设计、制作、调试的过程。

4.3.1　遮光型红外报警器

1. 任务和要求

（1）当有人遮挡红外光路时发出报警信号，无人遮挡时不报警；

（2）红外发射、接收频率为 40 kHz，检测距离大于 1 m；

（3）报警信号频率为 800 Hz。

2. 分析

根据任务和要求（1），可以知道报警器需要一个红外发射二极管和一个红外接收二极管配合，当红外发射二极管发出的红外光被红外接收二极管接收时光路没有被遮挡，没有入侵发生，不报警；如果红外光被遮挡，红外接收二极管收不到红外光，就可以确定发生了入侵行为，报警器要发出 800 Hz 的报警声。

自然界普遍存在红外光，为了提高报警器的抗干扰能力，要求（2）提出的解决方案：使红外发光二极管发出的红外光的频率设定为 40 kHz。因此，接收二极管接收的信号需要经过一个带通滤波器，滤除 40 kHz 以外的信号，提高抗干扰能力。

3. 参考框图

由以上分析可得出报警器的框图如图 4-3-1 所示。

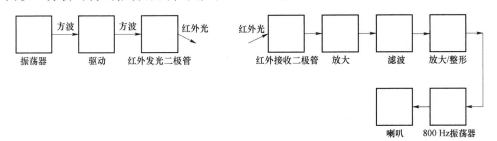

图 4-3-1　遮光型红外报警器框图

4.3.2　声控小夜灯

1. 任务和要求

（1）发出声音时点亮灯；

（2）延时 60 s 关闭灯；

（3）灯点亮期间有声音，从发出声音的时刻开始重新延时关灯。

（4）用 5 V 电源供电，用 LED 替代灯。

2. 分析

根据任务和要求（1），可以知道需要用话筒检测声音，并对信号进行放大。任务和要求（2）的功能可以用 RC 充放电电路实现，检测到声音信号后快速对电容充电，电容放电通过电阻缓慢进行即可实现延时。

为了安全，电路用 5 V 电源或者电池供电，灯也用 LED 替代，避免交流 220 V 供电产生安全问题。

3. 参考框图

由以上分析可得出声控小夜灯的框图如图 4-3-2 所示。

图 4 - 3 - 2　声控小夜灯框图

4.3.3　音频放大器

1. 任务和要求

（1）将话筒输出的语音信号放大，u_i 大于 5 mV，输出电压为 1 V；

（2）语音滤波器（带通滤波器）：频带范围为 300～3 400 Hz；

（3）额定输出功率 $P_{OM} = 1$ W，负载阻抗 $R_L = 8$ Ω。

2. 分析

根据任务要求，首先需要将话筒输入的信号放大 200 倍，另外需要对信号进行带通滤波。最后用功率放大器输出 1 W 的功率。放大器的设计请参考第 2 章实验六，滤波器设计请参考第 2 章实验七，功率放大器请参考第 2 章实验十。

3. 参考框图

由以上分析可得音频放大器的框图如图 4 - 3 - 3 所示。

图 4 - 3 - 3　音频放大器框图

4.3.4　热释电、光双控灯

1. 任务和要求

（1）利用热释电传感器检测人体活动情况；

（2）利用光敏电阻检测环境亮度；

（3）当环境黑暗时，有人活动时打开灯，延时 60 s 关闭；

（4）环境亮时不开灯；

（5）灯在延时期间，如果又检测到人员活动，延时时间重新计时；

（6）用 LED 替代灯。

2. 分析

根据任务要求，首先需要将热释电传感器的信号放大，然后再利用光敏电阻的信号对热释电信号进行开关操作，再利用 RC 充放电电路进行延时，最终驱动 LED。由于热释电传感器的有效信号频率很低（一般低于 10 Hz），为了提高抗干扰能力，在放大环节可以加入低通滤波器。放大器的设计请参考第 2 章实验六，滤波器设计请参考第 2 章实验七。

3. 参考框图

由以上分析可得出热释电、光双控灯的框图如图 4 - 3 - 4 所示。光敏电阻获得的光控信号控制 RC 延时或者驱动电路。

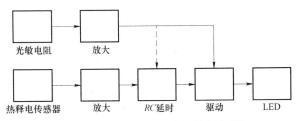

图 4-3-4 热释电、光双控灯框图

4.4 数字电子技术课程设计实例

数字电路的设计过程和模拟电路类似，如图 4-4-1 所示的设计流程仍然适用于数字电路。所不同的是数字电路的设计更侧重于逻辑的实现，因此要综合运用理论课所学到的多种设计方法进行分析，将逻辑功能实现后，再选择合适的芯片，用电路实现设计。下面就以抢答器为例看看设计的流程。

4.4.1 设计任务和要求

（1）设计、制作一个能够实现以下功能的 8 路抢答器：

① 输入为 8 个抢答开关、一个复位开关，抢答结果由 LED 数码显示。

② 当无人抢答时，LED 数码管应显示为 0。

③ 当某人抢答按下某个开关时，其输出应显示相应的抢答者的位置编号并保持锁存，且对于后续抢答者的抢答请求不予反应。

④ 下一轮抢答开始时，能够通过按键实现解锁，解锁后电路恢复允许抢答状态，进行下一轮抢答。

⑤ 开始抢答后进入倒计时，倒计时到"00"之前可以抢答，到"00"以后停止抢答，并使蜂鸣器鸣叫提示参赛人员。

⑥ 倒计时时间可以预置。

（2）完成电路的设计、Multisim 的仿真。

（3）完成电路的调试和测试。

（4）按照要求撰写数字电路课程设计的报告和图纸。

4.4.2 设计任务分析

根据对设计任务和要求的分析，可以得出以下结论：

（1）所设计的电路必须存在抢答开关阵列才能实现抢答功能。

（2）电路中必须存在能够显示抢答结果的 LED 数码管，该数码管在抢答结束后，应当立即显示对应的抢答结果。抢答器复位后，该数码管显示为"0"，以表明当前状态为待抢答状态。

（3）电路中必须存在锁存电路，以使抢答器在响应某个抢答请求后，对后续抢答者的抢答请求不予反应。

（4）电路中必须存在编码电路，以便将抢答者的抢答信息进行编码，并供显示电路进行显示。

（5）电路中必须设置一个复位按键，使抢答器复位，以便在本轮抢答结束后，能够可靠地进入下一轮抢答。

（6）电路中应有倒计时功能，抢答开始后开始计时，倒计时到 00 秒时控制抢答电路停止抢答，并发出警告声。

综上所述，抢答器可由抢答和倒计时两部分构成。下面分别对这两部分进行设计。

4.4.3 抢答部分的设计

如上一节所述，可得抢答部分的框图如图 4-4-1 所示。

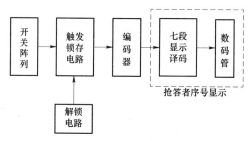

图 4-4-1　抢答部分框图

各部分的功能分配是：

（1）开关阵列电路：抢答输入。

（2）触发锁存电路：抢答控制。

（3）编码器：对抢答者序号进行编码。

（4）七段显示译码器：对抢答结果译码驱动。

（5）数码管：显示抢答结果。

（6）解锁电路：本轮抢答后复位，以便进入下一轮抢答。

一、抢答者序号显示电路设计

图 4-4-1 中的七段译码器和数码管共同组成了抢答者序号显示电路，该电路实现将编码器送来的 BCD 码译码为数码管的驱动信号，并驱动数码管显示数据的功能。因此用一个七段译码芯片和数码管即可实现。在第 3 章实验四中，已经做过译码驱动实验了，在这里，可直接采用该实验中的电路，如图 4-4-2 所示，采用 CD4511 作为译码显示驱动芯片，数码管采用共阴极 0.5 英寸（1 英寸＝2.54 厘米）数码管。

二、编码电路设计

编码电路实现将锁存器锁存的开关信号转换为 BCD 码的功能，由于设计要求是实现 8 路选手的抢答，再加上一个初始状态，编码器应该能将 8 路信号编码成 1～8 的 BCD 码，同时当没有选手抢答时应该有一个状态是 0 或者其他值。通过查找编码器芯片数据手册，可以确定 74LS147 芯片比较合适。但是 74LS147 输出的是反码，需要用非门反相后得到原码才能送给显示译码芯片 CD4511，具体电路如图 4-4-3 所示。

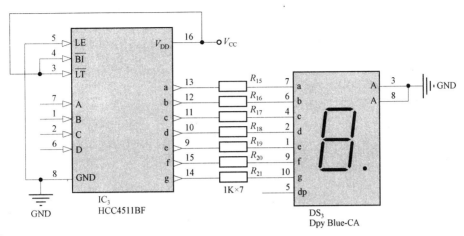

图 4-4-2　抢答者序号显示电路

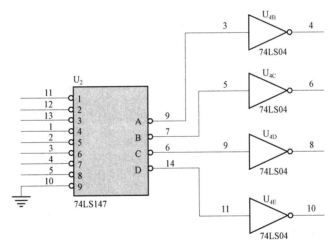

图 4-4-3　编码电路

三、开关阵列、锁存及解锁电路设计

如图 4-4-4 所示，$S_4 \sim S_{11}$ 是选手的抢答按键，每个按键左侧引脚接地，右侧引脚经 R_{P1} 上拉后进入 74LS373 的数据输入端，这部分电路构成了开关阵列。抢答按键没有按下时为 74LS373 输入高电平信号，任意一个抢答按键按下时就会给 74LS373 输入一个低电平。

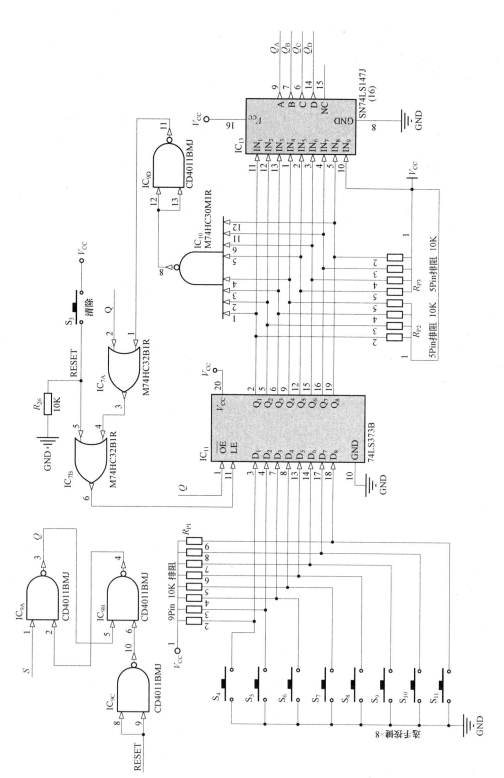

图 4-4-4 锁存与解锁电路

74LS373 的功能表如表 4 - 4 - 1 所示，$\overline{OE}$ 是输出使能端，LE 是锁存信号，当 $\overline{OE}$ 为低电平时输出正常，$\overline{OE}$ 为高电平时输出高阻态。LE 为锁存信号，LE 为高电平时，输出数据等于输入数据，当 LE 为低电平时，输出数据保持不变。对 74LS373 这两个引脚的控制，可以实现锁存、禁止抢答功能。

表 4 - 4 - 1　74LS373 的功能表

输入			输出
$\overline{OE}$	LE	D_n	Q_n
L	H	H	H
L	H	L	L
L	L	×	Q_0
H	×	×	Z

图 4 - 4 - 4 中，信号 "S" 来自于倒计时电路，当倒计时没有到 "00" 时，"S" 为高电平，当倒计时到 "00" 时，"S" 为低电平。当按下 S_3 后整个电路进入复位状态，IC_{9A}、IC_{9B} 构成的 RS 锁存器输出的 Q 信号为低电平，74LS373 的 $\overline{OE}$ 端为低电平，使 74LS373 为正常输出状态。

由于 $S_4 \sim S_{11}$ 都释放，电路的工作状态是：74LS373 的 $D_1 \sim D_8$ 输入信号都是高电平时，输出 $Q_1 \sim Q_8$ 也是高电平，IC_{10}（74HC30）与非门的输出是低电平，经过 IC_{9D} 反相，IC_{7A}、IC_{7B} 或运算后是高电平，因此送入 74LS373 的 11 脚是高电平，74LS373 处于传输状态。此时，编码器 74LS147 的所有输入端都为高电平，输出 "0" 的编码 "1111"。

整个电路抢答工作过程如下：当任意一个抢答按键按下时，74LS373 的 $D_1 \sim D_8$ 输入信号当中肯定会有一个变为低电平，相应的 Q_n 也会变为低电平，IC_{10}（74HC30）与非门的输出就会变为高电平，经过 IC_{9D} 反相，IC_{7A}、IC_{7B} 或运算后是低电平，送入 74LS373 的 11 脚是低电平，74LS373 进入锁存状态。此时再有其他选手按下抢答键，将不会影响 74LS373 的输出，最终实现抢答过程。

4.4.4　倒计时电路的设计

计时本质上就是以固定频率为信号进行计数，抢答器的倒计时以 1 s 为单位进行计时，因此需要一个 1 Hz 的时钟信号，送入减计数即可实现计时；同时再将计数器的输出送到译码驱动器驱动数码管就可以实现显示。倒计时电路在主持人宣布开始抢答后开始倒计时，倒计时时间到 "00" 以后，应该能够发出告警声，并禁止抢答。另外，倒计时电路计时时间应该能够根据需要设置，而且只需要对十位数值进行设置即可。因此可以得出倒计时电路的框图如图 4 - 4 - 5 所示。

根据框图，计数器芯片必须具有数据预置功能和减计数功能，通过查找数据手册，可以选择 CD4511、74LS192 等芯片来实现，但是 CD4511 本身是 BCD 码计数器，使用会更方便，因此选择了 CD4511 来实现，CD4511 的功能表如表 4 - 4 - 2 所示。从表中可知 PE 为预置信号，高电平有效。U/D 为加减控制信号，倒计时电路需要 CD4511 工作在减模式，

因此 U/D 应该置低电平。

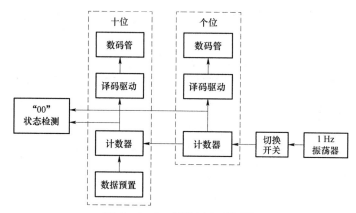

图 4-4-5 倒计时电路框图

表 4-4-2 CD4511 真值表

CLK	CI	U/D	PE	RST	功能
×	1	×	0	0	停止
⌐	0	1	0	0	加计数
⌐	0	0	0	0	减计数
×	×	×	1	0	预置数
×	×	×	×	1	复位

译码驱动与数码管电路和抢答者序号显示电路相同，这里不再赘述。

1 Hz 振荡器可以采用 555 来实现，具体设计可以参考第 3 章实验十一。完整的倒计时电路如图 4-4-6 所示。

图 4-4-6 中，双刀双掷开关 S_2 用来切换倒计时电路功能，开关打在下方时，555 输出的时钟信号通过开关输入 IC_6、IC_5 的时钟输入端，使 IC_6、IC_5 计时。如果倒计时没有到"00"，有选手抢答，就可以将 S_2 打到上方，此时时钟信号断开和 IC_6、IC_5 的联系，不再计时，同时，在 S_2 打到上方的瞬间电源 V_{CC} 经过 R_{25}、C_4、R_{24} 构成的微分电路产生微分脉冲，此脉冲再经过 IC_{8D}、IC_{8E} 整形，送到 IC_6、IC_5 的 PE 端，完成倒计时初始数据的预置。拨码开关 S_1 用来设置预置入 IC_5 的数值。IC_6、IC_5 的借位信号 $\overline{CO}$ 进行或运算后作为信号"S"，送到抢答部分，用来实现倒计时到"00"时的抢答禁止功能。当 IC_6、IC_5 没有倒计时到"00"时，IC_6、IC_5 的 $\overline{CO}$ 中必然有一个是"1"，或运算后的值是"1"，允许抢答。

倒计时到"00"时，IC_6、IC_5 的 $\overline{CO}$ 都为 0，或运算后的值"S"还是 0，这个信号"S"会使图 4-4-6 中的 IC_{9A}、IC_{9B} 构成的 RS 锁存器的 Q 输出端为"1"，使 74LS373 的输出为高阻态，抢答选手号显示始终为"0"，抢答无效，同时用 Q 信号驱动蜂鸣器报警，提示各位选手和主持人抢答时间到。直到按下复位键 S_3，抢答电路才会恢复到等待抢答状态。

蜂鸣器电路如图 4-4-7 所示。

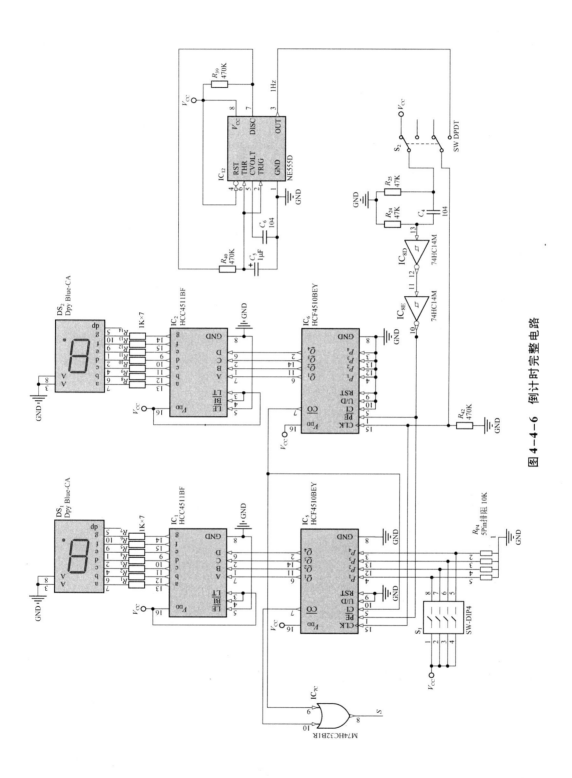

图 4-4-6 倒计时完整电路

4.4.5 设计仿真

将前面设计的电路用 Multisim 画出来，并仿真，对设计结果进行验证，是设计的一个重要步骤。

图 4-4-8 是抢答部分按下复位键后的状态。数码管显示为"0"。图中增加了 3 个二极管，用来观察 74LS373 的锁存信号，输出使能信号的状态。图中，LED$_3$ 点亮，说明 74LS373 的锁存信号为高电平；LED$_2$ 未亮，说明 RS 锁存器输出的 74LS373 输出使能信号为低电平。

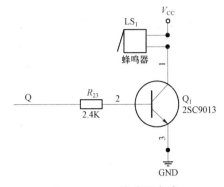

图 4-4-7 蜂鸣器电路

图 4-4-9 是 6 号选手抢键按下后的状态，数码管 U$_7$ 显示"6"，LED$_3$ 灭，说明 74LS373 的锁存信号为低电平，已经将信号锁存，此时如果其他选手按下抢答键，74LS373 的输出状态不受影响，数码管会一直显示"6"；LED$_2$ 未亮，说明 RS 锁存器输出的 74LS373 输出使能信号为低电平。

图 4-4-10 是倒计时电路的仿真图，图中开关 J$_{1A}$、J$_{1B}$、J$_{1C}$、J$_{1D}$ 为倒计时时间设置开关，用来设置倒计时时钟十位的初始值，编码方式为 BCD 码，其中 J$_{1A}$ 为最低位、J$_{1D}$ 为最高位。开关 S$_{11}$ 用来控制时钟信号和计数器的通断实现倒计时的开关。S$_{10}$ 为预置开关，开关闭合时，CD4510 的 PL 端为高电平，进行预置数据的装载。R$_{31}$~R$_{34}$ 为上拉电阻。R$_{11}$ 为时钟信号的下拉电阻，避免 S$_{11}$ 断开时，U$_{10}$、U$_{11}$ 时钟输入端处于悬空状态，造成时钟误动作。

4.4.6 电路安装与调试

电路仿真没有问题就说明设计已经没有问题了，可以按照这个设计图安装实体电路了。但是需要注意电源退耦的问题，不论是在万能实验板还是面包板上面安装都需要加电源退耦电容，这些电容在仿真电路里没有，但在实际电路中必须要有，否则会造成数字芯片逻辑状态混乱，功能失常！常规的做法是在每个芯片的电源和地之间并联一个 0.1 μF 的电容，而且电容要尽量靠近电源脚；四五个芯片电源端要共用一个 22 μF 的电解电容进一步进行电源滤波。

在安装元器件时，布局要整齐，有规律，最好和原理图的布置位置近似，便于查找；布线时，要按照网络标号一个网络一个网络地连接布线，这样不容易出错。

电路连接好后的调试过程要考虑抢答部分和倒计时部分的相互影响，其联系信号是"S"，因此可以将"S"信号断开（图 4-4-6 中的 IC$_{7C}$ 的第 8 脚和 U$_{9A}$ 的第 1 脚之间断开），然后将 U$_{9A}$ 的第 1 脚接高电平，这样倒计时电路和抢答电路就可以分别调试。两部分电路调试好后再恢复正常的连接即可。

抢答器电路工作速度慢，因此用万用表基本可以测试各个部分电路工作正常与否。常用的测试思路有：

（1）各个芯片的输出、输入只有 0（0.5 V 以下）、1（TTL，3.4 V 以上；CMOS，4.5 V 以上）两个状态（555 的 2、5、6、7 脚特例），因此，测量到某个芯片的输入或输出电压如果偏离正常值，通常是外接电阻、信号线断线或者电源、地不通造成，应重点检查面包板上连线接触是否良好。

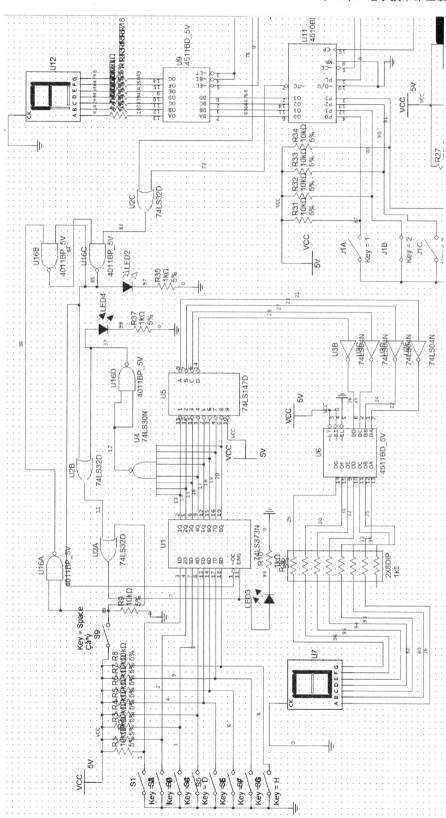

图 4-4-8 抢答部分按下复位键后的状态

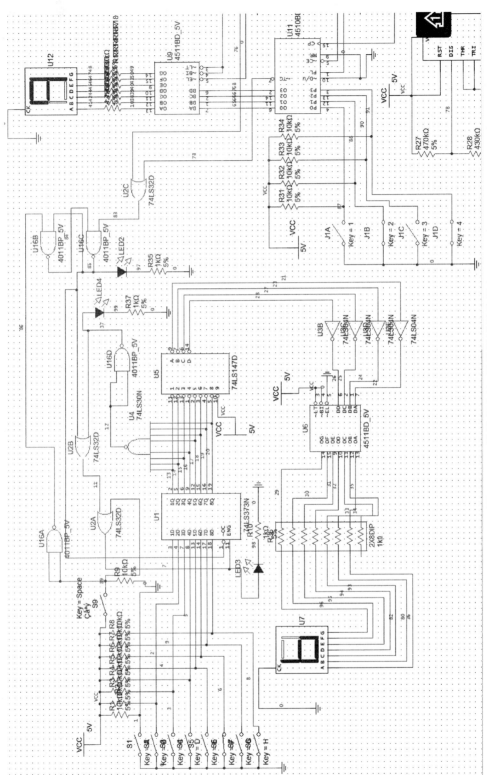

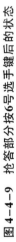

图4-4-9　抢答部分按6号选手键后的状态

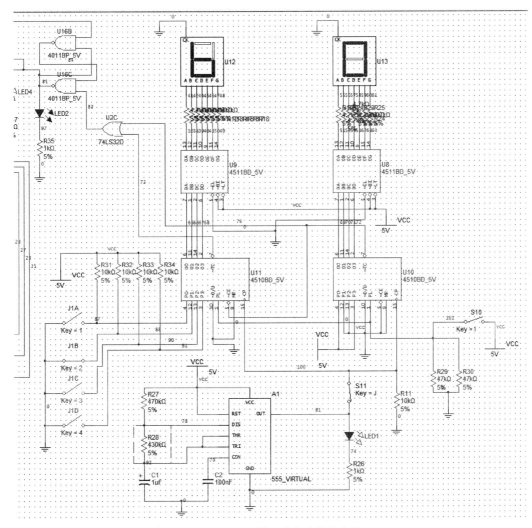

图 4 - 4 - 10　倒计时电路的仿真图

（2）各个芯片的输出如果异常，应该首先检查该芯片的输入信号是否正常。例如，数码管不亮，应首先检查数码管驱动芯片 CD4511 的各个输入信号，比如 *LE* 为低电平、*LT* 和 *BI* 应该是高电平，此外 4 个数据输入端 BCD 数值应该小于等于 9，满足这些条件，CD4511 驱动的数码管才会显示数字。

（3）要对各个部分的正常逻辑状态心中有数，然后才能根据测量结果判断电路工作是否正常。例如，发现抢答电路不能锁存，就应该检查 74LS373 的 11 脚状态是否会变化，没有选手抢答按键按下时应该是高电平，任何一个选手抢答按键按下后就会变为低电平，按下复位键后又会变为高电平。如果测量到 74LS373 的 11 脚一直是高电平，不会变化，就应该按照信号来源的逆方向逐个测量各个芯片引脚的状态是否正常，在图 4 - 4 - 6 中先测 IC$_{7B}$ 的第 6、4、5 脚，再测 IC$_{7A}$ 的 3、2、1 脚，IC$_{9D}$ 的 11、12、13 脚，IC$_{10}$ 的 8 脚以及另外 8 个输入脚，直到找到信号异常的引脚为止。

（4）有时万用表测得信号的静态状态（0 或者 1）正常，但是电路功能失常，就要考虑万用表输入电阻的影响，尤其是 CMOS 芯片的输入端电平的正常与否，通过低电平状态很难判断出来。比如当 IC_{10} 的 8 脚和 IC_{9D} 的 11 脚之间断线时，测量 IC_{9D} 的 11 脚的电平也是低电平，和 IC_{10} 的 8 脚电平一致，但是实际电路是有故障的。如果 IC_{10} 的 8 脚是高电平，测得 IC_{9D} 的 11 脚是低电平就可以确定它们之间的连线开路。

4.4.7 设计报告撰写

总结报告是课程设计的重要环节，是对整个课程的总结，对巩固知识有重要的意义，课程设计报告格式严格按照相关要求进行撰写。

4.5 数字电子技术课程设计推荐选题

4.5.1 数字钟

1. 任务和要求

（1）能够显示当前时间的时、分，并由指示灯按照 1 秒的周期闪烁。

（2）能够实现时间的调整，用来对时。

（3）具有整点蜂鸣提示功能，整点到来前 12 秒，蜂鸣器响，提示快到整点。

2. 分析

从功能可见，数字钟只需要秒、分、时三个计数器，对 1 Hz 的时钟信号进行计数即可。分、时的计数值需要显示，而秒的计数值只需驱动整点检测电路即可，不需要显示。

秒计数器的进位输出送给分计数器，分计数器的进位输出送给时计数器。为了实现分、时数值的调整，可以将分、时的调整按键的信号和上述两个进位信号进行或运算，即便没有进位信号，通过按下调整按键产生额外的进位信号使分计数器、时计数器的计数值变化，就可以实现时间的调整。

整点提前 12 秒，也就是每到 59 分 48 秒开始整点提示。48 的二进制是 110000（非 BCD 码），47 的二进制是 101111，而且 48～60 的二进制值的最高 2 位都是 11，因此可以用计数器的最高 2 位进行与运算，结果为 1 时蜂鸣器鸣叫就可以实现第三条的功能。

3. 参考框图

参考框图如图 4 - 5 - 1 所示。

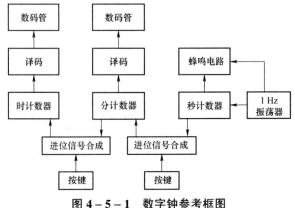

图 4 - 5 - 1 数字钟参考框图

4.5.2　交通信号灯定时控制器

1. 任务和要求

（1）主、支干道交替通行，主干道每次放行 30 秒，支干道每次放行 20 秒。

（2）每次绿灯变红灯时黄灯先亮 5 秒。

（3）要求主、支干道通行时间及黄灯亮的时间均由同一计数器以秒为单位作减计数。

（4）黄灯亮时原红灯按 1 Hz 的频率闪烁。

（5）计数器的状态由 LED 数码管显示。

2. 分析

从上面要求可以看出，总定时时间应该 60 秒，1～30 秒主干道绿灯，次干道红灯；31～35 秒主干道黄灯闪烁，次干道红灯；36～55 主干道红灯，次干道绿灯；56～60 秒主干道红灯，次干道黄灯闪烁。通过表 4-5-1 比较几个关键时间点数值可见，采用 60 秒定时，不论采用 BIN 码还是 BCD 码，切换状态切换比较麻烦。如果用 4 个定时器，分别实现上述 4 个时段的定时，再用 4 个定时器的溢出信号驱动状态寄存器使之在 4 个状态之间转换，电路的复杂程度将会降低。

表 4-5-1　状态数值比较

秒数值	BIN 码	BCD 码
30	011110	0011,0000
31	011111	0011,0001
35	100011	0011,0101
36	100100	0111,0110
55	110111	0101,0101
56	111000	0101,0110
60	111100	0110,0000

计数器的计数值用译码驱动器驱动数码管即可实现显示。

3. 参考框图

参考框图如图 4-5-2 所示。

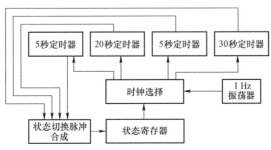

图 4-5-2　交通信号灯定时控制器参考框图

4.5.3 篮球比赛电子记分牌

1. 任务和要求

（1）要考虑到比赛中有得 1 分、 2 分和 3 分的情况，还有减分的情况，因此电路要具有加分、减分及显示的功能。

（2）有倒计时时钟显示，在"暂停时间到"和"比赛时间到"时，发出声光提示。

2. 分析

从任务和要求（1）可见，记分牌需要两个计分器，分别实现比赛的两个队的计分，计分器能够实现数值加减功能，用按键实现加减即可。从一般常识来看，每个计分器需要三位数码管显示分值。

计时功能需要两个计时器，一个显示比赛时间，一个显示暂停时间。比赛时间计时器需要两位数码管显示分钟，两位数码管显示秒；暂停时间也需要两位数码管实现 60 秒左右的计时。比赛时间计时器和暂停时间计时器不能同时运行；另外考虑到节和节，上半场、下半场之间的休息时间，比赛计时器也需要单独停止运行功能。

3. 参考框图

参考框图如图 4 − 5 − 3 所示。

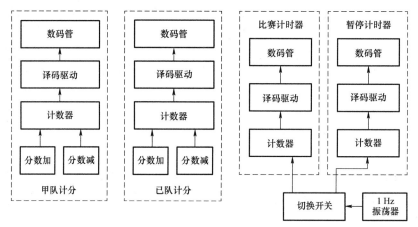

图 4 − 5 − 3　篮球比赛记分牌参考框图

4.5.4 数字式红外转速仪

1. 任务和要求

（1）采用红外发光管和光敏三极管作为电机转速检测转换装置。

（2）测速范围为 1～999 r/min。

（3）用三位数码管显示。

2. 分析

测转速的基本原理是在电机转轴上安装一个转盘，转盘上开一个透光小孔，在转盘一面安装红外发光二极管，另一面和发光二极管相对的位置安装光敏三极管，这样，电机转一圈，就会使透光孔通过发光二极管和光敏三极管之间一次，进而使光敏三极管收到光照一次，因此测出光敏三极管 60 s 内受到光照的次数就是电机的转速。但是这个方法测一次转速需要等待 1 min，太慢。如果在转盘上开 10 个孔，6 s 内测到的次数就是电机转速了，因此，在转盘上开孔多有利于测量精度、测量速度的提高。

通过以上分析，可见如果用一个 6 s 的定时器，控制计数器的计数，6 s 时间到，计数器的数字就是电机转速，但是在这 6 s 内，计数器的值一直在变化，人根本读不出来数据，需要通过一个锁存器将转速锁存。

3. 参考框图

参考框图如图 4 – 5 – 4 所示。

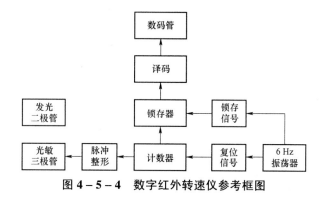

图 4 – 5 – 4 数字红外转速仪参考框图

第 5 章

常用电子实践训练平台和仪器

5.1 DZX-1型电子学综合实验装置使用说明

5.1.1 概述

"DZX-1型电子学综合实验装置"是天煌教仪生产的由实验控制屏与实验桌组成一体的实验设备。实验控制屏由大型实验线路板和各种仪器仪表共20个单元组成。

5.1.2 实验控制屏面板布局示意图

DZX-1型电子学综合实验装置的前面板如图5-1-1所示,按功能可以分为20个分区,各分区功能如图5-1-1标注所示。

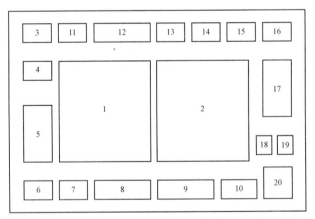

图5-1-1 "DZX-1型电子学综合实验装置"实验控制屏示意图

1—数电实验线路板;2—模电实验线路板;3—实验数字钟;4—功能逻辑笔;5—交流电源控制;6—单相自耦调压器;
7—基准脉冲信号发生器;8—直流稳压电源;9—十六位开关电平输出;10—函数信号发生器;11—数字集成电路测试仪;
12—六位七段译码显示器;13—十六位高电平显示器;14—数字直流电压表;15—数字直流毫安表;16—数字频率计;
17—晶体管特性测试仪;18—10 mA 指针式电流表;19—1 mA 指针式电流表;20—WC2181 型交流毫伏表

5.1.3 操作、使用说明

1. 装置的启动、交流电源控制及功能测试

（1）将装置左后侧的三芯电源插头插入220 V 单相交流电源插座。

（2）将自耦调压器逆时针旋至零位。

（3）开启"交流电源控制"（单元 5）中的电源总开关，电源指示灯亮。将电压表指示切换开关置于左侧（输入电源）。

（4）按下"启动"按钮，可听到屏内交流接触器瞬时吸合声，此时，指针式交流电压表读数应为 220 V 左右；自耦调压器的原边也接通电源；220 V 交流电也同时引至相关单元交流电源开关处；接通石英数字钟的电源，数字钟应闪动显示"12:00"，等待调整。

（5）将电压指示切换开关置于右侧（调压输出），顺时针方向调节自耦调压器的转柄，电压表指示值应从 0 偏转至 250 V。控制屏左侧的两处单相三孔插座处应有 0～250 V 连续可调的交流电压输出；在右侧的两处单相三孔电源插座处应有固定的交流 220 V 输出。

（6）控制屏内装有电压型漏电保护装置。当交流电源线碰壳，或有漏电现象发生时，即发出告警信号，告警指示灯亮，并使接触器释放，切断各单元的电源，以确保实验的安全；在故障排除之后，需要按一下"复位"键后，就可重新启动。

实验完毕，应先关闭各单元的电源开关，然后按一下"停止"按钮；最后关断电源总开关，电源指示灯熄灭。

2. 各单元的功能、结构特点与使用说明

（1）数电实验线路板（单元 1）。

正面装有元器件，反面是相应的印制线路。板上装有 8P、14P、16P、20P、24P、28P 及 40P 等可靠的集成电路插座 23 只；6 位 BCD 码十进制拨码开关一套。

（2）模电实验线路板（单元 2）。

正面装有元器件，反面是相应的印制线路。板上装有近 500 只锁紧式防转叠插座，用以接插电阻器、电容器、二极管、晶体管等元器件；装有 8P、14P、16P 等可靠的集成电路插座 5 只；100 Ω、470 Ω、1 kΩ、10 kΩ、47 kΩ、100 kΩ、1 MΩ 电位器及 10K 双联电位器，共 10 只；还装有二极管、三极管、整流桥堆、稳压管、电容器、三端稳压块、12 V 信号灯、音乐片及蜂鸣器等元器件，以备实验时选用。

（3）直流稳压电源（单元 8）。

开启本单元的电源开关，电源指示灯和 ±5 V 输出指示灯亮；而 0～18 V 两组电源，其相应指示灯的亮度则随输出电压的升高而由暗渐趋明亮。这四路输出均具有短路软截止保护功能。这四路输出的额定电流分别为 1 A、1 A、0.75 A 和 0.75 A。

（4）基准脉冲信号发生器（单元 7）。

本单元能提供一组正、负单次脉冲源，22 个标准频率的方波信号源和一个可用作计数的频率连续可调的脉冲信号源。

① 单次脉冲信号源：由一个防抖动电路和一个按键组成，每按一次键，绿灯灭，红灯亮，表明在两个输出插孔处分别输出一个正、负单次触发脉冲。

② 基准脉冲信号源：是由晶振通过分频电路获得标准频率的方波信号源，本单元设置了从 Q_4～Q_{26} 共 22 个不同频率的输出插孔。供用户随意选择。各输出口的频率可按下式确定：

$$f_n = \frac{4\,194\,304}{2^n}\ \text{Hz}$$

如 Q_{22} 输出口的方波信号频率是标准的 1 Hz。

③ 频率连续可调的计数脉冲信号源：本信号源能在很宽的频率范围内（0.5 Hz～500 kHz）调节输出频率，可用作低频计数脉冲源；在中间一段较宽的频率范围，则可用作连续可调的方波激励源。

（5）函数信号发生器（单元10）。

输出频率范围为 20 Hz～100 kHz；输出幅度峰－峰值为 0～10 V_{p-p}；输出负载为 50（1±5%）Ω。输出频率由单片机 89C2051 和六位共阴极 LED 数码管组成的数字频率计予以显示，频率计的分辨率为 10^{-6} Hz。

调节"波形选择"波段开关，可在"正弦波""方波""四脉方波""八脉方波"中选定所需的波形。

调节"频段选择"波段开关，在四个频段中选定所需的频段，各频段的频率范围是：

Ⅰ频段为：20～200 Hz；

Ⅱ频段为：200～2 kHz；

Ⅲ频段为：2～20 kHz；

Ⅳ频段为：20～100 kHz。

调节"粗""中""细"三个频率调节波段开关，依照频率计的显示值，确定输出信号频率。

调节"幅度调节"电位器，可改变输出信号的幅度（可利用装置上的交流毫伏表进行测量）。

（6）十六位开关电平输出（单元9）。

本单元共提供 16 只小型单刀双掷开关及与之对应的开关电平输出插口，当开关向上拨（即拨向"高"）时，与之相对应的输出插孔输出高电平5 V；当开关向下拨（即拨向"低"）时，相对应的输出为低电平0 V。

（7）六位十六进制七段译码 LED 显示器（单元12）。

每一位译码器均采用可编程器件 PAL 设计而成，具有十六进制全译码功能（显示器采用 LED 共阴极红色数码管），可显示四位 BCD 码十六进制的全译码代号：0、1、2、3、4、5、6、7、8、9、A、B、C、D、E、F。

在本单元中，还提供了两只无译码共阴和共阳极 LED 数码管。

（8）十六位逻辑电平输入及高电平显示（单元13）。

每一位输入都经过三极管放大驱动电路，使用时，只要用锁紧线将＋5 V 电源接入本单元的电源插孔处即可正常工作。当输入插孔处输入高电平时，便点亮 LED 发光二极管。

（9）数字直流电压表（单元14）。

由三位半 A/D 转换器 LIC7107 和四个 LED 共阳极红色数码管等组成，量程分 200 mV、2 V、20 V、200 V 四挡，由琴键开关切换量程。被测电压信号应并接在"＋""－"两个插孔处。使用时要注意选择合适的量程，本仪器有超量程指示，当输入信号超量程时，显示器的首位将显示"1"，后三位不亮。若显示为负值，表明输入信号极性接反了，改换接线即可。

（10）数字直流毫安表（单元15）。

仪表的"＋""－"两个输入端应串接在被测的电路中；量程分 2 mA、20 mA、200 mA 三挡，其余同数字直流电压表。

（11）WC2181 型交流毫伏表（单元 20）。

用于测量频率自 5 Hz～1 MHz、电压自 0.1 mV～300 V 的交流电压，分 11 挡量程，并由转换开关切换。电压表刻度指示为正弦波有效值。

本仪表有输入电压超载保护装置，100 V 以下的电压可长期超载保护，100 V 以上电压只能作短时超载保护，使用时应加以注意。

5.1.4　使用注意事项

（1）应在确保接线无误后才能开启电源。

（2）叠插式插头应避免拉扯，以防插头折断。

（3）对从电源、振荡器引出的线要特别注意，不要接触机壳造成断路，也不能将这些引线到处乱插，否则，很可能引起仪器损坏。

（4）使用信号发生器时不要将信号端与地端接反，以免信号发生器输出端短路而损坏。

5.2　UTD2062C 型数字存储示波器使用说明

5.2.1　优利德 UTD2062C 的控制面板

优利德 UTD2062C 的控制面板如图 5－2－1 所示。

图 5－2－1　优利德 UTD2062C 的控制面板

1. 触发系统（TRIGGER）

LEVEL：改变触发电平，可以在屏幕上看到触发标志来指示触发电平数值的相应变化。

TRIGMENU：改变触发设置。

　　　　　　F1—边沿触发；

　　　　　　F2—触发源 CH1、CH2；

　　　　　　F3—边沿斜率上升；

　　　　　　F4—触发方式自动；

　　　　　　F5—触发耦合为交流；

　　　　　　SETTOZERO：居中。

FORCE：强制产生一触发信号，正常或者单次模式。

2. 水平系统（HORIZONTAL）

水平系统（HORIZONTAL）如图 5 - 2 - 2 所示。

POSITION：控制信号的触发移位。

HORI MENU：显示 Zoom 菜单。

                   F3—扩展；

                   F1—设置触发释抑时间（multl purpose）。

SCALE：改变水平时基本挡位设置 S/DIV。

3. 垂直系统（VERTICAL）

垂直系统（VERTICAL）如图 5 - 2 - 3 所示。

POSITION：垂直移动。

MATH：标志。

SCALE：Volts/div　改变垂直挡位设置。

CH1、CH2：对应通道开关。

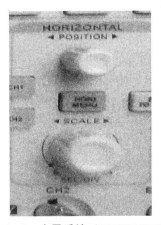

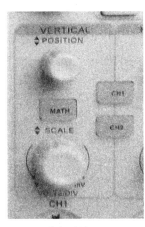

图 5 - 2 - 2　水平系统（HORIZONTAL）　　　　图 5 - 2 - 3　　垂直系统（VERTICAL）

4. 功能键

功能键如图 5 - 2 - 4 所示。

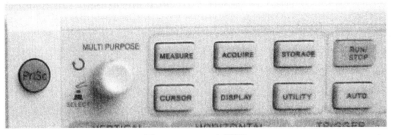

图 5 - 2 - 4　功能键

PrtSc：屏幕拷贝功能键；MULTI PURPOSE：多用途旋钮控制器；

MEASURE：自动测量；ACQUIRE：设置采样方式；

STORAGE：存储和调出；RUN/STOP：运行控制/暂停；

CURSOR：光标测量；DISPLAY：设置显示方式；

UTILITY：辅助系统设置；AUTO：使用执行按钮；

USB – OTG：接口。

5.2.2　基本操作

（1）调整好探头倍率：

表笔 1×、10×；CH1、CH2 可以调整。

（2）AUTO 自动设置垂直偏转系数、扫描时基以及触发方式。

MEASURE：自动测量；

F1：进入测量种类选择菜单；

F2：选择通道；

F3：选择电压种类；

F4：时间；

F5：显示所有参数。

5.3　VC9801A 型数字万用表使用说明

　　VC9801A + 型数字万用表具有测量直流电压（DCV）、直流电流（DCA）、交流电压（ACV）、交流电流（ACA）、电阻、二极管通/断、三极管 h_{FE}、电容、温度、频率等功能。使用时要根据具体测量内容选用相应测量功能。其前面板如图 5 – 3 – 1 和图 5 – 3 – 2 所示。

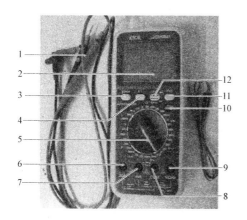

图 5 – 3 – 1　VC9801A + 型数字万用表全貌

1—表笔；2—液晶显示屏；3—电源开关；4—背光开关；
5—旋钮（改变测量功能及量程）；6—20 A 电流测试插孔；
7—小于等于 200 mA 电流测试插孔；8—公共接地端；
9—电压、电阻、频率插孔；10—火线识别指示灯；
11—保持开关（按下此键，万用表当前测量值
保持在液晶显示屏上）；12—三极管测试插孔

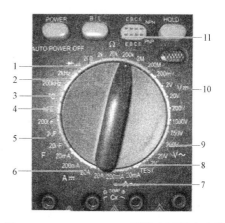

**图 5 – 3 – 2　VC9801A + 型数字万用表功能
及量程拨盘**

1—二极管&开短路测量挡；2—频率测量挡；3—温度测量挡；
4—三极管放大倍数测量挡；5—电容测量挡；
6—直流电流测量挡；7—交流电流测量挡；8—火线识别；
9—交流电压测量挡；10—直流电压测量挡；11—电阻测量挡

5.3.1 电压测量——直流

直流电压的测量，如电池、主板电源等。首先将黑表笔插进"COM"孔，红表笔插进"VΩ"孔。把旋钮选到比估计值大的量程（注意：表盘上的数值均为最大量程，"V−"表示直流电压挡，"V∼"表示交流电压挡，"A"是电流挡），接着把表笔接电源或电池两端；保持接触稳定。数值可以直接从显示屏上读取，若显示为"1."，则表明量程太小，那么就要加大量程后再测量。如果在数值左边出现"−"，则表明表笔极性与实际电源极性相反，此时红表笔接的是负极。图5−3−3所示为采用数字万用表测直流电压的示意图。

5.3.2 电压测量——交流

对于交流电压的测量，表笔插孔与直流电压的测量一样，不过应该将旋钮打到交流挡"V∼"处所需的量程即可。交流电压无正负之分，测量方法与前面相同。无论测交流还是直流电压，都要注意人身安全，不要随便用手触摸表笔的金属部分。图5−3−4所示为采用数字万用表测交流电压的示意图。

图5−3−3　数字万用表测直流电压

图5−3−4　数字万用表测交流电压

5.3.3 电流测量——直流

对于直流电流的测量，先将黑表笔插入"COM"孔，若测量大于200 mA的电流，则要将红表笔插入"20A"插孔并将旋钮打到直流"20A"挡；若测量小于200 mA的电流，则将红表笔插入"200mA"插孔，将旋钮打到直流200 mA以内的合适量程。调整好后，就可以测量了。将万用表串进电路中，保持稳定，即可读数。若显示为"1."，那么就要加大量程；如果在数值左边出现"−"，则表明电流从黑表笔流进万用表。图5−3−5所示为采用数字万用表测直流电流的示意图。

5.3.4 电流测量——交流

对于交流电流的测量，测量方法与直流电流测量基本相同，不过挡位应该打到交流挡位。图5−3−6所示为采用数字万用表测交流电流的示意图。

注意：电流测量完毕后应将红笔插回"VΩ"孔，若忘记这一步而直接测电压，则万用表或电源会烧坏或报废！

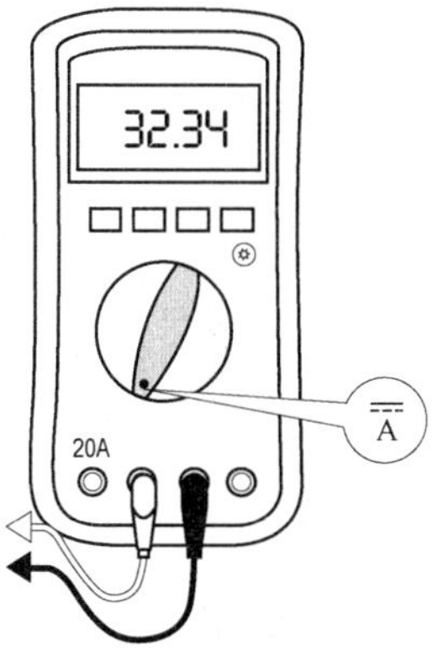

图 5-3-5　数字万用表测直流电流

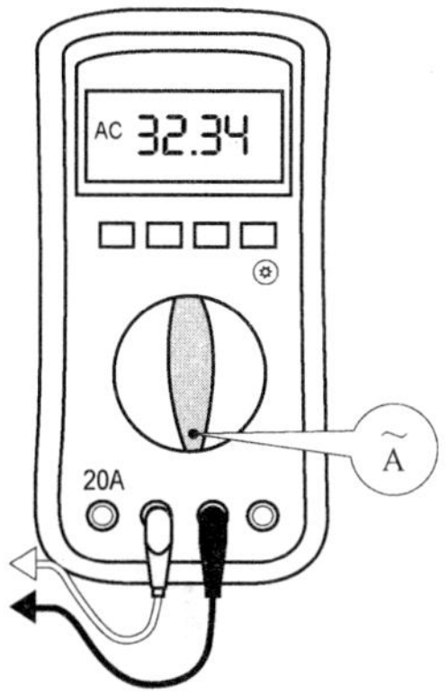

图 5-3-6　数字万用表测交流电流

5.3.5　测量电阻

将表笔插进“COM”和“VΩ”孔中，把旋钮旋到“Ω”中所需的量程，用表笔接在电阻两端金属部位，测量中可以用手接触电阻，但不要把手同时接触电阻两端，这样会影响测量精确度，因为人体是电阻很大但是有限大的导体。读数时，要保持表笔和电阻有良好的接触。注意单位：在“200”挡时单位是“Ω”，在“2K”到“200K“挡时单位为“kΩ”，“2M”以上的单位是“MΩ”。图 5-3-7 所示为采用数字万用表测电阻的示意图。

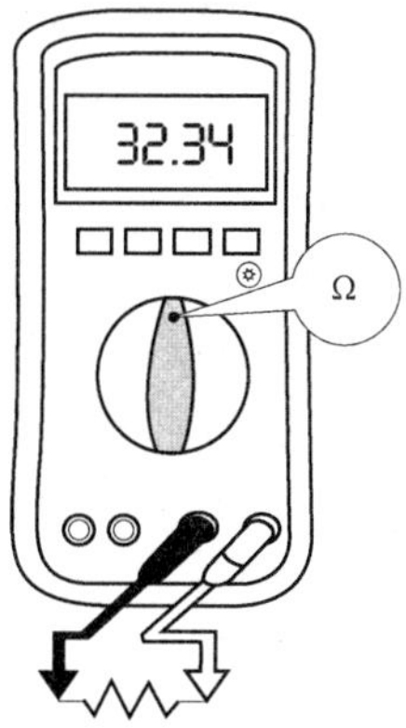

图 5-3-7　数字万用表测电阻

5.3.6　测量电容

将量程开关置于相应电容量程上，表笔插进“COM”和“mA”孔中；注意“COM”对应正极，接红表笔，“mA”对应负极，接黑表笔；两表笔跨接电容两端，注意极性。如果被测电容容值超出量程，显示器将显示“1”，此时应将量程转高一挡，测试前应对电容充分放电，以防损坏仪表。

5.3.7　频率测量

将量程开关置于频率挡上，表笔插进“COM”和“VΩHz”孔中；两表笔跨接信号源两端，不需要区分极性，此表最大能测量 200 kHz 频率。

5.3.8　测试通断情况

将量程开关置于“⊳|”挡上，表笔插进“COM”和“VΩHz”孔中；两表笔跨接待测线路两端，若蜂鸣器发出声音，则表明两点间阻值低于约 70 Ω。

测试通断功能是检测是否有开路、短路存在的一种方便而迅速的方法。如想在进行电阻测量时获取精确的结果，应使用电阻功能。图 5-3-8 所示为采用数字万用表测试电路通断的示意图。

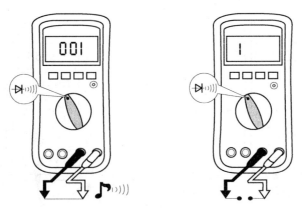

图 5-3-8 数字万用表测试电路通断

5.3.9 二极管测量

数字万用表可以测量发光二极管。整流二极管测量时，表笔位置与电压测量一样，将旋钮旋到"▷卜"挡；用红表笔接二极管的正极，黑表笔接负极，这时会显示二极管的正向压降，一般为 0.7 V，发光二极管为 1.8~2.3 V。调换表笔，显示屏显示"1."则为正常，因为二极管的反向电阻很大，否则此管已被击穿。不上电测量时，正向压降正常值为 500~700 mV，反向压降在 1 V 以上。图 5-3-9、图 5-3-10 所示分别为采用数字万用表测试正常二极管和已坏二极管的示意图。

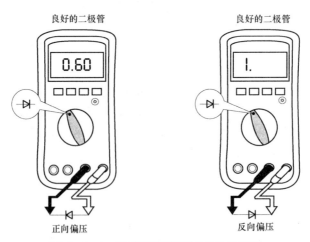

图 5-3-9 数字万用表测试正常二极管

5.3.10 三极管测量

表笔插位同上；其原理同二极管。先假定 A 脚为基极，用黑表笔与该脚相接，红表笔与其他两脚分别接触；若两次读数均为 0.7 V 左右，然后再用红表笔接 A 脚，黑笔接触其他两脚，若均显示"1"，则 A 脚为基极，否则需要重新测量。

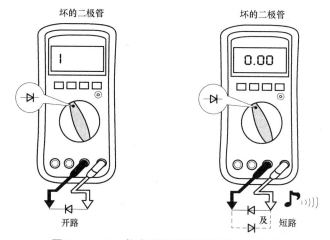

图 5 - 3 - 10　数字万用表测试已损坏二极管

h_{FE} 三极管放大系数：将量程开关置于"hFE"挡，决定所测晶体管为 NPN 或 PNP 型，将发射极 E、基极 B、集电极 C 分别插入相应孔中。

5.3.11　温度测量

将量程开关置于"℃"上，将热电偶传感器冷端黑色插头插入"mA"插孔中，红色插头插入"COM"孔中，测温端置于待测物表面或内部即可。

5.3.12　火线识别

将黑表笔拔出"COM"孔，红表笔插入"VΩHz"孔，量程开关置于"TEST"挡位，红表笔接在被测线路上，如果显示"1"，并有声光报警，则被测线路为火线。无变化则被测线路为零线。

5.3.13　使用注意事项

（1）如果万用表外表损坏，或者万用表工作不正常，请停止使用。

（2）测量时应使用正确的接线插孔、开关位置或量程。

（3）切勿对万用表的接线端之间，或任何接线端和接地之间超过表上所标示的额定电压。

（4）对测 30 V AC 或 60 V DC 以上的电压，应加以注意。这类电压有可能会先造成电击。

（5）为避免因错误的读数而导致人身受到电击或伤害，当万用表出现电池电量不足的提示符号时，应更换电池。

（6）测试电阻、通断性、二极管、三极管或电容以前，应切断电路的电源并将所有的高压电容器放电。

（7）切勿在具有爆炸性的气体或蒸汽附近使用万用表。

（8）使用表笔时，应将手指放在表笔的保护装置后方。

（9）打开电池盖或万用表外壳时，应先拆除测试万用表的连线。

（10）利用万用表量测二极管值、交流/直流电压和电流、电子零件、线路 OPEN/SHORT 等时应选择相对应的挡位。

（11）当万用表红黑表笔短接不能归零时，应检查万用表表笔插孔是否松脱或藏污接触不良，表笔本身线路断开时应更换万用表表笔线。

（12）万用表必须每年送厂商检验一次，并且校验合格后方可使用，万用表量测分红黑表笔，应按照规定测试，一般黑表笔接地，红表笔接所量测物体。不能接反，否则量测的值不能正确，影响判断结果。

5.4 F20A 型数字合成函数信号发生器使用说明

F20A 型数字合成函数信号发生器是一台精密的测试仪器，具有输出函数信号、调频、调幅、FSK、PSK、触发、频率扫描等信号的功能。此外本仪器还具有测频和计数的功能。

5.4.1 主要技术指标

1. 函数发生器

1）波形特性

主波形：正弦波、方波。

波形幅度分辨率：12 bit。

采样速率：200 MSa/s。

正弦波谐波失真：－50 dBc（频率≤5 MHz）；

－45 dBc（频率≤10 MHz）；

－40 dBc（频率＞10 MHz）。

正弦波失真度：≤0.2%（频率：20 Hz～100 kHz）。

方波升降时间：≤25 ns（SPF05A≤28 ns）。

注：正弦波谐波失真、正弦波失真度、方波升降时间测试条件：输出幅度 2 V_{p-p}（高阻），环境温度 25 ℃±5 ℃。

储存波形：正弦波、方波、脉冲波、三角波、锯齿波、阶梯波等 26 种波形，TTL 波形（仅 F20A，输出频率同主波形）。

波形长度：4 096 点。

波形幅度分辨率：12 bit。

脉冲波占空系数：1.0%～99.0%（频率≤10 kHz）；

10%～90%（频率 10～100 kHz）。

脉冲波升降时间：≤1 μs。

直流输出误差：≤±10%+10 mV（输出电压值范围为 10 mV～10 V）。

TTL 波形输出：（F05A、F10A）。

输出频率：同主波形。

输出幅度：低电平＜0.5 V；高电平＞2.5 V。

输出阻抗：600 Ω。

2）频率特性

频率范围：主波形：1 μHz～5 MHz（SPF05A 型）；

1 μHz～10 MHz（SPF10A 型）；

1 μHz～20 MHz（SPF20A 型）。

储存波形：1 μHz～100 kHz。

分辨率：1 μHz。

频率误差：$\leqslant \pm 5 \times 10^{-4}$。

频率稳定度：优于 $\pm 5 \times 10^{-5}$。

3）幅度特性

幅度范围：1 mV～20 V_{p-p}（高阻），0.5 mV～10 V_{p-p}（50 Ω）。

最高分辨率：2 μV_{p-p}（高阻），1 μV_{p-p}（50 Ω）。

幅度误差：$\leqslant \pm 2\% + 1$mV（频率 1 kHz 正弦波）。

幅度稳定度：$\pm 1\% /3$ 小时。

平坦度：$\pm 5\%$（频率 $\leqslant 5$ MHz 正弦波）；$\pm 10\%$（频率 >5 MHz 正弦波）；

$\pm 5\%$（频率 $\leqslant 50$ kHz 其他波形）；$\pm 20\%$（频率 >50 kHz 其他波形）。

输出阻抗：50 Ω。

幅度单位：V_{p-p}、mV_{p-p}、Vrms、mVrms、dBm。

4）偏移特性

直流偏移（高阻）：$\pm$（10 V_{p-p} AC），（偏移绝对值 $\leqslant 2 \times$ 幅度峰 – 峰值）。

最高分辨率：2 μV（高阻），1 μV（50 Ω）。

偏移误差：$\leqslant \pm 10\% + 20$ mV（高阻）。

5）调幅特性

载波信号：波形为正弦波，频率范围同主波形。

调制方式：内或外。

调制信号：内部 5 种波形（正弦波、方波、三角波、升锯齿波、降锯齿波）或外输入信号。

调制信号频率：1 Hz～20 kHz（内部）；100 Hz～10 kHz（外部）。

失真度：$\leqslant 1\%$（调制信号频率 1 kHz 正弦波）。

调制深度：1%～100%。

相对调制误差：$\leqslant \pm 5\% + 0.5$（调制信号频率 1 kHz 正弦波）。

外输入信号幅度：3 V_{p-p}（-1.5～$+1.5$ V）。

6）调频特性

载波信号：波形为正弦波，频率范围同主波形。

调制方式：内或外（外为选件）。

调制信号：内部 5 种波形（正弦波、方波、三角波、升锯齿波、降锯齿波）或外输入信号。

调制信号频率：1 Hz～10 kHz（内部）；100 Hz～10 kHz（外部）。

频偏：内调频最大频偏为载波频率的 50%，同时满足频偏加上载波频率不大于最高工作频率 +100 kHz；失真度：$\leqslant 1\%$（调制信号频率 1 kHz 正弦波）。

相对调制误差：≤±5%设置值±50 Hz（调制信号频率 1 kHz 正弦波）。

外输入信号幅度：3 V_{p-p}（−1.5～+1.5 V）。

FSK：频率 1 和频率 2 任意设定。

控制方式：内或外（外控 TTL 电平，低电平 F1，高电平 F2）。

交替速率：0.1 ms～800 s。

7）调相特性

基本信号：波形为正弦波，频率范围同主波形。

PSK：相位 1（P1）和相位 2（P2）范围为 0.1°～360.0°。

分辨率：0.1°。

交替时间间隔：0.1 ms～800 s。

控制方式：内或外（外控 TTL 电平，低电平 P2，高电平 P1）。

8）触发

基本信号：波形为正弦，频率范围同主波形。

触发计数：1～30 000 个周期。

触发信号交替时间间隔：0.1 ms～800 s。

控制方式：内（自动）/外（单次手动按键触发、外输入 TTL 脉冲上升沿触发）。

9）频率扫描特性

信号波形：正弦波。

扫描频率范围：扫描起始点频率：主波形频率范围；
　　　　　　　　　　　　扫描终止点频率：主波形频率范围。

扫描时间：1 ms～800 s（线性）；100 ms～800 s（对数）。

扫描步进时间：1 ms～800 s（步进扫描）。

扫描间歇时间：0 ms～800 s（步进扫描）。

扫描方式：线性扫描、对数扫描和步进扫描。

外触发信号频率：≤1 kHz（线性）；≤10 Hz（对数）。

控制方式：内（自动）/外（单次手动按键触发、外输入 TTL 脉冲上升沿触发）。

10）调制信号输出

输出频率：1 Hz～20 kHz。

输出波形：正弦波、方波、三角波、升锯齿波、降锯齿波。

输出幅度：5 V_{p-p}±5%（正弦波，频率≤10kHz）。

输出阻抗：600 Ω。

11）外标频输入

信号幅度：3 V_{p-p}；信号频率：10 MHz。

12）存储特性

存储参数：信号的频率值、幅度值、波形、直流偏移值、功能状态。

存储容量：10 个信号。

重现方式：全部存储信号用相应序号调出。

存储时间：10 年以上。

13）计算特性

在数据输入和显示时，既可以使用频率值也可以使用周期值，既可以使用幅度有效值也可以使用幅度峰－峰值和 dBm 值。

14）操作特性

除了数字键直接输入以外，还可以使用调节旋钮连续调整数据，操作方法可灵活选择。

2. 计数器

1）频率测量范围

测频：10 Hz～100 MHz；计数：≤50 MHz。

2）输入特征

（1）最小输入电压：

"ATT" 打开：50 mVrms（频率：100 Hz～50 MHz）；

　　　　　　　100 mVrms（频率：10 Hz～100 MHz）。

"ATT" 合上：0.5 Vrms（频率：100 Hz～50 MHz）；

　　　　　　　1 Vrms（频率：10 Hz～100 MHz）。

（2）最大允许输入电压：

100 V_{p-p}（频率≤100 kHz），20 V_{p-p}（频率≤100 MHz）。

（3）输入阻抗：$R>500$ kΩ；$C<30$ pF。

（4）耦合方式：AC。

（5）波形适应性：正弦波、方波。

（6）低通滤波器：截止频率约为 100 kHz；

　　　　　　　　带内衰减：≤－3 dB；

　　　　　　　　带外衰减：≥－30 dB（频率＞1 MHz）。

（7）测量时间：10 ms～10 s 连续可调。

（8）显示位数：8 位（闸门时间＞5 s）。

3）计数容量

计数容量≤$4.29×10^9$。

4）计数控制方式

手动控制。

5）测量误差

时基误差±触发误差（被测信号信噪比优于 40 dB，则触发误差≤0.3）。

6）时基

（1）类别：小型晶体振荡器。

（2）标称频率：10 MHz。

（3）稳定度：优于$±1×10^{-4}$（22 ℃±5 ℃）。

5.4.2　面板说明

1. 显示说明

F20A 型数字合成函数信号发生器显示区图示如图 5－4－1 所示。

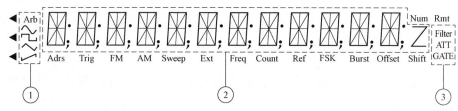

图 5 – 4 – 1　F20A 型数字合成函数信号发生器显示区图示

图中：

① 波形显示区；

②主字符显示区；

③ 测频/计数显示区；

④ 其他为状态显示区。

1）波形显示区

$\bigwedge$：主波形/载波为正弦波形。

$\prod$：主波形为方波、脉冲波。

$\diagdown$：点频波形为三角波形。

$\diagup$：点频波形为升锯齿波形。

Arb：点频波形为存储波形。

2）测频/计数显示区

Filter：测频时处于低通状态。

ATT：测频时处于衰减状态。

GATE：测频计数时闸门开启。

3）状态显示区

Adrs：不用。

Trig：等待单次触发或外部触发。

FM：调频功能模式。

AM：调幅功能模式。

Sweep：扫描功能模式。

Ext：外信号输入状态

Freq：（与 Ext）测频功能模式。

Count（与 Ext）：计数功能模式。

Ref（与 Ext）：外基准输入状态。

FSK：频移功能模式。

◀ FSK：相移功能模式。

Burst：猝发功能模式。

Offset：输出信号直流偏移不为 0。

Shift：【Shift】键按下。

Rmt：仪器处于远程状态。

Z：频率单位 Hz 的组成部分。

2. 前面板图说明

F20A 前面板参考图如图 5-4-2 所示。

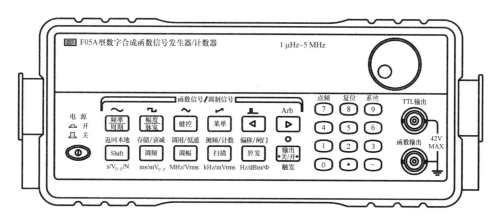

图 5-4-2　F20A 前面板参考图

注：F20A 面板参考图见后面的双路输出面板参考图。

1）键盘说明

（1）数字输入键，如表 5-4-1 所列。

表 5-4-1　F20A 前面板中数字输入键描述

键名	主功能	第二功能	键名	主功能	第二功能
0	输入数字 0	无	7	输入数字 7	进入点频
1	输入数字 1	无	8	输入数字 8	复位仪器
2	输入数字 2	无	9	输入数字 9	进入系统
3	输入数字 3	无	•	输入小数点	无
4	输入数字 4	无	—	输入负号	无
5	输入数字 5	无	◄	闪烁数字左移*	选择脉冲波
6	输入数字 6	无	►	闪烁数字右移**	选择 Arb 波形

*：输入数字未输入单位时，按下此键，删除当前数字的最低位数字，可用来修改当前输错的数字；外计数时，按下此键，计数停止，并显示当前计数值，再揿动一次，继续计数。
**：外计数时，按下此键，计数清零，重新开始计数。

（2）功能键，如表 5-4-2 所列。

表 5-4-2　F20A 前面板中功能键描述

键名	主功能	第二功能	计数第二功能	单位功能
频率/周期	频率选择	正弦波选择	无	无
幅度/脉宽	幅度选择	方波选择	无	无
键控	键控功能	三角波选择	无	无
菜单	菜单选择	升锯齿波选择	无	无

键名	主功能	第二功能	计数第二功能	单位功能
调频	调频功能选择	存储功能选择	衰减选择	ms/mV_{p-p}
调幅	调幅功能选择	调用功能选择	低通选择	MHz/Vrms
扫描	扫描功能选择	测频功能选择	测频/计数选择	kHz/mVrms
触发	触发功能选择	直流偏移选择	闸门选择	Hz/dBm

（3）其他键，如表 5－4－3 所列。

表 5－4－3　F20A 前面板中其他键描述

键名	主功能	其他
输出	信号输出与关闭切换	扫描功能和猝发功能的单次触发
Shift	和其他键一起实现第二功能	单位为 $s/V_{p-p}/N$

2）按键功能

前面板共有 24 个按键，按键按下后，会用响声"嘀"来提示。

大多数按键是多功能键。每个按键的基本功能标在该按键上，实现某按键基本功能，只需按下该按键即可。

大多数按键有第二功能，第二功能用蓝色标在这些按键的上方，实现按键第二功能，只需先按下【Shift】键再按下该按键即可。

少部分按键还可作单位键，单位标在这些按键的下方。要实现按键的单位功能，只有先按下数字键，接着再按下该按键即可。

（1）【Shift】键：基本功能作为其他键的第二功能复用键，按下该键后，"Shift"标志亮，此时按其他键则实现第二功能；再按一次该键则该标志灭，此时按其他键则实现基本功能。还用作"$s/V_{p-p}/N$"单位，分别表示时间的单位"s"、幅度的峰－峰值单位"V_{p-p}"和其他不确定的单位。

（2）【0】【1】【2】【3】【4】【5】【6】【7】【8】【9】【●】【－】键：数据输入键。其中【7】【8】【9】与【Shift】键复合使用还具有第二功能。

（3）【◀】【▶】键：基本功能是数字闪烁位左右移动键。第二功能是选择"脉冲"波形和"任意"波形。在计数功能下还作为"计数停止"和"计数清零"功能。

（4）【频率/周期】键：频率的选择键。当前如果显示的是频率，再按下一次该键，则表示输入和显示改为周期。第二功能是选择"正弦"波形。

（5）【幅度/脉宽】键：幅度的选择键。如果当前显示的是幅度且当前波形为"脉冲"波，再按一次该键表示输入和显示改为脉冲波的脉宽。第二功能是选择"方波"波形。

（6）【键控】键：FSK 功能模式选择键。当前如果是 FSK 功能模式，再按一次该键，则进入 PSK 功能模式；当前不是 FSK 功能模式，按一次该键，则进入 FSK 功能模式。第二功能是选择"三角波"波形。

（7）【菜单】键：菜单键，进入 FSK、PSK、调频、调幅、扫描、猝发和系统功能模式时，可通过【菜单】键选择各功能的不同选项，并改变相应选项的参数。在点频功能且当前处于幅度时可用【菜单】键进行峰–峰值、有效值和 dBm 数值的转换。第二功能是选择"升锯齿"波形。

（8）【调频】键：调频功能选择键，第二功能是储存选择键。它还用作"ms/mV$_{p-p}$"单位，分别表示时间的单位"ms"、幅度的峰–峰值单位"mV$_{p-p}$"。在"测频"功能下作"衰减"选择键。

（9）【调幅】键：调幅功能模式选择键，第二功能是调用选择键。它还用作"MHz/Vrms"单位，分别表示频率的单位"MHz"、幅度的有效值单位"Vrms"。在"测频"功能下作"低通"选择键。

（10）【扫描】键：扫描功能模式选择键，第二功能是测频计数功能选择键。它还用作"kHz/mVrms"单位，分别表示频率的单位"kHz"、幅度的有效值单位"mVrms"。在"测频计数器"功能下和【Shift】键一起作"计数"和"测频"功能选择键，当前如果是测频，则选择计数；当前如果是计数则选择测频。

（11）【猝发】键：猝发功能模式选择键，第二功能是直流偏移选择键。它还用作"Hz/dBm/Φ"单位，分别表示频率的单位"Hz"、幅度的单位"dBm"。在"测频"功能下作"闸门"选择键。

（12）【输出】键：信号输出控制键。如果不希望信号输出，可按【输出】键禁止信号输出，此时输出信号指示灯灭；如果要求输出信号，则再按一次【输出】键即可，此时输出信号指示灯亮。默认状态为输出信号，输出信号指示灯亮。在"触发"功能模式和"扫描"功能模式的单次触发时作"单次触发"键，此时输出信号指示灯亮。

3. 后面板图说明

F20A 后面板参考图如图 5 – 4 – 3 所示。

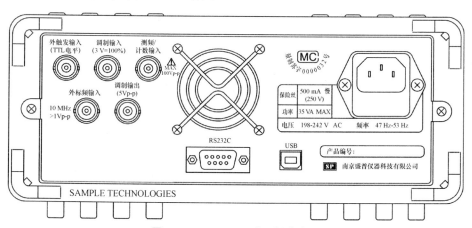

图 5 – 4 – 3　F20A 后面板参考图

5.4.3　使用说明

1. 测试前的准备工作

先仔细检查电源电压是否符合本仪器的电压工作范围，确认无误后方可将电源线插入本仪器后面板的电源插座内。仔细检查测试系统电源情况，保证系统间接地良好，仪器外壳和所有的外露金属均已接地。在与其他仪器相连时，各仪器间应无电位差。

2. 函数信号输出使用说明

1）仪器启动

按下面板上的电源按钮，电源接通。先闪烁显示"WELCOME" 2 秒，再闪烁显示仪器型号例如"F05A - DDS"1 秒。之后根据系统功能中开机状态设置进入"点频"功能状态，波形显示区显示当前波形"～"，频率为 10.000 000 00 kHz；或者进入上次关机前的状态。

2）数据输入

数据输入有两种方式：

（1）数据键输入：十个数字键用来向显示区写入数据。写入方式为自左到右顺序写入，【·】用来输入小数点，如果数据区中已经有小数点，按此键不起作用。【－】用来输入负号，如果数据区中已经有负号，再按此键则取消负号。

注意：用数字键输入数据必须输入单位，否则输入数值不起作用。

（2）调节旋钮输入：调节旋钮可以对信号进行连续调节。按位移键【◀】【▶】使当前闪烁的数字左移或右移，这时顺时针转动旋钮，可使正在闪烁的数字连续加一，并能向高位进位。逆时针转动旋钮，可使正在闪烁的数字连续减一，并能向高位借位。使用旋钮输入数据时，数字改变后立即生效，不用再按单位键。闪烁的数字向左移动，可以对数据进行粗调，向右移动则可以进行细调。

当不需要使用旋钮时，可以用位移键【◀】【▶】使闪烁的数字消失，旋钮的转动就不再有效。

3）功能选择

仪器开机后为"点频"功能模式，输出单一频率的波形，按【调频】【调幅】【扫描】【猝发】【点频】【FSK】和【PSK】键可以分别实现 7 种功能模式。

4）点频功能模式

点频功能模式指的是输出一些基本波形，如正弦波、方波、三角波、升锯齿波、降锯齿波和噪声等 27 种波形。对大多数波形可以设定频率、幅度和直流偏移。在其他功能时，可先按下【Shift】再按下【点频】键来进入点频功能。

从点频转到其他功能时，点频设置的参数就作为载波的参数；同样，在其他功能中设置载波的参数后，转到点频后就作为点频的参数。例如，从点频转到调频，则点频中设置的参数就作为调频中载波的参数；从调频转到点频，则调频中设置的载波参数就作为点频中的参数。除点频功能模式外的其他功能模式中基本信号或载波的波形只能选择正弦波。

（1）频率设定：按【频率】键，显示出当前频率值。可用数据键或调节旋钮输入频率值，这时仪器输出端口即有该频率的信号输出。点频频率设置范围为 1 μHz～20 MHz（SPF20A）。

例如：设定频率值 5.8 kHz，按键顺序如下：

【频率】【5】【·】【8】【kHz】（可以用调节旋钮输入）

或者：

【频率】【5】【8】【0】【0】【Hz】（可以用调节旋钮输入）

显示区都显示 5.800 000 0 kHz。

（2）周期设定：信号的频率也可以用周期值的形式进行显示和输入。如果当前显示为频率，再按【频率/周期】键，显示出当前周期值，可用数据键或调节旋钮输入周期值。

例如：设定周期值 10 ms，按键顺序如下：

【周期】【1】【0】【ms】（可以用调节旋钮输入）

如果当前显示为周期，再按【频率/周期】键，可以显示出当前频率值；如果当前显示的既不是频率也不是周期，按【频率/周期】键，显示出当前点频频率值。

（3）幅度设定：按【幅度】键，显示出当前幅度值。可用数据键或调节旋钮输入幅度值，这时仪器输出端口即有该幅度的信号输出。

例如：设定幅度峰 – 峰值 4.6 V，按键顺序如下：

【幅度】【4】【·】【6】【V_{p-p}】（可以用调节旋钮输入）

对于"正弦""方波""三角""升锯齿"和"降锯齿"波形，幅度值的输入和显示有三种格式：峰 – 峰值 V_{p-p}、有效值 Vrms 和 dBm 值，可以用不同的单位区分输入。对于其他波形只能输入和显示峰 – 峰值 V_{p-p} 或直流数值（直流数值也用单位 V_{p-p} 和 mV_{p-p} 输入）。

（4）直流偏移设定：按【Shift】后再按【偏移】键，显示出当前直流偏移值，如果当前输出波形直流偏移不为 0，此时状态显示区显示直流偏移标志"Offset"。可用数据键或调节旋钮输入直流偏移值，这时仪器输出端口即有该直流偏移的信号输出。

例如：设定直流偏移值 – 1.6 V，按键顺序如下：

【Shift】【偏移】【 – 】【1】【·】【6】【V_{p-p}】（可以用调节旋钮输入）

或者

【Shift】【偏移】【1】【●】【6】【 – 】【V_{p-p}】（可以用调节旋钮输入）

零点调整：对输出信号进行零点调整时，使用调节旋钮调整直流偏移要比使用数据键方便，直流偏移在经过零点时正负号能够自动变化。

幅度和直流的输入范围满足公式为：

$$|V_{offset}| + V_{p-p}/2 \leqslant V_{max}$$

其中 V_{p-p} 为幅度的峰 – 峰值，$|V_{offset}|$ 为直流偏移的绝对值，V_{max} 高阻时为 10 V，50 Ω 负载时为 5 V。

下面表 5 – 4 – 4 所示是高阻时幅度峰 – 峰值和直流偏移绝对值的取值对应关系（适用方波以外的其他波形）。

表 5 – 4 – 4　高阻时幅度峰 – 峰值和直流偏移绝对值的取值对应关系

交流信号峰 – 峰值	直流偏移绝对值
2.001～20.00 V	加峰 – 峰值的一半不大于 10 V
633.0 mV～2.000 V	0～2.000 V
201.0～632.9 mV	0～632.9 mV
63.00～200.9 mV	0～200.9 mV
2.000～62.99 mV	0～62.99 mV

方波在高阻时幅度峰 – 峰值和直流偏移绝对值的取值对应关系为：

$$(幅度峰 - 峰值 + 2 \times |偏移|) \times 10^{衰减量 \times 0.05} \leqslant 20\ V$$

（5）波形设置。

① 常用波形的选择：按下【Shift】键后再按下波形键，可以选择正弦波、方波、三角波、升锯齿波、脉冲波 5 种常用波形，同时波形显示区显示相应的波形符号。

例如：选择方波，按键顺序如下：

【Shift】【方波】

② 一般波形的选择：先按下【Shift】键再按下【Arb】键，显示区显示当前波形的编号和波形名称。如"6：NOISE"表示当前波形为噪声。然后用数字键或调节旋钮输入波形编号来选择波形。

例如：选择直流，按键顺序如下：

【Shift】【Arb】【1】【0】【N】（可以用调节旋钮输入）

除点频功能模式外的其他功能模式中基本信号或载波的波形只能选择正弦波。

波形以及相应编号对应关系如表 5-4-5 所列。

表 5-4-5　波形及相应编号对应关系

波形编号	波形名称	提示符	波形编号	波形名称	提示符
1	正弦波	SINE	15	半波整流	COMMUT_HA
2	方波	SQUARE	16	正弦波横切割	SINE_TRA
3	三角波	TRIANG	17	正弦波纵切割	SINE_VER
4	升锯齿	UP_RAMP	18	正弦波调相	SINE_PM
5	降锯齿	DOWN_RAMP	19	对数函数	LOG
6	噪声	NOISE	20	指数函数	EXP
7	脉冲波	PULSE	21	半圆函数	ROUND_HAL
8	正脉冲	P_PULSE	22	$\sin x/x$ 函数	SINX/X
9	负脉冲	N_PULSE	23	平方根函数	SQU_ROOT
10	正直流	P_DC	24	正切函数	TANGENT
11	负直流	N_DC	25	心电图波	CARDIO
12	阶梯波	STAIR	26	地震波形	QUAKE
13	编码脉冲	C_PULSE	27	TTL 波形	*（F20A）
14	全波整流	COMMUT_FU			
*注：TTL 波形有单独的通道来输出，仅在 F20A 中才有这个波形输出。					

（6）占空比调整：当前波形为脉冲波时，如果输出频率小于 100 kHz，显示区显示的是幅度值，再按一次【脉宽】后显示出脉宽值。如果显示区显示既不是幅度值也不是脉宽值，则连续按两次【脉宽】键，显示区显示脉宽值。如果当前波形不是脉冲波，则该键只作幅度输入键使用。显示区显示脉宽值时，用数字键或调节旋钮输入脉宽值，可以对方波占空比进行调整。调整范围：频率不大于 10 kHz 时为 1.0%～99.0%，此时分辨率高达 0.1%；频率在 10 kHz 到 100 kHz 时为 10%～90%，此时分辨率为 1%。

例如：输入占空比值 60.5%，按键顺序如下：

【脉宽】【6】【0】【●】【5】【N】（可以用调节旋钮输入）

（7）门控输出：按【输出】键禁止信号输出，此时输出信号指示灯灭。按需要设定好信号的波形、频率、幅度设定。再按一次【输出】键信号开始输出，此时输出信号指示灯亮。【输出】键可以在信号输出和关闭之间反复进行切换。输出信号指示灯也相应以亮（输出）和灭（关闭）进行指示。这样可以对输出信号进行闸门控制。

3. 计数器使用说明

计数器可以进行测频和计数功能模式。

（1）按【Shift】键和【测频】键，进入频率测量功能模式。此时显示区下端功能状态显示区显示频率测量功能模式标志"Ext"和"Freq"，可以对从后面板"测频/计数输入"端口外部输入信号的频率进行测量。若再按【Shift】键和【计数】键表示当前处于计数测量功能模式。此时显示区下端功能状态显示区显示计数测量功能模式标志"Ext"和"Count"，可以对从后面板"测频/计数输入"端口外部输入信号的周期个数进行计数。测量频率范围为 1 Hz～100 MHz。

（2）闸门时间：在测频功能模式下，按【Shift】键和【闸门】键进入闸门时间设置状态，可用数据键或调节旋钮输入闸门时间值。在闸门开启时，显示区右侧频率计数状态显示区显示闸门开启标志"GATE"。

闸门时间范围为 10 ms～10 s。

（3）低通：在频率计数器功能模式下，按【Shift】键和【低通】键设置当前输入信号经过低通进行测量。显示区右侧频率计数状态显示区显示低通状态标志"Filter"。

（4）衰减：在频率计数器功能模式下，按【Shift】键和【衰减】键设置当前输入信号经过衰减进行测量。显示区右侧频率计数状态显示区显示衰减状态标志"ATT"。

在计数功能模式下，按【◀】键后计数停止，并显示当前计数值；再按一次【◀】键，计数继续进行。

在计数功能模式下，按【▶】键后把计数值清零并重新开始计数。

第 6 章

常用电子实践训练元器件

6.1 常用电路元件的性能和规格

6.1.1 电阻器

1. 电阻器的类型

电阻器的类型很多,其分类方法有下列几种。

1) 根据构成电阻的材料分类

电阻器根据构成电阻的材料分为实心碳质电阻器、碳膜电阻器、金属膜电阻器、金属氧化膜电阻器和线绕电阻器,其构造和外形分别如图 6-1-1 所示。

碳膜电阻　　金属膜电阻　　金属氧化膜电阻　　线绕电阻

图 6-1-1　不同材料制成的电阻

2) 根据电阻器的物理性能分类

热敏电阻:其阻值随温度而变。用途较广的是负温度系数热敏电阻。

光敏电阻:其阻值随光照强度而变。

压敏电阻:其阻值在两端电压达到一个特定值时会急剧减小。实质上压敏电阻是一种耐高浪涌能力的硅稳压二极管。这些电阻器的外形如图 6-1-2 所示。这些电阻器均由半导体材料构成。

熔断电阻:熔断电阻器在电路中起着熔丝和电阻器的双重作用。

热敏电阻　　　光敏电阻　　　压敏电阻　　　熔断电阻

图 6-1-2　不同物理特性的电阻

3）根据电位器材料和结构特点分类

电位器按材料分为碳质、薄膜、线绕三种。

电位器按阻值和转角之间关系分为直线式、对数式、指数式。除线绕电位器一般为直线式外，其余的一般为非线绕电位器。

电位器按结构分有单联、双联和多联式、带开关和不带开关、可变多圈（动臂转动角大小为 2π）和半可变式（或微调）、旋转式和推拉式。各种电位器的结构和外形如图 6-1-3 所示。

合成碳膜电位器　　有机实芯电位器　　数字电位器　　金属膜电位器　　线绕电位器

图 6-1-3　不同结构的电阻

2. 电阻器型号命名方法

电阻器简称电阻，其类型很多。电阻器的型号根据四机部部颁标准 SJ153—1973 规定，由以下 4 个部分组成，其命名规则如图 6-1-4 所示。电阻器的材料、特征代号如表 6-1-1 所示。

序号（用数字表示）
分类（一般用数字表示，类型用字母表示）
材料（用字母表示）
主称（用字母表示：R—电阻器，W—电位器）

图 6-1-4　电阻器型号命名规则

表 6-1-1　电阻器的材料、特征代号

材料		分类					
代号	意义	数字代号	意义		字母代号	意义	
			电阻器	电位器		电阻器	电位器
T	碳膜	1	普通	普通	G	高功率	—
P	硼碳膜	2	普通	普通	T	可调	—
U	硅碳膜	3	超高频	—	X	小型	—
H	合成膜	4	高阻	—	L	测量用	—
I	玻璃釉膜	5	高温	—	W	—	微调
J	金属膜	6	—	—	D	—	多圈
Y	氧化膜	7	精密	精密	K	—	带开关
C	沉积膜	8	高压	特种函数			
S	有机实芯	9	特殊	特殊			
N	无机实芯						

材料		分　类					
代号	意义	数字代号	意义		字母代号	意义	
			电阻器	电位器		电阻器	电位器
R	热　敏						
G	光　敏						
M	压　敏						

注：对于压敏电阻，当其两端的电压达到一个特定值时，阻值会急剧减小，可用作过压保护和稳压元件。

电阻器型号举例：

例 1：RJX71 型，表示小型金属膜电阻器。

例 2：WS－2 型，表示有机实芯电位器。

3. 常用电阻器的图形符号

常用电阻器的图形符号如表 6－1－2 所示。

表 6－1－2　常用电阻器的图形符号

图形符号	名称	图形符号	名称	图形符号	名称
	固定电阻		压敏电阻		1/2 W 电阻
	有抽头的固定电阻		直热式热敏电阻		1 W 电阻
	变阻器（可调电阻）		旁热式热敏电阻		2 W 电阻
	微调变阻器		光敏电阻		5 W 电阻
	电位器		1/8 W 电阻		10 W 电阻
	微调电位器		1/4 W 电阻		20 W 电阻

4. 电阻器的主要参数

1）标称阻值与允许误差

常用电阻器标称值如表 6－1－3 所示。

表 6－1－3　常用电阻器标称值

系列	允许误差	标　称　值	精度等级
E24	±5%	1.0　1.1　1.2　1.3　1.5　1.6　1.8　2.0　2.2　2.4　2.7　3.0　3.3　3.6　3.9　4.3　4.7　5.1　5.6　6.2　6.8　7.5　8.2　9.1	I
E12	±10%	1.0　1.2　1.5　1.8　2.2　2.7　3.3　3.9　4.7　5.6　6.8　8.2	II
E6	±20%	1.0　1.5　2.2　3.3　4.7　6.8	III

电阻器的标称值是表中系列数值或表中系列数值乘以 10^n，其中 n 为正整数或负整数。

阻值和允许误差在电阻器上常用标志方法有下列三种。

（1）直接标志法。

直接标志法是指将电阻器的主要参数和技术性能指标直接印制在电阻器表面上。直标法中标称阻值是用阿拉伯数字和单位符号在电阻器的表面直接标出。对于不大于 1 000 Ω 的阻值只标数值，不注单位，对 kΩ、MΩ 级的只注 K、M。

直标法中误差表示有直标误差和罗马文字误差。精度等级标 Ⅰ 或 Ⅱ 级，对 Ⅲ 级精度不标明。

直标误差就是用百分数表示允许误差，如图 6-1-5（a）所示。

罗马文字误差就是用罗马文字表示允许误差，用"Ⅰ""Ⅱ""Ⅲ"表示误差等级。"Ⅰ"表示"±5%"，"Ⅱ"表示"±10%"，"Ⅲ"表示"±20%"，如图 6-1-5（b）所示。

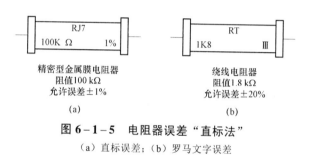

精密型金属膜电阻器
阻值100 kΩ
允许误差±1%

(a)

绕线电阻器
阻值1.8 kΩ
允许误差±20%

(b)

图 6-1-5 电阻器误差"直标法"

（a）直标误差；（b）罗马文字误差

（2）文字符号法。

文字符号法是用字母和数字符号有规律的组合来表示标称电阻值。允许误差也用文字符号表示。其规律是：符号（Ω、K、M、G、T）表示电阻值的数量级别，符号前面的数字表示电阻值整数部分的大小，符号后面的数字表示小数点后面的数值。表示允许误差的符号如表 6-1-4 所示。

例：Ω33→0.33 Ω　　　3Ω3→3.3 Ω

表 6-1-4 表示允许误差的符号

文字符号	B	C	D	F	G	J	K	M	N
允许误差	±0.1%	±0.25%	±0.5%	±1%	±2%	±5%	±10%	±20%	±30%

（3）色环标志法。

色环颜色的意义如表 6-1-5 所示。普通电阻器大多为四色环电阻。其最靠近电阻器一端的第一条色环的颜色表示第一位有效数字；第二条色环的颜色表示第二位有效数字；第三条色环的颜色表示倍乘率；第四条色环的颜色表示允许误差。如图 6-1-6（a）所示。

精密电阻器大多为五色环电阻。其中第一、第二、第三条色环表示第一、第二、第三位有效数字，第四条色环表示倍乘率，第五条色环表示允许误差，如图 6-1-6（b）所示。

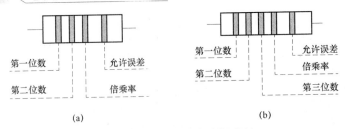

图 6-1-6 电阻器色环标志法

（a）四色环电阻；（b）五色环电阻

表 6-1-5 色环颜色的意义

颜色	第一色环	第二色环	第三色环（倍乘）	第四色环（允许误差）
黑	0	0	$\times 10^0$	—
棕	1	1	$\times 10^1$	$\pm 1\%$
红	2	2	$\times 10^2$	$\pm 2\%$
橙	3	3	$\times 10^3$	—
黄	4	4	$\times 10^4$	—
绿	5	5	$\times 10^5$	$\pm 0.5\%$
蓝	6	6	$\times 10^6$	$\pm 0.2\%$
紫	7	7	$\times 10^7$	$\pm 0.1\%$
灰	8	8	$\times 10^8$	—
白	9	9	$\times 10^9$	$-50\% \sim +20\%$
金	—	—	$\times 10^{-1}$	$\pm 5\%$
银	—	—	$\times 10^{-2}$	$\pm 10\%$
本色（或称无色）	—	—	—	$\pm 20\%$

例如：一个电阻器有四道色环，其顺序是绿、棕、黄、银，则它的阻值为 $51 \times 10^4 \ \Omega$，误差为 $\pm 10\%$ ［即 510（$1 \pm 10\%$）kΩ］。

2）电阻器的额定功率

电阻器额定功率系列（W）（共 19 个等级）如表 6-1-6 所示。

表 6-1-6 电阻器额定功率系列 W

0.05	0.125	0.25	0.5	1	2	4	5	8	10	16
25	40	50	75	100	150	250		500		
注：电位器尚有 0.025 W、0.1 W、1.6 W、3 W、63 W 系列值。

3）最大工作电压

最大工作电压是指电阻器两端所能承受的最高工作电压。对阻值较大的电阻器，当电压过高，虽其功率未超过规定值，但电阻器内部会产生火花而损坏。一般 1/8 W 碳膜电阻器，最大工作电压为 150 V，1/8 W 金属膜电阻器，最大工作电压为 200 V，瓦数越大，工作电压越高。

4）电阻器的温度系数及电阻值的稳定性

电阻的温度系数指温度每变化 1 ℃时，阻值的相对变化量。即

$$\alpha_{\mathrm{r}} = \frac{R_2 - R_1}{R_1(t_2 - t_1)} \times 100\% / ℃$$

R_1、R_2 分别对应于 t_1、t_2 温度时的阻值，α_{r} 越大，电阻器的稳定性越差。另外电阻值的稳定性还与工作时间、湿度、电压、负荷大小有关。因此在精密仪器中应选用高稳定性的电阻器。

5）电阻器的噪声

电阻器的噪声来源有两种，一种是在导体中电子无规则的热运动引起的结果，称为热噪声。它仅与温度、电阻值和外界电压频率有关。另一种是由于电流通过电阻器时，导体微粒间的接触面积发生变化，从而使其接触电阻相应变化，流过电流被起伏的电阻值所调制，产生不规则的交变电压，称之为电流噪声。它与电阻器材料、结构有关，并与频率成反比，与外加电压的平方成正比。电流噪声以实芯碳质电阻器为最大，其次为碳膜电阻器。而金属膜、金属氧化膜、线绕电阻器为最小。对于可变电阻器，由于活动触点存在，还会产生附加噪声。

噪声在量值上是以 μV/V 计算。即每施加 1 V 工作电压时，噪声电压为几～几十 μV。对于微弱信号的前置放大器，应选用低噪声的电阻器。

此外，电阻器还存在其他性能指标：如高频特性、绝缘电阻（耐压）、外形尺寸和重量等，可根据使用条件查阅手册选用之。

5. 各种电阻器的特点和适用情况

碳膜电阻器：稳定性好、温度系数小、运用频率高、应用广泛。

金属膜电阻器：耐热性及稳定性均比碳膜电阻好，噪声小，潮湿系数小，同功率下体积比碳膜电阻器小一半，阻值上限高（1 Ω～600 MΩ），但成本高。金属膜电阻器运用于高频时，有效阻值基本不变。这种电阻适用于稳定性和可靠性要求较高的电路中。

金属氧化膜电阻器：有较宽的工作温度范围，可达 200 ℃，温度系数小，适用于高温。

线绕电阻器：稳定性好，老化效应小，温度系数小，噪声小，额定功率大，阻值范围小（0.1 Ω～56 kΩ），固有电容和固有电感大，不宜用于高频，适用于功率值较大、数值精密的低频电路。

6.1.2　电容器

1. 电容器型号命名方法

电容器类型很多，可根据其型号中的材料和特征代号分类。电容器的型号由以下 4 个部分组成，其命名规则如图 6-1-7 所示。

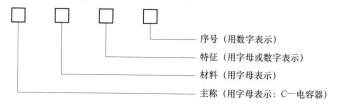

图 6-1-7　电容器型号命名规则

电容器的材料、特征代号如表 6-1-7 所示。用数字表示的电容器特征意义如表 6-1-8 所示。

表 6-1-7　电容器的材料、特征代号

材　　料				特　　征	
代号	意　义	代号	意　义	代号	意　义
C	高频瓷	L	涤纶等极性有机薄膜	W	微调
T	低频瓷	Q	漆膜	X	小型
I	玻璃釉	H	纸膜复合	G	高功率
O	玻璃膜	D	铝电解		
Y	云母	A	钽电解		
V	云母纸	N	铌电解		
Z	纸介	G	金属电解		
J	金属化纸介	E	其他材料电解		
B	聚苯乙烯等非极性有机薄膜				

表 6-1-8　用数字表示的电容器特征意义

电容名称	数　　字								
	1	2	3	4	5	6	7	8	9
	意　　义								
瓷介电容器	圆片	管形	叠片	叠片	穿心	支柱等		高压	
云母电容器	非密封	非密封	密封	密封				高压	
有机电容器	非密封	非密封	密封	密封	穿心			高压	特殊
电解电容器	箔式	箔式	烧结粉液体	烧结粉固体			无极性		特殊

2. 常用电容器图形符号

电容器也是电子电路中最常用的基本元件之一，在电容器电路中电容器两端的电压不能突变，其主要作用是滤波、耦合、能量转换和延时等，常用电容器图形符号如表 6-1-9 所示。

表 6-1-9　常用电容器图形符号

图形符号	名称	图形符号	名称	图形符号	名称
─┤├─	电容器	─┬─	穿心电容器		同调可变电容
	电解电容器		可变电容器		微调电位器

3. 电容器的主要参数

1）标称容量与允许误差

一般分为 3 级：Ⅰ 级，±5%；Ⅱ 级，±10%；Ⅲ 级，±20%。精密电容器的允许误差较小，而电解电容器的误差较大，采用不同的误差等级。常用的电容器其精度等级和电阻器的表示方法相同。常用电容器允许误差如表 6-1-10 所示。

表 6-1-10 常用电容器允许误差

允许误差	±2%	±5%	±10%	±20%	+20% −30%	+50% −20%	+100% −10%
级别	02	Ⅰ	Ⅱ	Ⅲ	Ⅳ	Ⅴ	Ⅵ

电容器上标有的电容数是电容器的标称容量。电容器的标称容量和它的实际容量会有误差。常用固定电容器的标称容量如表 6-1-11 所示。

表 6-1-11 常用固定电容器的标称容量

名 称	允许误差	容量范围	标称容量系列
纸介电容器	±5% ±10% ±20%	100 pF～1 μF	1.0、1.5、2.2、3.3、4.7、6.8
金属化纸介电容器			
纸膜复合介质电容器		1～100 μF	1、2、4、6、8、10、15、20、30、50、60、80、100
低频（有极性）有机薄膜介质电容器			
高频（无极性）有机薄膜介质电容器	±5% ±10% ±20%		E24、E12、E6
瓷介电容器		1 pF～0.1 μF	
玻璃釉电容器		10 pF～3.9 μF	
云母电容器	±20%以上	10 pF～0.051 μF	E6
铝电解电容器	±10% ±20% +50% −20% +100% −10%	1～50 000 μF	1、1.5、2.2、3.3、4.7、6.8
钽电解电容器		0.47～1 000 μF	
铌电解电容器			

标称容量：将表中标称容量系列再乘以 10^n，其中 n 为正整数或负整数。

2）额定电压

额定电压是指规定温度范围下，电容器正常工作时所承受的最大电压，通称耐压。

3）绝缘电阻

绝缘电阻是指加到电容器上的直流电压和漏电流的比值，通称漏阻。绝缘电阻低，表明漏电流大，介质耗损大，电容器工作性能差。

优质电容器的绝缘电阻很大，可达 MΩ（10^6 Ω）、GΩ（10^9 Ω）、TΩ（10^{12} Ω）数量级。

4）损耗

理想的电容不存在能量损耗，但由于电容器在电场作用下，有一部分能量转为热能而造成损耗，称为电容器的损耗。小功率电容器主要是介质损耗，它包含由于介质的漏电流引起的电导损耗和电介质极化缓慢而造成的极化损耗和金属电阻、接触电阻损耗。电容器

的损耗用损耗角 δ 的正切值表示，即：

$$\tan\delta = \frac{损耗功率}{无功功率}$$

5）固有电感

电容器的固有电感是由极板本身和引出线的电感构成的。其数值虽小，等效电感均为几～几十 nH（10^{-9} H），但当工作频率较高时，其感抗不可忽略。一般电容器板面积越小，引线与内部接线越短，则固有电感越小。电容器的最高使用频率受固有电感和高频损耗限制。

当作滤波或旁路电容的电容器，若频率范围较宽，应使用两只电容并联工作，即大容量的电解电容与小容量的云母、瓷介或玻璃釉电容器相并联。前者固有电感大，作低频通路；后者固有电感小，作高频通路。

当云母、瓷介、玻璃釉等电容器在引线很短时，工作频率可高达 500 MHz 以上。

6）温度系数

电容器的电容量随温度变化，其变化程度用温度系数表示，即温度每变化 1 ℃所引起的电容量的相对变化值。

$$\alpha_c = \frac{C_2 - C_1}{C_1(t_2 - t_1)} \times 10^6 \quad (10^{-6}/℃)$$

其中 C_1、C_2 分别对应于 t_1、t_2 温度时的电容值。温度系数 α_c 有正有负，α_c 越小，电路工作越稳定。电容器的温度系数用标志色表示，例如两只容量相等的电容器分别为正、负温度系数且正、负数值相当［如灰色 $\alpha_c = (+33\pm30) \times 10^{-6}/℃$ 和褐色 $\alpha_c = (-33\pm30)10^{-6}/℃$ 的瓷介电容器］，将它们并联使用，可补偿由温度引起其容量的变化。

4. 各类电容器的材料结构、性能和适用范围

1）固定电容器

（1）纸介电容器、金属化纸介电容器。

纸介电容器的电极采用铝箔或锡箔，绝缘介质用浸过蜡的纸，相叠后卷成圆柱体封装，其构造和外形如图 6-1-8 所示。

其特点是容量大，构造简单，成本低，但稳定性不高，介质损耗大，固有电感大，适用于低频电路中的旁路和耦合电容。

金属化纸介电容器的两层电极是将金属蒸发后沉积在纸上形成的金属薄膜，故体积小。其优点是被高压击穿后有自愈作用。

纸介电容器 　　　　　　　金属化纸介电容器

图 6-1-8 部分纸介电容器

（2）有机薄膜电容器。

有机薄膜电容器用聚苯乙烯、聚四氟乙烯、聚碳酸酯或涤纶等有机薄膜代替纸介质，以铝箔或在薄膜上蒸发金属薄膜作电极，卷绕封装而成。其外形如图6-1-9所示。

涤纶电容器　　　　　　　聚苯乙烯电容器　　　　　　聚丙烯电容器

图6-1-9　有机薄膜电容器

其特点是体积小，耐压高，损耗小，绝缘电阻大，稳定性好，不足之处是温度系数较大。这种电容器适用于高压电路、谐振回路、滤波电路等。

（3）瓷介电容器。

瓷介电容器以陶瓷材料作介质，在其表面上烧渗银层作电极，有管状和圆片状。其特点是介质损耗小，稳定性高，绝缘性好，另外固有电感小，耐热性好。瓷介电容器可做成不同温度系数的温度补偿电容器，其结构简单，但机械强度低，容量也不大，这种电容器适用于高频高压电路和温度补偿等。瓷介电容器外形如图6-1-10所示。

图6-1-10　瓷介电容器

（4）云母电容器。

云母电容器以云母为介质，其上面喷覆银层或用金属箔作电极后，封装之。其优点是绝缘性能好，耐高温，介质损耗小，固有电感小，因此工作频率高，稳定性好，工作电压高，应用极广。这种电容器适用于高频电路和高压设备等。其外形如图6-1-11所示。

图6-1-11　云母电容器

（5）玻璃釉电容器。

玻璃釉电容器用玻璃釉粉加工制成的薄片作介质。它除了有瓷片介质电容器的优点外，还由于介电常数大，与同容量的瓷介电容器相比体积更小。在很宽频率范围内，介电常数不变。此电容器的损耗小，能适应高温下工作，其性质可与云母和瓷介电容器相比，适用于小型电子仪器中交直流电路、高频电路和脉冲电路。其外形如图 6-1-12 所示。

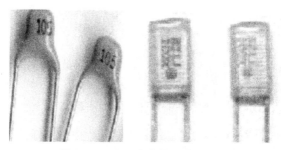

图 6-1-12　玻璃釉（膜）电容器

（6）电解电容器。

电解电容器以附着在金属极板上的氧化膜的薄层作介质。金属极片为铝、钽、铌、钛等。附着有氧化膜的金属极片为阳极，阴极是填充的液体、半液体或胶状的电解液，并且有修补氧化膜的作用。氧化膜具有单向导电性和较高的介电强度。若极性接反，通过氧化膜的电流太大，导致过热击穿。另外还有一种无极性的电解电容器。

电解电容器的优点是容量大，体积小，短时间过压击穿后，能重新形成氧化膜自动恢复绝缘。缺点是容量误差大，有极性，容量随频率而变，这是因为电解液的电阻率随频率和温度有较大变化，因此稳定性差，绝缘电阻低，工作电压不高，寿命不长，电介质在直流电压连续影响下易老化，长期搁置不用易变质。这种电容宜用作整流滤波电容、去耦电容、旁路电容，不用于纯交流电路。钽、铌或钛电解电容比铝电解电容器漏电小，工作温度高，体积小，但成本高。电解电容器的外形如图 6-1-13 所示。

铝电解电容器

钽电解电容器

图 6-1-13　铝（钽）电解电容器

2）可变电容器

（1）空气可变电容器。

空气可变电容器以空气为介质，用一组固定的定片和可转动的动片两组金属片为电极，两者相互绝缘不接触。当一组动片全部旋入定片后，容量最大。反之，全部旋出后，容量最小。根据动、定片组数可分为单联、双联、三联等，其特点是稳定性高，损耗小，精确度高。空气双联可变电容器外形如图 6-1-14 所示。

可变电容器按电容量与动片转角关系可分为直线式、直线波长式、直线频率式和对数式四种。

（2）薄膜可变电容器。

电容器的动、定片之间以云母或塑料薄膜为介质。由于动、定片之间距离可极近，因此与空气介质式相比，在相同容量下，体积小，重量轻。这种可变电容器适用于携带式半导体收音机。其外形如图 6-1-15 所示。

图 6-1-14　空气双联可变电容器　　　　图 6-1-15　薄膜可变电容器

（3）微调电容器。

有云母介质、瓷介和拉线等微调电容器。其容量调节范围极小，一般仅几～几十 pF。微调电容器在电路中用作补偿、校正频率等。其外形如图 6-1-16 所示。

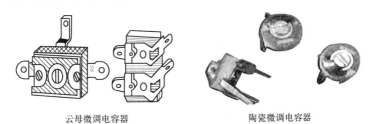

云母微调电容器　　　　　　陶瓷微调电容器

图 6-1-16　云母（陶瓷）微调电容器

5. 常用电容器的主要性能参数

常用电容器的几项主要性能参数如表 6-1-12 所示。

表 6-1-12　常用电容器的几项主要性能参数

名称	型号	容量范围	额定电压/V	适用频率	等效电感/nH	漏阻/MΩ
纸介电容器（中、小型）	CZ	470 pF～0.22 μF	63～630	8 MHz 以下	小型（无感卷绕）6～11 中型＜0.022 μF 30～60	＞5 000
金属壳密封纸介电容器	CZ3	0.01～10 μF	250～1 600	直流、脉动直流		＞1 000～5 000
金属化纸介电容器（中、小型）	CJ	0.01～0.2 μF	160、250、400	8 MHz 以下		＞2 000
金属壳密封金属化纸介电容器	CJ3	0.22～30 μF	160～1 600	直流、脉动直流		＞30～5 000

续表

名称	型号	容量范围	额定电压/V	适用频率	等效电感/nH	漏阻/MΩ
薄膜电容器		3 pF～0.1 μF	63～500	高频、低频		>10 000
云母电容器	CY	10 pF～0.051 μF	100～7 000	75～250 MHz 以下	小型 4～6	>10 000
瓷介电容器	CC	1 pF～0.1 μF	63～630	低频、高频 50～3 000 MHz 以下	圆盘 1～1.5 圆片 2～4 圆管 3～110	>10 000
铝电解电容器	CD	1～10 000 μF	4～500	直流、脉动直流		
钽、铌电解电容器	CA、CN	0.47～1 000 μF	6.3～160	直流、脉动直流		
瓷介微调电容器	CCW	2/7～7/25 pF	250～500	高频		>1 000～10 000
可变电容器	CB	>7 pF/<1 000 pF	100 以下	低频、高频		>500

6.2 半导体分立器件的简单识别与型号命名法

6.2.1 半导体二极管和三极管的命名方法

晶体管的命名方法很多，美国编号方法以 PN 结合面的数量为主线，不易看出其他特性。而欧洲与日本的编号，就比较系统化。国产晶体管的命名则也有自己的个性。

1. 国产型号命名法

国产半导体器件型号由五部分（场效应器件、半导体特殊器件、复合管、PIN 型管、激光器件的型号命名只有第三、四、五部分）组成，如表 6-2-1 所示，五个部分意义如下。

表 6-2-1 国产型号命名法

第一部分		第二部分		第三部分		第四部分	第五部分
用数字表示器件的电极数		用字母表示器件的材料和极性		用字母表示器件的类别		用数字表示器件的序号	用字母表示规格号
符号	意义	符号	意义	符号	意义	意义	意义
2 3	二极管 三极管	A	N 型锗材料	P	普通管	反映了极限参数、直流参数和交流参数的差别	反映了承受反向击穿电压的程度。如规格号为 A、B、C、D…，其中 A 承受的反向击穿电压最低，B 次之…
		B	P 型锗材料	V	微波管		
		C	N 型硅材料	W	稳压管		
		D	P 型硅材料	C	参量管		
		A	PNP 型锗材料	Z	整流管		
		B	NPN 型锗材料	L	整流堆		
		C	PNP 型硅材料	S	隧道管		
		D	NPN 型硅材料	N	阻尼管		
		E	化合物材料	U	光电器件		
				K	开关管		
				X	低频小功率管		

第一部分		第二部分		第三部分		第四部分	第五部分
用数字表示器件的电极数		用字母表示器件的材料和极性		用字母表示器件的类别		用数字表示器件的序号	用字母表示规格号
符号	意义	符号	意义	符号	意义	意义	意义
				G	($f_a<3\ \text{MHz}$, $P_c<1\ \text{W}$) 高频小功率管 ($f_a\geqslant3\ \text{MHz}$, $P_c<1\ \text{W}$)		
				D	低频大功率管 ($f_a<3\ \text{MHz}$, $P_c\geqslant1\ \text{W}$)		
				A	高频大功率管 ($f_a\geqslant3\ \text{MHz}$, $P_c>1\ \text{W}$)		
				T	半导体闸流管 （可控整流器）		
				Y	体效应器件		
				B	雪崩管		
				J	阶跃恢复管		
				CS	场效应器件		
				BT	半导体特殊器件		
				FH	复合管		
				PIN	PIN 管		
				JG	激光器件		

示例：

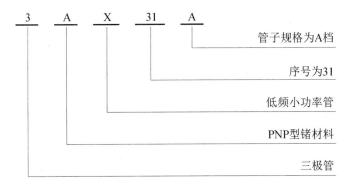

由标号可知，该管为 PNP 型低频小功率锗三极管。

2. 日本半导体分立器件型号命名方法

日本生产的半导体分立器件，由五至七部分组成。通常只用到前五个部分，各部分的符号意义如下。

第一部分：用数字表示器件有效电极数目或类型。0—光电（即光敏）二极管、三极管及上述器件的组合管；1—二极管；2—三极管或具有两个 PN 结的其他器件；3—具有四个有效电极或具有三个 PN 结的其他器件；依此类推。

第二部分：日本电子工业协会 JEIA 注册标志。S—表示已在日本电子工业协会 JEIA 注册登记的半导体分立器件。

第三部分：用字母表示器件使用材料的极性和类型。A—PNP 型高频管；B—PNP 型低频管；C—NPN 型高频管；D—NPN 型低频管；F—P 控制极可控硅；G—N 控制极可控硅；H—N 基极单结晶体管；J—P 沟道场效应管；K—N 沟道场效应管；M—双向可控硅。

第四部分：用数字表示在日本电子工业协会 JEIA 登记的顺序号。两位以上的整数——从"11"开始，表示在日本电子工业协会 JEIA 登记的顺序号；不同公司的性能相同的器件可以使用同一顺序号；数字越大，越是近期产品。

第五部分：用字母表示同一型号的改进型产品标志。A、B、C、D、E、F 表示这一器件是原型号产品的改进产品。

例如：2SC1815 表明这是一个 NPN 型高频三极管；2SJ448 表明是一个 P 沟道场效应管。

3. 美国半导体分立器件型号命名方法

美国晶体管或其他半导体器件的命名法比较混乱。美国电子工业协会半导体分立器件命名方法如下。

第一部分：用符号表示器件用途的类型。JAN—军级；JANTX—特军级；JANTXV—超特军级；JANS—宇航级；（无）—非军用品。

第二部分：用数字表示 PN 结数目。1—二极管；2—三极管；3—三个 PN 结器件；n—n 个 PN 结器件。

第三部分：美国电子工业协会（EIA）注册标志。N—该器件已在美国电子工业协会（EIA）注册登记。

第四部分：美国电子工业协会登记顺序号。多位数字—该器件在美国电子工业协会登记的顺序号。

第五部分：用字母表示器件分挡。A、B、C、D、……—同一型号器件的不同挡别。如：JAN2N3251A 表示 PNP 硅高频小功率开关三极管，JAN—军级，2—三极管，N—EIA 注册标志，3251—EIA 登记顺序号，A—挡别。

4. 国际电子联合会半导体器件型号命名方法

德国、法国、意大利、荷兰、比利时等欧洲国家以及匈牙利、罗马尼亚、南斯拉夫、波兰等东欧国家，大都采用国际电子联合会半导体分立器件型号命名方法。这种命名方法由四个基本部分组成，各部分的符号及意义如下。

第一部分：用字母表示器件使用的材料。A—器件使用材料的禁带宽度 $E_g = 0.6 \sim 1.0\,\text{eV}$，如锗；B—器件使用材料的 $E_g = 1.0 \sim 1.3\,\text{eV}$，如硅；C—器件使用材料的 $E_g > 1.3\,\text{eV}$，如砷化镓；D—器件使用材料的 $E_g < 0.6\,\text{eV}$，如锑化铟；E—器件使用复合材料及光电池使用的材料。

第二部分：用字母表示器件的类型及主要特征。A—检波开关混频二极管；B—变容二极管；C—低频小功率三极管；D—低频大功率三极管；E—隧道二极管；F—高频小功率三极管；G—复合器件及其他器件；H—磁敏二极管；K—开放磁路中的霍尔元件；L—高频大功率三极管；M—封闭磁路中的霍尔元件；P—光敏器件；Q—发光器件；R—小功率晶闸管；S—小功率开关管；T—大功率晶闸管；U—大功率开关管；X—倍增二极管；Y—整流二极管；Z—稳压二极管。

第三部分：用数字或字母加数字表示登记号。三位数字——代表通用半导体器件的登记序号；一个字母加两位数字——表示专用半导体器件的登记序号。

第四部分：用字母对同一类型号器件进行分档。A、B、C、D、E、……—表示同一型号的器件按某一参数进行分档的标志。

6.2.2　二极管的识别与简单测试

1. 普通二极管的识别与简单测试

普通二极管一般分为玻璃封装、塑料封装和金属封装三种，如图 6-2-1 所示。它们的外壳上均印有型号和标记。标记箭头所指方向为阴极。有的二极管上只有一个色点，有色点的一端为阳极。

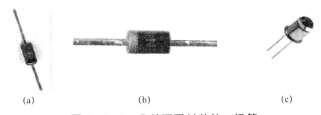

(a)　　　　　　　　　　(b)　　　　　　　　　(c)

图 6-2-1　几种不同封装的二极管

（a）玻璃封装；（b）塑料封装；（c）金属封装

若遇到型号标记不清时，可以借助指针式万用表的欧姆挡作简单判别。我们知道，指针式万用表正端（+）红表笔接表内电池的负极，而负端（-）黑表笔接表内电池的正极。根据 PN 结正向导通电阻值小、反向截止电阻值大的原理来简单确定二极管的好坏和极性。

具体做法是：将万用表欧姆挡置"$R \times 100$"或"$R \times 1K$"处，将红、黑两表笔接触二极管两端，表头有一指示；将红、黑两表笔反过来再次接触二极管两端，表头又将有一指示。若两次指示的阻值相差很大，说明该二极管单向导电性好，并且阻值大（几百千欧以上）的那次红表笔所接为二极管的阳极；若两次指示的阻值相差很小，说明该二极管已失去单向导电性；若两次指示的阻值均很大，则说明该二极管已开路。具体测量方法如图 6-2-2 所示。

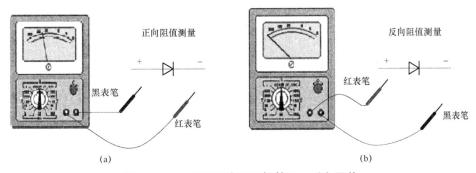

正向阻值测量　　　　　　　　　反向阻值测量

黑表笔　　　　红表笔

红表笔　　　　黑表笔

(a)　　　　　　　　　　　　　　(b)

图 6-2-2　用万用表测二极管正、反向阻值

（a）万用表测二极管正向电阻；（b）万用表测二极管反向电阻

2. 特殊二极管的识别与简单测试

特殊二极管的种类较多，在此只介绍四种常用的特殊二极管。

1）发光二极管（LED）

发光二极管通常是用砷化镓、磷化镓等制成的一种新型器件：它具有工作电压低、耗电少、响应速度快、抗冲击、耐振动、性能好以及轻而小的特点，被广泛应用于单个显示电路或作成七段矩阵式显示器。而在数字电路实验中，常用作逻辑显示器。发光二极管的电路符号如图 6-2-3 所示。

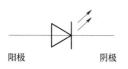

阳极   阴极

图 6-2-3 发光二极管符号

发光二极管和普通二极管一样具有单向导电性，正向导通时才能发光。发光二极管发光颜色有多种，例如红、绿、黄等，形状有圆形和长方形等。发光二极管出厂时，一根引线做得比另一根引线长，通常较长的引线表示阳极（＋），另一根为阴极（－），如图 6-2-4 所示。若辨别不出引线的长短，则可以用判断普通二极管引脚的方法来辨别其阳极和阴极。发光二极管正向工作电压一般在 1.5～3 V，允许通过的电流为 2～20 mA，电流的大小决定发光的亮度。电压、电流的大小依器件型号不同而稍有差异。若与 TTL 组件相连接使用时，一般需串接一个 470 Ω 的限流电阻，以防止器件损坏。

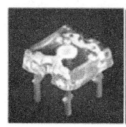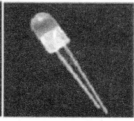

图 6-2-4 发光二极管外观

2）稳压管

稳压管有玻璃、塑料封装和金属外壳封装两种。前者外形与普通二极管相似，如 2CW7，后者外形与小功率三极管相似，但内部为双稳压二极管，其本身具有温度补偿作用，如 2CW231，如图 6-2-5 所示。

稳压二极管在电路中是反向连接的，它能使稳压管所接电路两端的电压稳定在一个规定的电压范围内，我们称之为稳压值。确定稳压二极管稳压值的方法有三种：

（1）根据稳压管的型号查阅手册得知；

（2）在 JT-1 型晶体管测试仪上测出其伏安特性曲线获得；

（3）通过一简单的实验电路测得。实验电路如图 6-2-6 所示。

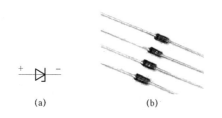

（a）   （b）

图 6-2-5 稳压二极管符号及外观

（a）稳压二极管符号；（b）稳压二极管外形

图 6-2-6 稳压二极管测试电路

当改变直流电源电压 U，使之由零开始缓慢增加，同时稳压二极管两端用直流电压表监视。当 U 增加到一定值，使稳压管反向击穿，直流电压表指示某一电压值。这时再增加直流电源电压 U，而稳压二极管两端电压不再变化，则电压表所指示的电压值就是该稳压二极管的稳压值。

3）光电二极管

光电二极管是一种将光信号转换成电信号的半导体器件，其符号如图6-2-7所示。

在光电二极管的管壳上备有一个玻璃窗口，以便于接收光照。当有光照时，其反向电流随光照强度的增加而正比上升。

光电二极管可用于光的测量。当制成大面积的光电二极管时，可作为一种能源，称为光电池。

4）变容二极管

变容二极管在电路中能起到可变电容的作用，其结电容随反向电压的增加而减小。变容二极管的符号如图6-2-8所示。

(a)   (b)

图6-2-7 光电二极管符号及外形

（a）光电二极管符号；（b）光电二极管外形

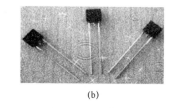

(a)   (b)

图6-2-8 变容二极管符号及外形

（a）变容二极管符号；（b）变容二极管外形

变容二极管主要应用于高频技术中，如变容二极管调频电路。

6.2.3 三极管的识别与简单测试

三极管主要有 NPN 型和 PNP 型两大类。一般，我们可以根据命名法从三极管管壳上的符号辨别出它的型号和类型。例如，三极管管壳上印的是：3DG6，表明它是 NPN 型高频小功率硅三极管。如印的是 3AX31，则表明它是 PNP 型低频小功率锗三极管。同时，我们还可以从管壳上色点的颜色来判断出管子的电流放大系数 β 值的大致范围。以 3DG6 为例，若色点为黄色，表示 β 值在 30～60 之间；绿色，表示 β 在 50～110 之间；蓝色，表示 β 值在 90～160 之间；白色，表示 β 值在 140～200 之间。但是也有的厂家并非按此规定，使用时要注意。

对于小功率三极管来说，有金属外壳封装和塑料外壳封装两种。金属外壳封装的如果管壳上带有定位销，那么，将管底朝上，从定位销起，按顺时针方向，三根电极依次为 e（E）、b（B）、c（C）。如果管壳上无定位销，且三根电极在半圆内，将有三根电极的半圆置于上方，按顺时针方向，三根电极依次为 e、b、c。如图6-2-9（a）所示。

塑料外壳封装的，我们面对平面，三根电极置于下方，从左到右，三根电极依次为 e、b、c，如图6-2-9（b）所示。

对于大功率三极管，其外形一般分为 F 型和 G 型两种，如图6-2-10所示。F 型管，从外形上只能看到两根电极。我们将管底朝上，两根电极置于左侧，则上为 e，下为 b，底座为 c，如图6-2-10（a）所示。G 型管的三根电极一般在管壳的顶部，我们将管底朝下，三根电极置于左方，从最下电极起，顺时针方向，依次为 e、b、c，如图6-2-10（b）所示。

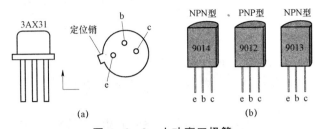

图6-2-9　小功率三极管

（a）金属外壳封装；（b）塑料外壳封装

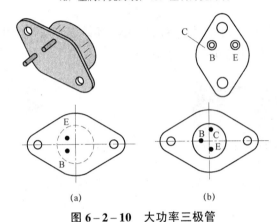

图6-2-10　大功率三极管

（a）F型大功率管；（b）G型大功率管

三极管的引脚必须正确确认，否则，接入电路后不但不能正常工作，还可能烧坏管子。

当一个三极管没有任何标记时，我们可以用万用表来初步确定该三极管的好坏及其类型（NPN型还是PNP型），以及辨别出e、b、c三个电极。

1. 判断基极b和三极管类型

将万用表欧姆挡置"$R \times 100$"或"$R \times 1K$"处，先假设三极管的某极为"基极"，并将黑表笔接在假设的基极上，再将红表笔先后接到其余两个电极上，如果测得两次阻值均很小（为几百欧至几千欧），则黑表笔接的是基极b，而且三极管是NPN型。测量电路如图6-2-11所示。

如果测得两次阻值均很大（为几千欧至十几千欧），则黑表笔接的是基极b，而且三极管是PNP型。

如果两次测得的电阻值是一大一小，则可肯定原假设的基极是错误的，这时就必须重新假设另一电极为"基极"，再重复上述的测试。最多重复两次就可找出真正的基极。

当基极确定以后，将黑表笔接基极，红表笔分别接其他两极。此时，若测得的电阻值都很小，则该三极管为NPN型管；反之，则为PNP型管。

2. 再判断集电极c和发射极e

以NPN型管为例。把黑表笔接到假设的集电极c上，红表笔接到假设的发射极e上，并且用手捏住b和c极（不能使b、c直接接触）或者在b和c极直接串接一个10 kΩ电阻，通过人体，相当于在b、c之间接入偏置电阻。读出表头所示c、e间的电阻值，然后将红、黑两表笔反接重测。若第一次电阻值比第二次小，说明原假设成立，黑表笔所接为三极管集电极 c，红表笔所接为三极管发射极 e。因为 c、e 间电阻值小正说明通过万用表的电流大，偏置正常。如图 6-2-12 所示。

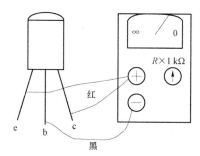

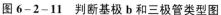

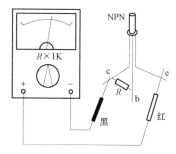

图 6-2-11　判断基极 b 和三极管类型图　　　　图 6-2-12　判断集电板 c 和发射极 e

以上介绍的是比较简单的测试，要想进一步精确测试可以借助于 JT-1 型晶体管图示仪，它能十分清晰地显示出三极管的输入特性和输出特性曲线以及电流放大系数 β 等。

6.2.4　常用二极管、三极管参数

常用整流二极管参数包括反向工作峰值电压、额定正向整流电流、正向不重复浪涌峰值电流、正向压降、反向电流、工作频率、外形封装等，具体参数如表 6-2-2 所示。

表 6-2-2　常用整流二极管参数

型号	U_R/V	$T_j/℃$	I_o/A	U_F/V	$I_R/\mu A$
1N4001	50	-65～175	1.0	0.93	1.0～50
1N4007	1 000	-65～175	1.0	0.93	1.0～50
1N5391	50	-65～175	1.5	1.4（max）	300（max）
1N5397	1 000	-65～175	1.5	1.4（max）	300（max）
1N5400	50	-65～175	3.0	1.2（max）	500（max）
1N5407	1 000	-65～175	3.0	1.2（max）	500（max）

常用快恢复（Fast Recovery）二极管参数包括反向峰值电压、平均整流电流、浪涌电流、反向恢复时间等，具体参数如表 6-2-3 所示。

表 6-2-3　常用快恢复（Fast Recovery）二极管参数

型号	反向峰值电压 U_{RRM}/V	平均整流电流 I_o/A	浪涌电流 I_{FSM}/A	反向恢复时间 $t_{rr}/\mu s$
1N4933	50	1.0	30	0.2
1N4935	200	1.0	30	0.2
1N4937	600	1.0	30	0.2
MR910	50	3.0	100	0.75
MR912	200	3.0	100	0.75
MR916	600	3.0	100	0.75
MR918	1 000	3.0	100	0.75

型号	反向峰值电压 U_{RRM}/V	平均整流电流 I_o/A	浪涌电流 I_{FSM}/A	反向恢复时间 t_{rr}/μs
MR820	50	5.0	300	0.2
MR820	200	5.0	300	0.2
MR820	600	5.0	300	0.2
FR103	200	1.0	30	0.85
FR157	800	1.5	50	0.85

常用稳压二极管参数包括稳定电压、最大稳定电流、动态电阻、耗散功率、正向压降等，具体参数如表 6-2-4 所示。

表 6-2-4　常用稳压二极管参数

型号	稳定电压/V	最大稳定电流/mA	动态电阻/Ω	耗散功率/W	正向压降/V
2CW10	2～3.5	70	≤50	0.25	≤1
2CW16	8～9.5	26	≤10	0.25	≤1
1N747	3.2～4	125	24	0.4	≤1
1N748	3.5～4.3	115	23	0.4	≤1
1N749	3.9～4.7	105	22	0.4	≤1
1N750	4.2～5.2	95	19	0.4	≤1
1N751	4.6～5.6	85	17	0.4	≤1
1N752	5～6.2	80	11	0.4	≤1
1N756	7.4～9.1	55	8	0.4	≤1
1N758	9～11	45	17	0.4	≤1
1N759	10.8～13.2	35	30	0.4	≤1

常用发光二极管参数包括发光颜色、耗散功率、最大正向电流、正向压降、反向电压、峰值波长等，具体参数如表 6-2-5 所示。

表 6-2-5　常用发光二极管参数

型号	发光颜色	耗散功率/W	最大正向电流/mA	正向压降/V	反向电压/V	峰值波长/nm
BT101	红	0.05	20	≤2	≥5	650
BT102	红	0.05	20	≤2.5	≥5	700
BT103	绿	0.05	20	≤2.5	≥5	565
BT104	黄	0.05	20	≤2.5	≥5	585
BT301	红	0.09	120	≤2	≥5	650
BT302	红	0.09	120	≤2	≥5	700
BT303	绿	0.09	120	≤2	≥5	565
BT304	黄	0.09	120	≤2	≥5	585

常用中小功率三极管参数表包括材料与极性、耗散功率、最大集电极电流、最大集－基极压降、工作频率等，具体参数如表6－2－6所示。

表6－2－6 常用中小功率三极管参数

型号	材料与极性	P_{cm}/W	I_{cm}/mA	BU_{cbo}/V	F_t/MHz
3DG6C	SI－NPN	0.1	20	45	＞100
3DG7C	SI－NPN	0.5	100	＞60	＞100
3DG12C	SI－NPN	0.7	300	40	＞300
3DG111	SI－NPN	0.4	100	＞20	＞100
3DG112	SI－NPN	0.4	100	60	＞100
3DG130C	SI－NPN	0.8	300	60	150
3DG201C	SI－NPN	0.15	25	45	150
C9011	SI－NPN	0.4	30	50	150
C9012	SI－PNP	0.625	－500	－40	
C9013	SI－NPN	0.625	500	40	
C9014	SI－NPN	0.45	100	50	150
C9015	SI－PNP	0.45	－100	－50	100
C9016	SI－NPN	0.4	25	30	620
C9018	SI－NPN	0.4	50	30	1.1 G
C8050	SI－NPN	1	1.5 A	40	190
C8580	SI－PNP	1	－1.5 A	－40	200
2N5551	SI－NPN	0.625	600	180	
2N5401	SI－PNP	0.625	－600	160	100
2N4124	SI－NPN	0.625	200	30	300

6.3 常用线性集成电路

6.3.1 三端固定输出集成稳压器

1. M78××系列固定正输出三端稳压器

1）功能简介

LM78××系列是美国国家半导体公司的固定输出三端正稳压器集成电路，是使用极为广泛的一类串联集成稳压器。

2）特性简介

（1）输出电流：1.5 A（78××），500 mA（78M××）、100 mA（78L××）。

（2）内置过热保护电路。

（3）无须外部元件。

（4）输出晶体管安全范围保护。

（5）置短路电流限制电路。

3）电压范围

LM78××系列稳压器的输出电压为5～24 V，具体如表6-3-1所示。

表 6-3-1　LM78××系列稳压器的输出电压范围

型　　号	电压范围/V
LM780×5C	5
LM780×6C	6
LM78×08C	8
LM78×09C	9
LM78×12C	12
LM78×15C	15
LM78×18C	18
LM78×20C	20
LM78×24C	24

4）封装形式

LM78××系列稳压器的封装主要有 TO-220 塑料封装和 TO-3 铝壳封装两种，具体封装形式如图6-3-1所示。

5）极限参数

最大输入电压（输出电压为 5～18 V 时）：35 V；

最大输入电压（输出电压为 20～24 V 时）：40 V；

工作温度范围：0～+70 ℃。

6）典型电路

LM78××系列稳压器的应用电路比较简单，

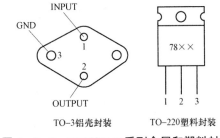

图 6-3-1　LM78××系列金属和塑料封装

外围只需配置相应的电容即可工作，典型电路如图6-3-2所示。

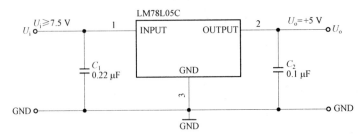

图 6-3-2　LM78××系列三端稳压器典型电路

2. LM79××系列固定负输出三端稳压器

1）功能简介

LM79××系列是美国国家半导体公司的固定输出三端正稳压器集成电路。

2）特性简介

（1）输出电流：1.5 A（79××）、500 mA（79M××）、100 mA（79L××）。

（2）内置过热保护电路。

（3）无须外部元件。

（4）输出晶体管安全范围保护。

（5）置短路电流限制电路。

（6）可选用铝壳 TO-3 封装。

3）电压范围

LM79××系列稳压器的输出电压范围如表6-3-2所示。

表6-3-2　LM79××系列稳压器的输出电压范围

型　号	电压范围/V
LM79×05C	−5
LM79×06C	−6
LM79×08C	−8
LM79×09C	−9
LM79×12C	−12
LM79×15C	−15
LM79×18C	−18
LM79×20C	−20
LM79×24C	−24

4）封装形式

LM79××系列稳压器的封装主要有 TO-220 塑料封装和 TO-3 铝壳封装两种，具体封装形式如图6-3-3所示。

5）极限参数

最大输入电压（输出电压为−5～−18 V 时）：35 V；

最大输入电压（输出电压为−12～−24 V 时）：40 V；

输入−输出压差（输出电压为−5 V 时）：25 V；

输入−输出压差（输出电压为−12～−15 V 时）：30 V；

工作温度范围：0～+70 ℃。

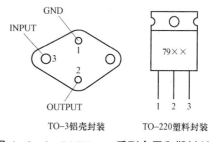

图6-3-3　LM79××系列金属和塑料封装

6）典型电路

LM79××系列稳压器的应用电路比较简单，外围只需配置相应的电容即可工作，典型电路如图6-3-4所示。

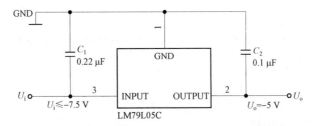

图 6-3-4   LM79××系列三端稳压器典型电路

注意：散热片总是和最低电位的第③脚相连。这样在 78×× 系列中，散热片和地相连接，而在 79×× 系列中，散热片却和输入端相连接。

6.3.2   三端可调输出集成稳压器

三端输出电压可调的集成稳压器（LM117/217/317 和 LM137/237/337）的共同特点是：输出电压可调范围为 1.25～37 V。

1. LM117/LM317 三端正压输出可调稳压器

1）功能简介

LM117/LM317 是美国国家半导体公司的三端可调正稳压器集成电路。LM117/LM317 的输出电压范围是 1.2～37 V，负载电流最大为 1.5 A。

2）特性简介

（1）可调整输出电压低到 1.2 V。

（2）典型线性调整率为 0.01%。

（3）典型负载调整率为 0.1%。

（4）80 dB 纹波抑制比。

（5）输出短路保护。

（6）过流、过热保护。

（7）调整管安全工作区保护。

（8）标准三端晶体管封装。

3）电压范围

LM117/LM317 输出电压为 1.25 V 至 37 V 连续可调。

4）输出电流

LM117/LM317 输出电流在 0.1 A 至 0.5 A 之间，不同器件输出电流值如表 6-3-3 所示。

表 6-3-3   LM117/LM317 输出电流

器件	LM117 L LM217 L LM317 L	LM317 M	LM117、LM217、LM317 （TO-3，TO-220 封装）	LM117 （TO-39 封装）
输出电流	0.1 A	0.5 A	1.5 A	0.5 A

5）封装形式

LM117/LM317 系列稳压器的封装主要有 TO-220 塑料封装、TO-202 塑料封装、TO-3

铝壳封装、TO‑39 金属封装等，具体封装形式如图 6‑3‑5 所示。

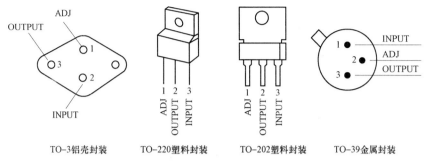

图 6‑3‑5 **LM117/LM317 系列三端稳压器的几种封装形式**

6）极限参数

LM117/LM317 系列稳压器的极限参数包括耗散功率、输入/输出压差、工作温度范围、储藏温度范围、引脚温度、静电级别等，具体参数如表 6‑3‑4 所示。

表 6‑3‑4 **LM117/LM317 系列三端稳压器的极限参数**

耗散功率		内部限制
输入/输出压差		+ 40 V，− 0.3 V
工作温度范围	LM117	− 55～ + 150 ℃
	LM317	0～ + 125 ℃
储藏温度范围		− 65～ + 150 ℃
引脚温度（焊接时）	金属封装	+ 300 ℃，10 s
	塑料封装	+ 260 ℃，4 s
静电级别		2 kV

7）典型电路

LM117/LM317 系列稳压器的应用电路比较简单，外围只需配置相应的电容、电阻即可工作，典型电路如图 6‑3‑6 所示。

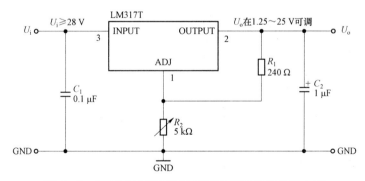

图 6‑3‑6 **LM117/LM317 系列三端稳压器典型电路**

$$U_{\text{OUT}} = 1.25 \times \left(1 + \frac{R_2}{R_1}\right) + I_{\text{ADJ}} \times R_1$$

2. LM137/LM337 三端负压输出可调稳压器

LM137/LM337 的特性与 LM117/LM317 相同，所不同的只是输出电压的极性不同。

1) 电压范围

LM137/LM337 在 –1.25 V 至 –37 V 连续可调。

2) 输出电流

LM137/LM337 系列稳压器的输出电流为 1.5 A。

3) 封装形式

LM137/LM337 系列稳压器的封装形式主要有 TO–220 塑料封装、TO–202 塑料封装、TO–3 铝壳封装、TO–39 金属封装等，具体封装形式如图 6–3–7 所示。

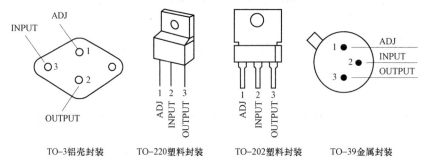

图 6–3–7 LM137/LM337 系列三端稳压器的几种封装形式

4) 典型电路

LM137/LM337 系列稳压器的应用电路比较简单，外围只需配置相应的电容、电阻即可工作，典型电路如图 6–3–8 所示。

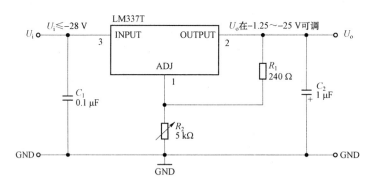

图 6–3–8 LM137/LM337 系列三端稳压器典型电路

$$U_{OUT} = 1.25 \times \left(1 + \frac{R_2}{R_1}\right) + I_{ADJ} \times R_1$$

6.3.3 集成运算放大器

1. 常用集成运算放大器的特点

集成运算放大器种类繁多，性能各异，使用中应根据各种因素综合考虑。

国外通用型集成运放部分产品型号及特征如表 6–3–5 所示。

表6-3-5 国外通用型集成运放部分产品型号及特征

类别	型号	生产厂家	特 征
通用型	μA741C	FC	初期通用型运算放大器
	μA747	FC	双电路,通用型
	LF353	NSC	双电路,BI-FET型。低 I_B:50 pA;低噪声电压:16 nV/Hz;低噪声电流:0.01 pA/Hz;宽频带:4 MHz;S_R 大:13 V/s;低消耗电流:1.8 mA
	LM358/A	NSC	双电路;能单电源工作:+3~+30 V;低消耗电流:500 μA;电压增益大:100 dB;共模输入电压可能至接地电平;输出电压振幅大:0~(U_+-1.5 V)
	RC4558	RAY	双电路,通用型
	TL081/A,TL082/A,TL084/A	TI	JFET 输入,TL080 的内含相位补偿型:TL082/A 为双电路,TL084/A 为四电路
低输入偏流型	OPA100A/B	BB	低漂移,超低偏置电流,JFET 输入型,低 I_{os},低噪声,高输入阻抗
低输入失调电压型	OP-07E/C	PM1	I_{os} 小,温漂和时漂小,低噪声
	OP-07D	PM1	输入失调电压 I_{os} 极小,温漂和时漂小,低噪声
低漂移型	AD545L	AD	高性能,低漂移,FET 输入型。U_{os} 低:0.5 mV(max);低漂移:0.5 μV/℃(max);低消耗电流:1.5 mA(max);低 I_B:1 pA(max);低噪声:3 μV$_{p-p}$(0.1~10 Hz)
高速型	AD509	AD	t_s 短:500 ns(0.1%);S_R 大:80 V/μs(min);低 I_{os}:250 A(max);低漂移:30 V/μs(max);CMRR 大:80 dB(min)
宽频带型	MC1458S	MOT	双电路,MC1458 的高速型:20 V/μs
	LF356/B	NSC	BI-FET,宽频带型。低 I_B;低 I_{os};输入阻抗高:10^{12} Ω;CMRR 大:100 dB;电压增益大:106 dB;宽频带:50 MHz
高速、宽频带型	AD507	AD	增益频带宽:100 MHz;S_R 大:20 V/μs(min);低 I_B:15 nA(max)(AD507K);低 U_{os}:3 mV(max)(AD507K);低漂移:15 mV/c(max)(AD507K);激励容量大
高精度型	A504L/M	AD	低 U_{os}:500 mV(min)(AD504M);低漂移:0.5 μV/℃(AD504M);高增益:10^6(min)(AD504L/M/S);无散射噪声
	LT1055AC/CH	LTC	高精度,高速,JFET 输入型。低 U_{os}:150 μV/℃(max)(LT1055A);低漂移:4 μV/℃(max)(LT1055A);低 I_B:150 pA(max)(LT1055A);S_R 大:12 V/μs(max)(LT1055A)
	LM11	NSC	低 U_{os}:800 μV;低 I_B:150 pA;低 I_{os};低漂移:2 μV/℃;长期稳定:10 μV/year
	OP-20F/G	PM1	高精度,微功耗型。低电源电流;能单电源工作;低 U_{os};低温漂:1.5 μV/℃。同时输入范围广:U_-(U_+-1.5 V);CMRR、PSRR 大;开环增益大
	OP-27E/F	PM1	超低噪声,高精度型。噪声电压极小;漂移极小;CMRR 大;增益高
单电源型	LM324/A	NSC	四电路;能单电源工作:+3~+30 V;能消耗电流:800 μA;电压增益大:100 dB;共模输入电压可至接地电平;输出电压振幅大:0~(U_+-1.5 V)
	LM358/A	NSC	双电路;通用。能单电源工作:+3~+30 V;低消耗电流:500 μA;电压增益大:100 dB;共模输入电压可能至接地电平;输出电压振幅大:0~(U_+-1.5 V)
	TL091,TL092,TL094	TL	能单电源工作:+3~+36 V;甲乙类型输出级;N 沟道 JFET 输入;I_{os} 小:50 pA;I_B 小:200 pA;TL092 是双电路;TL094 是四电路

类别	型号	生产厂家	特 征
低噪声型	OPA111	BB	高精度；低噪声；I_B 小；U_{os} 小；低漂移；高增益；CMRR 大
	NE5532/A	SIG	双电路，低噪声型；宽频带；S_R 大；电源电压范围广
	NE5534/A	SIG	宽频带；低噪声；S_R 大；电源电压范围广
可编程序型	HA2725	HARRIS	可编程序；电源范围广：$\pm 1.2 \sim \pm 18$ V
	OP-22H	PM1	可编程序，微功耗型；电源电流可编程序；单电源及双电源工作；U_{os} 小；低漂移；CMRR、DSRR 大；闭环增益大
测量用型	μA725	FC	噪声电流低；开环增益高；低 I_{os}；低漂移；CMRR 大；输入电压高；工作电源电压广
	OP-05E/C	PM1	低噪声，温漂和时漂小；低 I_B；CMRR、PSRR 大；增益高
电压跟随型	LM302	NSC	S_R 大：10 V/μs；低 I_B：10 μA；高输入阻抗：10^{12} Ω
	LM310	NSC	S_R 大：30 V/μs；频带宽：20 MHz
	TL068C	TI	电压跟随，JFET 输入型；三端子（T092）封装；最小电源电流：125 μA；低 I_B：30 pA
转换自动调零型	ICL7600	INT	U_{os} 小；低漂移；输入偏流 I_B 小；输入电压范围广
	ICL7601	INT	ICL7600 的非补偿型
	ICL760，7606	INT	低 U_{os}：2 μV；低漂移；输入电压范围广；CMRR 大；非补偿（ICL7606）

2. 常用集成运放逻辑功能及引脚定义

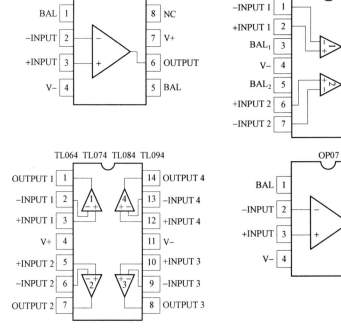

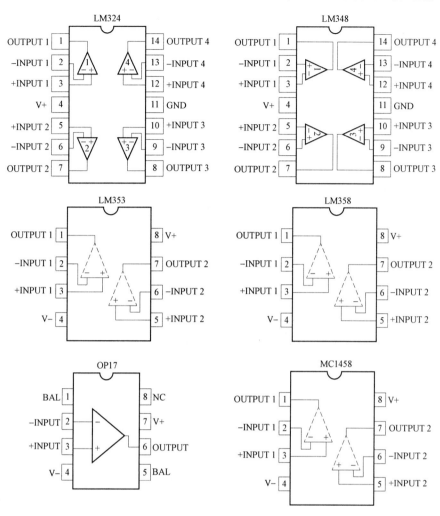

6.4 常用数字集成电路

6.4.1 常用特性比较

各类数字集成电路主要性能参数如表 6-4-1 所示。由此表可见，ECL 电路速度最快，但功耗较大，而 CMOS 电路速度慢，功耗很低；TTL 电路的性能介于 ECL 和 CMOS 集成电路之间。

表 6-4-1 各类数字集成电路主要性能参数比较

电路种类		电源电压/V	传输延迟时间/ms	静态功耗/mW	功耗-延迟积/PJ	直流噪声容限/V		输出逻辑摆幅/V
						U_{NL}	U_{NH}	
TTL	74 系列	+5	10	15	150	1.2	2.2	3.5
	74LS 系列	+5	7.5	2	15	0.4	0.5	3.5

电路种类		电源电压/V	传输延迟时间/ms	静态功耗/mW	功耗-延迟积/PJ	直流噪声容限/V		输出逻辑摆幅/V
						U_{NL}	U_{NH}	
ECL	10K 系列	−5.2	2	25	50	0.155	0.125	0.8
	100K 系列	−4.5	0.75	40	30	0.135	0.130	0.8
CMOS	$V_{DD} = +5\ V$	+5	45	$5×10^{-3}$	$225×10^{-3}$	2.2	3.4	5
	$V_{DD} = +15\ V$	+15	12	$15×10^{-3}$	$180×10^{-3}$	6.5	9.0	15
高速 CMOS		+5	8	$1×10^{-3}$	$8×10^{-3}$	1.0	1.5	5

1. 电源范围

各类常用数字 IC 工作电流电压范围如表 6-4-2 所示。可见 TTL 类标准工作电压是 +5 V，而其他逻辑器件的工作电源电压大都有较宽的允许范围。尤其是 CMOS 电路，如 4000B 系列可以工作在 3～18 V。

表 6-4-2　各类数字 IC 工作电源电压范围

系　　列	工作电压范围/V	备　　注
74LS/S/F	5（1±5%）	
74ALS/AS	5（1±10%）	
ECL-10K	−5.2（1±10%）	
ECL-100K	−4.2～5.7	−4.5（1±7%）V 保证特性
4000B	3～18	按 3～20 V 考核
40H	2～8	
74HC	2～6	按 2～10 V 考核
74HCT	4.5～5.5	

2. 工作频率

各类数字 IC 工作频率范围如表 6-4-3 所示。工作频率参数有最高频率 f_{max} 和实用最高工作频率 f_M 之分，一般后者取前者的一半，即 $f_{max} \approx 2f_M$。在各类数字 IC 中，通用 CMOS 4000B 系列的工作频率自然是最低，一般用于 1 MHz 甚至 100 kHz 以下；74LS、74HC、74ALS 等适用于在 1～50 MHz 范围；在 50～100 MHz，多使用 74S、74AS；在 1 000 MHz 以上，通常不得不使用 ECL。

表 6-4-3　各类数字 IC 工作频率范围

系列类型	适用工作频率范围	备　　注
4000B	100 kHz 以下	频率均可低至直流，但输入脉冲的上升/下降时间不能太慢
74	30 MHz 以下	
74LS	30 MHz 以下	
74HC	30 MHz 以下	

系列类型	适用工作频率范围	备　　注
74ALS	50 MHz 以下	频率均可低至直流，但输入脉冲的上升/下降时间不能太慢
74S	80 MHz 以下	
74AS	100 MHz 以下	
ECL	100～1 000 MHz	

3. 工作温度范围

关于半导体器件的工作温度范围（在参数表中称"全温度范围"）的规定，我国分成 Ⅰ～Ⅲ 类。

Ⅰ 类：55～+125 ℃；

Ⅱ 类：−40～+85 ℃；

Ⅲ 类：−10～+70 ℃。

美国以 TI 公司为代表生产的 TTL 类型数字 IC，全温度范围分成两种：

军用品类如 54 系列：−55～+125 ℃；

民用品类如 74 系列：0～+70 ℃。

通用或民用品各种数字 IC 的适用温度范围大致如下：

CMOS：−40～+85 ℃；

TTL：0～+70 ℃；

ECL−10K：−30～+85 ℃；

ECL−100K：0～+85 ℃。

4. 功耗积（$S \cdot P$）

数字 IC 最重要的基本特征参数是"速度功耗积"，即 $S \cdot P$（单位是焦耳，即 PJ）。各类数字 IC 的 $S \cdot P$ 值大致如表 6-4-4 所示。

表 6-4-4　各类数字 IC 的 $S \cdot P$ 值

系　　列	速度·功耗积/PJ	备　　注
74LS	19	
74L	33	
74S	57	
74	100	
74H	132	
74AS	30	
74ALS	7	
ECL−10K	70	
ECL−100K	20	
4000B	0.03～10	随频率升高而增加
74HC	0.03～10	

5. 扇出能力

扇出（Fan Out，FO）能力也就是输出驱动能力。根据输出可以驱动同类器件输入端数目的多少来具体评价扇出能力。各种数字 IC 中门电路的直流扇出能力如表 6-4-5 所示。对于 CMOS 来说，静态时扇出能力很大，尽管输出电流一般仅限于 0.5 mA 以内，但因输入电流仅在数纳安（nA）上下，所以直流扇出能力可达 1 000 以上甚至上万。但 CMOS 的交流（动态）扇出能力没有这样高，要根据工作频率（速度）和输入电容（一般约 5 pF）来考虑决定。

表 6-4-5　各种数字 IC 门电路的直流扇出能力

类型	型号例	FO_H	FO_L
CMOS（四 NAND）	4011B	很大	>1 000
	TC40H000	很大	>1 000
	74HC00	很大	>1 000
TTL（四 NAND）	74LS00	20	20
	74S00	20	10
	74ALS00	20	80
	74F00	50	33
	74AS00	100	40
ECL（四 NOR）	10102	>100	>100
	100102	>100	>100

6. 输入电压抗干扰容限

抗干扰度又称"噪声容限"，是指有噪声电压叠加到数字 IC 输入信号的高、低电平上，只要这些噪声电压的幅度不超过容许的界限，就不会影响输出逻辑状态，通常把这个界限叫作输入噪声容限。高电平噪声容限定义为：

$$U_{NH} = U_{OH}（min）- U_{IH}（min）$$

输入为低电平时的噪声容限为：

$$U_{NL} = U_{IL}（max）- U_{OL}（max）$$

TTL 各系列电路的极限参数和噪声容限如表 6-4-6 和表 6-4-7 所示。

表 6-4-6　TTL 各系列电路的极限参数

系列	U_{IL}（max）/V	U_{IH}（min）/V	U_{OL}（max）/V	U_{OH}（min）/V
74（T1000）	0.8	2.0	0.4	2.4
74H（T2000）	0.8	2.0	0.4	2.4
74S（T3000）	0.8	2.0	0.5	2.7
74LS（T4000）	0.8	2.0	0.5	2.7

表 6－4－7　TTL 各系列电路的噪声容限

驱动源（系列）＼接收端（系列）	74（T1000）		74H（T2000）		74S（T3000）		74LS（T4000）		单位
	U_{NL}	U_{NH}	U_{NL}	U_{NH}	U_{NL}	U_{NH}	U_{NL}	U_{NH}	
74（T1000）	400	400	400	400	400	400	400	400	mV
74H（T2000）	400	400	400	400	400	400	400	400	mV
74S（T3000）	300	700	300	700	300	700	300	700	mV
74LS（T4000）	300	700	300	700	300	700	300	700	mV

对 ECL 来说，电源多用－5.2 V，干扰容限的最低限度可达到：

$$U_{NL} \approx -1.5 - (-1.6) = 0.1 \text{ V}$$
$$U_{NH} \approx -1 - (-1.1) = 0.1 \text{ V}$$

对 CMOS 及 H－CMOS 来说，可以在很宽的电源电压范围内工作，干扰容限的最低限度可达到：

$$U_{NL} \geq 19\% V_{DD}$$
$$U_{NH} \geq 29\% V_{DD}$$

电源电压 V_{DD} 越高，噪声容限也越大。

6.4.2　集成电路引脚的识别

圆型集成电路：识别时，面向引脚正视，从定位销顺时针方向依次为 1、2、3、4、……。如图 6－4－1（a）所示。圆型多用于模拟集成电路。

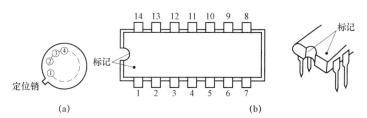

图 6－4－1　集成电路外引线的识别

（a）圆型；（b）扁平和双列直插型

扁平和双列直插型集成电路：识别时，将文字符号标记正放，一般集成电路上有一圆点或有一缺口，将缺口或圆点置于左方，由顶部俯视，从左下脚起，按逆时针方向数，依次为 1、2、3、4、……，如图 6－4－1（b）所示。扁平型多用于数字集成电路。

6.4.3　常见集成电路生产厂家商标及产品前缀

常见集成电路生产厂家的商标和产品前缀以及厂商名称的对应关系如表 6－4－8 所示，通过此表的知识，可以从两个角度了解所用芯片的生产厂商，一个是商标，通常每个芯片上都会有厂商的商标；另一个是产品前缀，通过芯片型号的前缀也可知道该芯片的生产厂商。SN74LS00 是由德克萨斯仪器公司（美国）生产的，MC74LS00 是由摩托罗拉半导体公司（美国）生产的。

表 6-4-8　常见集成电路生产厂家的商标和产品前缀

商　标	制造厂商	略　称	产品前缀
AMD	先进微器件公司（美国） （Advanced Micro Devices）	AMD	AM（AMD）
	模拟器件公司（美国） （Analog Devices）	AD	AD
FAIRCHILD SEMICONDUCTOR	仙童半导体公司（美国） （Fairchild）	FC	F、μA
intel	英特尔公司（美国）（INTEL）	INT	INT
LINEAR TECHNOLOGY	线性技术公司 （Liner Technology）	LTC	LT
intersil A Renesas Company	英特西尔公司（美国） （Intersil）	INT	ICL、ICM、IM
SPRAGUE	史普拉格电气公司（美国）		ULN、UCN、TDA
MOTOROLA	摩托罗拉半导体公司（美国） （MOTOROLA）	MOTO	MC、MLM、MMS
National Semiconductor	国家半导体公司（美国） （National Semiconductor）	NSC	LM、LF、LH、AD、DA、CD
S	西格乃铁克斯公司（美国） （Signetics）	SIG	NE、SE、ULN
TEXAS INSTRUMENTS	德克萨斯仪器公司（美国） （Texas Instruments）	TI	SN、TL、TP、μA
RCA	美国无线电公司（美国） （GE Solid State）	RCA	CD、CA、CDM、LM
TOSHIBA	东芝公司（日本）		TA、TC、TD、TM
FUJITSU	富士通公司（日本）		MB、MBM
HITACHI	日立公司（日本）		HA、HD、HM、HN
Panasonic	松下电子公司（日本）		AN
JRC	新日本无线电公司（日本）		NJM
NEC	日本电气公司（日本）	NEC	μPA、μPB、μPC

商　标	制造厂商	略　称	产品前缀
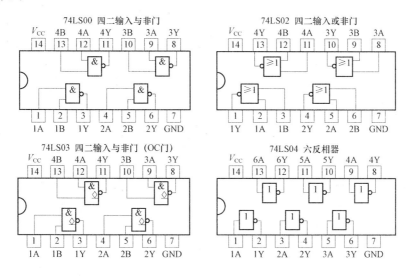（三菱 logo）	三菱电气公司（日本）		M
OKI	冲电气工业公司（日本）		MSM
sankn	山肯电气公司（日本）		STR
SANYO	三洋电气公司（日本）		LA、LB、LC、STK
SHARP	夏普电子公司（日本）		LH、HR、IX
SONY	索尼公司（日本）		BX、CX
PHILIPS	飞利浦元件公司（荷兰）		HEF、TBA、TDA
SGS	SGS 电子元件公司（意大利）		TDA、H、HB、HC
SIEMENS	西门子公司（德国）		SO、TBA、TDA
THOMPSON'S	汤姆森公司（法国）		EF、TDA、TBA、SFC
SAMSUNG	三星半导体公司（韩国）		KA、KM、KS
PRECISION	精密单片器件公司（Precision Monolithics）	PMI	

6.4.4　常用数字集成电路逻辑功能及引脚定义

1. 74 系列

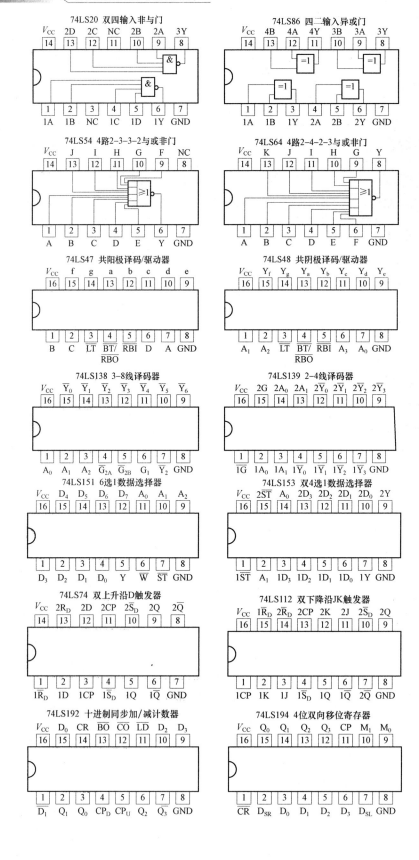

2. CD/CC 4000 系列

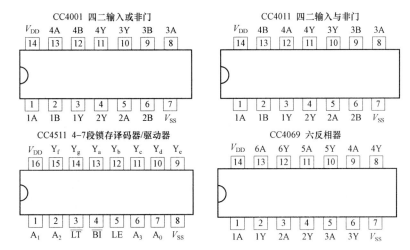

3. 时基电路

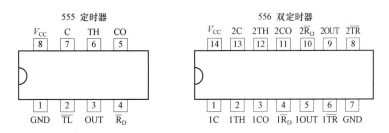

6.5　面包板使用方法及连接

面包板是专为电子电路的无焊接实验设计制造的,又叫万用线路板或集成电路实验板。面包板使用非常方便,使用寿命在 10 万次以上,产品采用工程塑料和优质高弹性的金属片制作而成,方便了一些中小电路的实验和制作。常用的电子元件可直接插入,减少了导线数量,使得电路看起来简洁。

6.5.1　常用面包板

1. ZY-102 型面包板

图 6-5-1 为 ZY-102 型面包板正面示意图,为 4 行 59 列,每列有 5 个插孔,即 A、B、C、D、E 或 F、G、H、I、J,被一条金属片连在一起,因此插入这 5 个孔内的导线就被金属簧片连接在一起。标有"+""-"的分别连通。簧片之间在电气上彼此绝缘,插孔间及簧片间的距离均与双列直插式(DIP)集成电路引脚的标准间距 2.54 mm 相同,因而适于插入各种数字集成电路。

图 6-5-2 为 ZY-102 型面包板背面示意图,每一条金属片插入一个塑料槽,在同一个槽的插孔相通,不同槽的插孔不通。

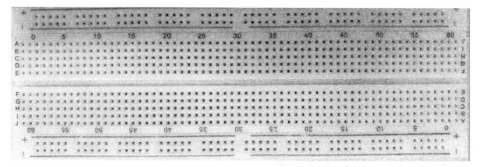

图 6 - 5 - 1 ZY - 102 型面包板正面

图 6 - 5 - 2 ZY - 102 型面包板背面

2. SYB - 118 型面包板

图 6 - 5 - 3 为 SYB - 118 型面包板示意图，为 4 行 59 列，每列有 5 个插孔，即 A、B、C、D、E 或 F、G、H、I、J，被一条金属片连在一起，因此插入这 5 个孔内的导线就被金属簧片连接在一起。标有 X、Y 的分别连通。簧片之间在电气上彼此绝缘，插孔间及簧片间的距离均与双列直插式（DIP）集成电路引脚的标准间距 2.54 mm 相同，因而适于插入各种数字集成电路。

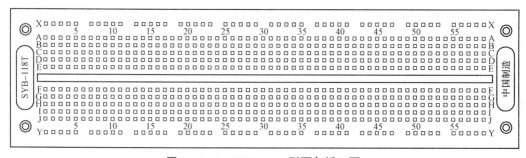

图 6 - 5 - 3 SYB - 118 型面包板正面

3. SYB - 130 型面包板

图 6 - 5 - 4 为 SYB - 130 型面包板示意图，插座板中央有一凹槽，凹槽两边各有 65 列小孔，每一列的 5 个小孔在电气上相互连通。集成电路的引脚就分别插在凹槽两边的小孔上。插座上、下边各一排（即 X 和 Y 排）在电气上是分段相连的 50 个小孔，分别作为电源与地线插孔用。对于 SYB - 130 插座板，X 和 Y 排的 1～15 孔、16～35 孔、36～50 孔在电气上是连通的。

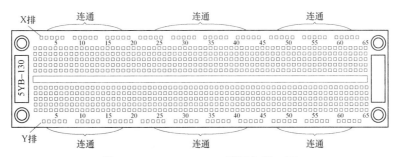

图 6-5-4　SYB-130 型面包板正面

注意：面包板有很多的型号，其他型号的面包板使用时应参看使用说明，但基本的原理是一样的。

6.5.2　导线的剥头和插法

导线剥头的长度比面包板厚度略短，转弯处留 1 mm 绝缘层，绝缘层太长会造成绝缘层插入导电孔而不导通。铜线太短也会因接触不良而不导通。

铜线必须插入金属孔中，特别在金属孔位置靠边时，容易插到边上空白处，引起接触不良，用万用表也难以测量。铜线太长容易引起短路。

导线的正确剥头和插法如图 6-5-5 所示。

导线剥头的长度比面包板厚度略短，转弯处留1 mm绝缘层，绝缘层太长会造成绝缘层插入导电孔而不导通。铜线太短也会因接触不良而不导通

铜线必须插入金属孔中，特别在金属孔位置靠边时，容易插到边上空白处，引起接触不良，用万用表也难以测量

铜线太长容易引起短路

图 6-5-5　导线的正确剥头和插法

6.5.3　集成块的插法

由于集成块引脚间距离与插孔位置有偏差，必须预先调整好位置，小心插入金属孔中，不然会引起接触不良，而且会使铜片位置偏移，插导线时容易插偏。此原因引起的故障占总故障的 60%以上。集成块的正确插法如图 6-5-6 所示。

图 6-5-6　集成块的正确插法

6.5.4　面包板的接线样板

整块板上的元器件布局要合理，使走线距离短、接线方便、整洁美观。导线量好长度后剥好线头，根据走线位置折好后插入面包板。走线方向为"横平、竖直"。 面包板的正确接线样板如图 6－5－7 和图 6－5－8 所示。

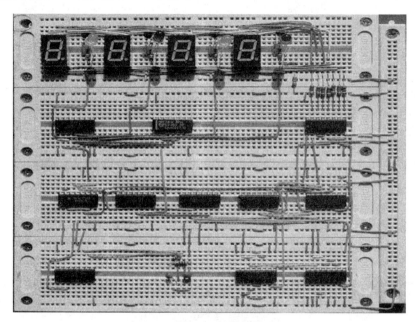

图 6－5－7　面包板的正确接线样板之一

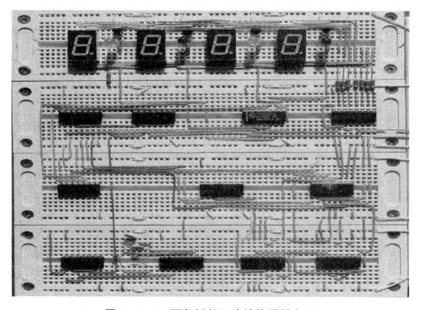

图 6－5－8　面包板的正确接线样板之二

一根导线可以直通的地方尽量只用一根线，用多根导线转接费事又容易出错。多个孔接同一个地方时，可以串接，以减少走线距离。

面包板的错误接线样板如图 6-5-9 所示。

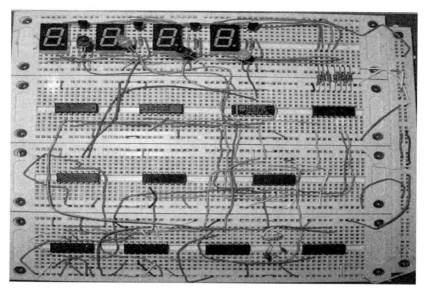

图 6-5-9　面包板的错误接线样板

6.5.5　面包板的使用方法及注意事项

（1）安装分立元件时，应便于看到其极性和标志，将元件引脚理直后，在需要的地方折弯。为了防止裸露的引线短路，必须使用带套管的导线，一般不剪断元件引脚，以便于重复使用。一般不要插入引脚直径为 0.8 mm 的元器件，以免破坏插座内部接触片的弹性。

（2）对多次使用过的集成电路的引脚，必须修理整齐，引脚不能弯曲，所有的引脚应稍向外偏，这样能使引脚与插孔可靠接触。要根据电路图确定元器件在面包板上的排列方式，目的是走线方便。为了能够正确布线并便于查线，所有集成电路的插入方向要保持一致，不能为了临时走线方便或缩短导线长度而把集成电路倒插。

（3）根据信号流程的顺序，采用边安装边调试的方法。元器件安装之后，先连接电源线和地线。为了查线方便，连线尽量采用不同颜色。例如，正电源一般采用红色绝缘皮导线，负电源用蓝色，地线用黑线，信号线用黄色，也可根据条件选用其他颜色。

（4）面包板宜使用直径为 0.6 mm 左右的单股导线。根据导线的距离以及插孔的长度剪断导线，要求线头剪成 45° 斜口，线头剥离长度约为 6 mm，要求全部插入底板以保证接触良好。裸线不宜露在外面，防止与其他导线断路。

（5）连线要求紧贴在面包板上，以免碰撞弹出面包板，造成接触不良。必须使连线在集成电路周围通过，不允许跨接在集成电路上，也不得使导线互相重叠在一起，尽量做到横平竖直，这样有利于查线、更换元器件及连线。

（6）最好在各电源的输入端和地之间并联一个容量为几十微法的电容，这样可以减少瞬变过程中电流的影响。为了更好地抑制电源中的高频分量，应该在该电容两端再并联一个高频去耦电容，一般取 0.01～0.047 μF 的独石电容。

（7）在布线过程中，要求把各元器件在面包板上的相应位置以及所用的引脚号标在电路图上，以保证调试和查找故障的顺利进行。

（8）所有的地线必须连接在一起，形成一个公共参考点。

（9）尽量牢靠。有两种现象需要注意：第一、集成电路很容易松动，因此，对于运放等集成电路，需要用力下压，一旦不牢靠，需要更换位置。第二、有些元器件引脚太细，要注意轻轻拨动一下，如果发现不牢靠，需要更换位置。

（10）连接点越少越好。每增加一个连接点，实际上就人为地增加了故障概率。面包板孔内不通、导线松动、导线内部断裂等都是常见故障。

参 考 文 献

［1］闫石. 数字电子技术基础［M］. 第五版. 北京：高等教育出版社，2011.

［2］童诗白，华成英. 模拟电子技术基础［M］. 第四版. 北京：高等教育出版社，2007.

［3］康华光. 电子技术基础 数字部分［M］. 第六版. 北京：高等教育出版社，2014.

［4］康华光. 电子技术基础 模拟部分［M］. 第六版. 北京：高等教育出版社，2013.

［5］罗杰，谢自美. 电子线路设计、实验、测试［M］. 第 5 版. 北京：电子工业出版社，2015.

［6］姚素芬，等. 电子电路实训与课程设计［M］. 北京：清华大学出版社，2013.

［7］蒋焕文，孙续. 电子测量［M］. 第二版. 北京：中国计量出版社，2008.

［8］詹会琴，古天祥，等.电子测量原理［M］. 第二版. 北京：机械工业出版社，2014.

［9］邹其洪，等. 电工电子实验与计算机仿真［M］. 北京：电子工业出版社，2003.

［10］陈尚松，等. 电子测量与仪器［M］. 第三版. 北京：电子工业出版社，2012.

［11］徐思成，翟卫青. 电工技术实验及仿真［M］. 郑州：河南科学技术出版社，2008.

［12］于天河，薛楠. 基于案例的电子系统设计与实践［M］. 北京：清华大学出版社，2017.

［13］谢自美. 电子线路设计［M］. 武汉：华中科技大学出版社，2006.

［14］陈颖琪，等. 电子工程综合实践［M］. 北京：清华大学出版社，2016.

［15］郭永新，等. 电子学实验教程［M］. 第 2 版. 北京：清华大学出版社，2015.

［16］天煌教仪.DZX－1型电子学综合实验装置. 杭州：浙江天煌科技实业有限公司，2007.